BALDOR

CUADERNO DE EJERCICIOS

Marco Antonio García Juárez

PATRIA
educación

Para establecer comunicación con nosotros puede utilizar estos medios:

CORREO:
Renacimiento 180, Col.
San Juan Tlihuaca,
Azcapotzalco, 02400,
Ciudad de México

E-MAIL:
info@editorialpatria.com.mx

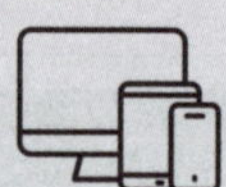

SITIO WEB:
www.editorialpatria.com.mx
www.ellibrero.com

TELÉFONOS:
55 5354 9100
55 1102 1300

Dirección editorial: Tomás García Cerezo

Gerencia editorial: Elisa Pecina Rosas

Coordinación editorial: Estela Delfín Ramírez

Coordinación de diagramación: Gustavo Vargas Martínez

Coordinación gráfica: Mónica Godínez Silva

Asistencia gráfica: Marco A. Rosas Aguilar, Carlos Lara Navarrete

Coordinación de salida: Jesús Salas Pérez

Diseño de interiores y diagramación: Juan Castro Pérez

Ilustración: Félix León, ©Grupo Editorial Patria S.A. de C.V.

Fotografía: ©Shutterstock,Inc., p. 52 Biblioteca Nacional de Manipuladores Virtuales (nlvm.usu. edu/es/nav/topic_t_2.html). © 1999-2023 Utah State University. Todos los derechos reservados

Diseño de portada: Grupo Editorial Patria, S.A. de C.V., con la colaboración de Rubén Vite Maya

Ilustración de portada: Raúl Cruz Figueroa

Cuaderno de ejercicios. Baldor, tercera edición

Derechos reservados:

© 2013, 2017, 2023, Grupo Editorial Patria, S.A. de C.V.

Renacimiento 180, Col. San Juan Tlihuaca,

C.P. 02400, Alcaldía Azcapotzalco, Ciudad de México

Miembro de la Cámara Nacional de la Industria Editorial Mexicana

Registro Núm. 43

ISBN: 978-607-574-146-8 (tercera edición)
ISBN: 978-607-744-747-4 (segunda edición)

Impreso en México
Printed in Mexico

Segunda edición: 2017
Tercera edición: 2023

Este libro se terminó de imprimir en el mes de junio del 2023,
en Corporativo Prográfico, S.A. de C.V., Calle Dos Núm. 257, Bodega 4,
Col. Granjas San Antonio, C.P. 09070, Alcaldía Iztapalapa, México, Ciudad de México.

Álgebra Baldor es un libro clásico que desde sus primeras ediciones ha acompañado a un sinfín de generaciones de estudiantes. Y tal logro, sólo es posible cuando se trata de un texto de enorme calidad, tanto en su contenido como en su pedagogía. Con ese mismo espíritu, Grupo Editorial Patria presenta ahora la tercera edición del ***Cuaderno de ejercicios Baldor***, una obra revisada, diseñada y hecha con sumo cuidado, atendiendo la experiencia de las dos ediciones que la anteceden, que ofrece una selección de los mejores contenidos del libro clásico en un formato amigable con el principal objetivo de que los estudiantes puedan adentrarse más fácilmente en el aprendizaje del álgebra.

Organizado puntualmente en 15 capítulos, con base en la experiencia de la enseñanza del álgebra, este cuaderno de ejercicios propone una metodología sencilla y eficiente, desarrollada y distribuida en tres secciones o momentos: *Saber*, que aborda y presenta la teoría de manera sencilla; *Hacer,* que ofrece ejemplos acerca de cada tema tratado antes y abunda en la explicación de la teoría; y ***Saber hacer × tu cuenta***, donde se plantean ejercicios diseñados con gran cuidado para poner en práctica los conocimientos adquiridos.

De manera adicional, al final de cada capítulo, la sección Conexiones refuerza de una manera lúdica lo aprendido en el capítulo, con ejemplos y problemas cotidianos de la vida diaria.

Estamos seguros de que este ***Cuaderno de ejercicios Baldor*** se convertirá en otro clásico que acompañará a muchas más generaciones de estudiantes de Nivel Medio Superior a través de los años.

Los editores

Tabla de contenido

El concepto de número en los pueblos primitivos (25000-5000 a. n. e.). El conteo fue una de las primeras actividades matemáticas de los seres humanos. Para saber la cantidad de animales del rebaño o cuántas armas poseían, dibujaban trazos sencillos en las paredes de las cuevas o hacían muescas en troncos. Este conteo era fundamental para la supervivencia y muy probablemente dio origen a la aritmética. El surgimiento del álgebra ocurrió miles de años después, y estuvo asociado a la noción abstracta del concepto de número.

❭ Orígenes del álgebra

A los árabes se les debe el desarrollo de una de las ramas más importantes de la matemática: el álgebra. Nacido en la ciudad de Jwarizm, Al-Juarismi (c. 780-844) fue el matemático musulmán más influyente de su época. En la biblioteca del califa Al-Mamún compuso, en 825, su obra *Kitab al-muhtasar fi hisab al-gabr wa-al-muqabala*, de la que se deriva el nombre de esta disciplina. El vocablo *al-gabr* significa "recomposición" o "reintegración", mientras que el término *al-muqabala* indica que "se debe agregar o quitar algo para que una igualdad no se altere". Por esto, el álgebra es, propiamente, una teoría de las ecuaciones.

El lenguaje algebraico utilizado en la obra de Al-Juarismi era un álgebra retórica, como se muestra a continuación, con su significado actual.

Cuadrado de la cosa igual a cosa: $\qquad x^2 = bx$

Cuadrado de la cosa igual a número: $\qquad x^2 = a$

Cosa igual a número: $\qquad ax = b$

Cuadrado de la cosa más cosa igual a número: $\qquad x^2 + bx = c$

¿Qué ventajas tiene el lenguaje algebraico moderno?

SABER >>> > Diferencias entre la aritmética y el álgebra

Como en la aritmética sólo se efectúan operaciones con números, se dice que utiliza el lenguaje numérico. Por su parte, el álgebra, además de números, también emplea literales para generalizar cantidades. Por ejemplo, la literal b puede tomar cualquier valor que le asignemos. Entonces, cuando se usan literales en combinación con números y signos de operación o relación, se dice que se trata de lenguaje algebraico.

Para identificar regularidades numéricas en sucesiones, es conveniente utilizar tanto el lenguaje aritmético como el algebraico. Para ello, te proponemos seguir esta estrategia:

1. Primero estudia los casos sencillos.

2. Ordena en una tabla los datos obtenidos.

3. Observa las regularidades en los datos y escribe una ley general.

Historia de las matemáticas

HACER > Modelación con el lenguaje algebraico

Estudiemos la sucesión de figuras formadas con palillos.

Figura 1   Figura 2   Figura 3

¿Cuántos palillos se necesitan para formar la figura 5? La figura 1 tiene cuatro palillos y, a partir de ella, cada elemento consecutivo de la sucesión aumenta de tres en tres. Entonces, la figura 5 requiere 16 palillos para su construcción.

¿Y para la figura 10? Se necesitan 31 palillos.

¿Cuántos palillos se necesitan para formar la figura n? Se identifica en la tabla la regularidad numérica de palillos en la sucesión de figuras y se escribe una ley general.

Completemos la tabla:

N.° de cuadrados	1	2	3	4	5	6	10	...	n
N.° de palillos	4	7	10	13	16	19	31		$3 \times n + 1$
	$(3 \times 1 + 1)$	$(3 \times 2 + 1)$	$(3 \times 3 + 1)$	$(3 \times 4 + 1)$	$(3 \times 5 + 1)$	$(3 \times 6 + 1)$	$(3 \times 10 + 1)$		$(3 \times n + 1)$

Lenguaje algebraico   **Lenguaje común**

$3n + 1$ **R.**   El triple de un número más uno.   **R.**

SABER HACER ⊗→TU CUENTA

Responde las preguntas sobre la sucesión de figuras.

Figura 1   Figura 2   Figura 3

1. ¿Cuántos palillos se necesitan para construir la figura 4? _______________

2. ¿Y para la figura 10? _______________

3. ¿Y para la figura 50? _______________

4. ¿Y para la figura 100? _______________

5. ¿Cuántos palillos se necesitan para construir la figura n? _______________

6. ¿Cómo se expresa la ley general en lenguaje común? _______________

SABER >>> › Fórmulas

En el álgebra, los símbolos que se utilizan para representar cantidades son los números y las literales. Los números representan cantidades conocidas y determinadas, mientras que las literales se asocian generalmente con cantidades que varían.

Las fórmulas geométricas son ecuaciones que muestran la relación entre diferentes variables y representan una regla general. Por ejemplo, el área de un rectángulo es igual al producto de la longitud de su base por la de su altura. En este caso, se llama A al área del rectángulo, b a la longitud de la base y h a la de la altura. Así, la fórmula para calcular el área de cualquier rectángulo es:

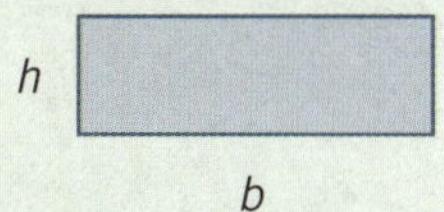

$$A = b \times h$$

Entonces, para determinar el área de un rectángulo dado, se sustituyen b y h en la fórmula por sus valores reales. De este modo, si la base de un rectángulo mide 3 m y su altura 2 m, su área será:

$$A = 3 \text{ m} \times 2 \text{ m} = 6 \text{ m}^2$$

Las literales que pueden reemplazarse por diferentes valores también se llaman variables. En estos casos es común emplear letras del alfabeto para representarlas.

En el caso de la fórmula para calcular el perímetro del rectángulo: $P = 2 \times h + 2 \times b$, hay una cantidad que no cambia: el número 2. Las cantidades que no cambian se denominan constantes.

HACER › Construcción de fórmulas

Escribamos la fórmula para hallar el perímetro de las figuras. Y luego, identifiquemos las variables y las constantes.

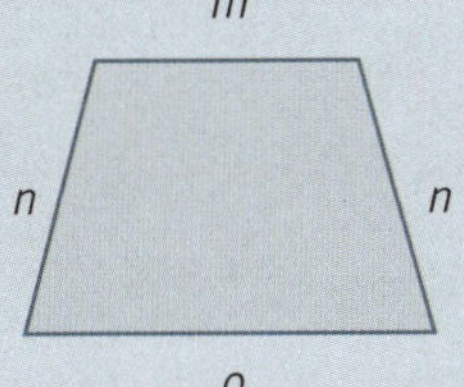

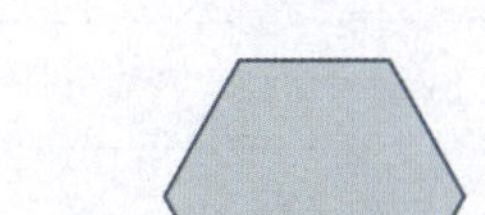

$P = m + n + n + o$

$P = m + 2n + o$

m, n y o son las variables y 2 es una constante.   **R.**

$P = p + p + p + p + (p + p) + (p + p)$

$P = 8p$

p es la variable y 8 es la constante.   **R.**

SABER HACER ⊗→TU CUENTA

Escribe la fórmula para calcular el perímetro P de las figuras. Identifica las variables y las constantes; expresa las respuestas de manera simplificada.

1. Pentágono regular   **2.** Rombo   **3.** Triángulo equilátero   **4.** Hexágono regular

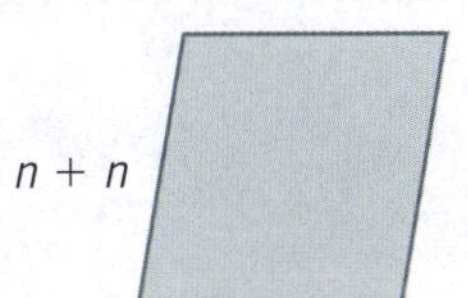

$P = $ ___________________

$P = $ ___________________

$P = $ ___________________

$P = $ ___________________

$P = $ ___________________

$P = $ ___________________

$P = $ ___________________

$P = $ ___________________

$P = $ ___________________

SABER >>>   > Expresión algebraica

Una expresión algebraica está formada por tres elementos: números, variables y signos de operación (como $+$, $\times$, $-$) o de relación (como $<$, $>$, $=$).

Un término algebraico es una expresión integrada por uno o varios símbolos que no están separados entre sí por los signos $+$ o $-$. Consta de un coeficiente numérico y un factor literal:

$$-3a^4 \quad \longrightarrow \quad a^4 \text{ es el factor literal}$$
$$\longrightarrow \quad -3 \text{ es el coeficiente numérico}$$

Por su parte, el grado de un término puede ser de dos clases: absoluto y respecto a una variable.

Para determinar el grado absoluto de un término se suman los exponentes de sus factores literales. Por ejemplo, el término $4a$ es de primer grado porque el exponente del factor literal es uno, en tanto que el término $3x^3$ es de tercer grado y el término $4x^2y^3$ es de quinto grado porque la suma de los exponentes de x y y es cinco.

Por su parte, el grado de un término respecto a una variable es el exponente de dicha variable. Por ejemplo, el término $4x^2y^3$ es de segundo grado respecto a la variable x, y de tercer grado respecto a la variable y.

HACER   > Clasificación de un término algebraico

En la tabla, identifiquemos el coeficiente y la parte literal de los términos algebraicos. Después, determinemos el grado absoluto del monomio y el grado respecto a m.

Término algebraico	Coeficiente	Parte literal	Grado absoluto	Grado respecto a m
$-6m^5$	-6	m^5	5	5
$\dfrac{3}{4}m^3n$	$\dfrac{3}{4}$	m^3n	4	3
$1.25a^3b^3$	1.25	a^3b^3	6	—

SABER HACER →TU CUENTA

Completa la tabla.

Término algebraico	Coeficiente	Parte literal	Grado absoluto	Grado respecto a x
1. $3x^2y$				
2. $-m$				
3. $3.75x^3$				
4. $3xb^5$				
5. $8x^3y^2z^4$				
6. $\dfrac{2}{3}x^7$				
7. $-\dfrac{1}{2}x^3y$				
8. $-\dfrac{7}{3}a^2$				

SABER >>> > Clasificación de las expresiones algebraicas

Las expresiones algebraicas se pueden clasificar de acuerdo con el número de términos que contienen en:

Monomios: tienen un solo término.   Ejemplo: $5x^2yz^4$

Binomios: tienen dos términos.   Ejemplo: $3p + q^3$

Trinomios: tienen tres términos.   Ejemplo: $x^2 + 3x - 5$

Polinomios: tienen varios términos, en   Ejemplo: $-4x^2 + 5x^2yz^4 - 3x + 7$
general cuando tienen más de tres.

Para ordenar un polinomio, sus términos deben escribirse de modo que los exponentes de la literal elegida queden en orden descendente o ascendente.

Ejemplo: para ordenar el polinomio $x^4y - 7x^2y^3 - 5x^5 + 6xy^4 + y^5 - x^3y^2$ de manera ascendente respecto a x, se reescribe: $y^5 + 6xy^4 - 7x^2y^3 - x^3y^2 + x^4y - 5x^5$.

El término independiente de un polinomio respecto a una variable es aquel que no tiene literales. Ejemplo: en el polinomio $\frac{3}{4}m^3 - x^2 + 3x + 5$, el término independiente respecto a la variable x es 5.

HACER > Clasificación y ordenamiento de una expresión algebraica

Clasifiquemos las expresiones algebraicas de acuerdo con el número de términos y ordenémoslas de manera ascendente respecto a x.

Expresión algebraica	Clasificación	Orden ascendente respecto a x
$-5x^3y^2 - 7x^2y^3$	Binomio	$-7x^2y^3 - 5x^3y^2$
$6xy^4 - 2y^5 + x^2$	Trinomio	$-2y^5 + 6xy^4 + x^2$
$-3x^5y^6 - 5x^2 + 6xy^2 + y^5 - x^3y + 4x^4y^3$	Polinomio	$y^5 + 6xy^2 - 5x^2 - x^3y + 4x^4y^3 - 3x^5y^6$

SABER HACER ⊗→TU CUENTA

Ordena las expresiones algebraicas según se indica. Cuando el polinomio tenga dos variables, elige una.

a) En orden descendente.

1. $m^2 + 6m - m^3 + m^4 =$	
2. $6ax^2 - 5a^3 + 2a^2x + x^3 =$	
3. $2a^2b^3 + a^4b + a^3b^2 - ab^4 =$	
4. $a^4 - 5a + 6a^3 - 9a^2 + 6 =$	
5. $2x^8y^2 + x^{10} + 3x^4y^6 - x^6y^4 + x^2y^8 =$	

b) En orden ascendente.

1. $a^2 - 5a^3 + 6a =$	
2. $x - 5x^3 + 6x^2 + 9x^4 =$	
3. $2y^4 + 4y^5 - 6y + 2y^2 + 5y^3 =$	
4. $a^2b^4 + a^4b^3 - a^6b^2 + a^8b + b^5 =$	
5. $y^{12} - x^9y^6 + x^{12}y^4 - x^3y^{10} =$	

SABER >>> › Términos semejantes

Dos o más términos son semejantes si sus literales coinciden y cada una está elevada a la misma potencia. Ejemplos:

- Los términos $3x^2y$ y $2x^2y$ son semejantes porque sus literales coinciden y cada una está elevada a la misma potencia.
- Los términos $4ab$ y $-6a^2b$ no son semejantes porque, aunque sus literales coinciden, no están elevadas a la misma potencia; el exponente de a en $4ab$ es 1, mientras que el exponente de a en $-6a^2b$ es 2.
- Los términos $-bx^4$ y ab^4 no son semejantes porque las literales no coinciden y cada una está elevada a una potencia diferente.

La reducción de términos semejantes es un procedimiento para convertir dos o más términos en uno solo. Para reducir dos o más términos semejantes del mismo signo se suman los coeficientes y se dejan las mismas literales. Para reducir dos términos semejantes de distinto signo se restan los coeficientes y se dejan las mismas literales poniendo delante de esta diferencia el signo del mayor. Para reducir más de dos términos semejantes de distinto signo se reducen a uno solo todos los positivos, luego todos los negativos y, finalmente, se suman los resultados parciales.

HACER › Reducción de términos semejantes

Reduzcamos términos semejantes con coeficientes enteros y fraccionarios.

1. Con coeficientes enteros.

   Reduzcamos: $5a - 8a + a - 6a + 21a$.

   Reducimos primero los positivos: $5a + a + 21a = 27a$. Y luego los negativos: $-8a - 6a = -14a$.

   Sumamos los resultados parciales: $27a + (-14a) = 27a - 14a = 13a$ **R.**

   Esta reducción también suele hacerse, término a término, de esta manera:

   $5a - 8a = -3a;\ -3a + a = -2a;\ -2a - 6a = -8a;\ -8a + 21a = 13a$ **R.**

2. Con coeficientes fraccionarios.

   Reduzcamos: $-\dfrac{2}{5}bx^2 + \dfrac{1}{5}bx^2 + \dfrac{3}{4}bx^2 - 4bx^2 + bx^2$.

   Reducimos primero los positivos: $\dfrac{1}{5}bx^2 + \dfrac{3}{4}bx^2 + bx^2 = \dfrac{39}{20}bx^2$. Y luego los negativos: $-\dfrac{2}{5}bx^2 - 4bx^2 = -\dfrac{22}{5}bx^2$.

   Sumamos los resultados parciales: $\dfrac{39}{20}bx^2 + \left(-\dfrac{22}{5}bx^2\right) = \dfrac{39}{10}bx^2 - \dfrac{22}{5}bx^2 = -\dfrac{49}{20}bx^2$ **R.**

SABER HACER ⊗→TU CUENTA

Reduce los términos semejantes.

1. $7a - 9b + 6a - 4b =$	
2. $a + b - c - b - c + 2c - a =$	
3. $5x - 11y - 9 + 20x - 1 - y =$	
4. $-6.5m + 8n + 1.5 - m - n - 6m - 0.8 =$	
5. $-0.4a + b + 2b - 2c + 0.9a + 2c - 2.1c =$	
6. $-81x + 19y - 30z + 6y + 80x + x - 25y =$	
7. $\dfrac{1}{2}a + \dfrac{1}{3}b + 2a - 3b - \dfrac{3}{4} - \dfrac{1}{2} =$	
8. $\dfrac{3}{5}m^2 - 2mn + \dfrac{1}{10}m^2 - \dfrac{1}{3}mn + 2mn - 2m^2 =$	

SABER >>> › Valor numérico

El valor numérico de una expresión algebraica es el resultado que se obtiene al sustituir las literales por valores numéricos dados y efectuar las operaciones indicadas.

HACER › Evaluación numérica de expresiones simples

Evaluemos las expresiones para los valores dados de las variables.

1. Calculemos el valor numérico de $5ab$ para $a = 1$ y $b = 2$.

   Al sustituir a por 1 y b por 2, tenemos: $5ab = 5(1)(2) = 10$ **R.**

2. Hallemos el valor numérico de $a^2b^3c^4$ para $a = 2$, $b = 3$ y $c = \dfrac{1}{2}$.

$$a^2b^3c^4 = (2)^2(3)^3\left(\frac{1}{2}\right)^4 = (4)(27)\left(\frac{1}{16}\right) = \frac{27}{4} = 6\frac{3}{4} \quad \textbf{R.}$$

Evaluación numérica de expresiones compuestas

Evaluemos las expresiones para los valores dados de las variables.

1. Calculemos el valor numérico de $a^2 - 5ab + 3b^3$ para $a = 3$ y $b = -4$.

$$a^2 - 5ab + 3b^3 = 3^2 - (5)(3)(-4) + (3)(-4)^3 = 9 + 60 - 192 = 123 \quad \textbf{R.}$$

2. Determinemos el valor numérico de $\dfrac{3a^2}{4} - \dfrac{5ab}{x} + \dfrac{b}{ax}$ para $a = 2$, $b = \dfrac{1}{3}$ y $x = \dfrac{1}{6}$.

$$\frac{ab}{x} + \frac{b}{ax} = \frac{5(2)\left(\frac{1}{3}\right)}{\frac{1}{6}} + \frac{\frac{1}{3}}{1\left(\frac{1}{6}\right)} = 3 - \frac{\frac{10}{3}}{\frac{1}{6}} + \frac{\frac{1}{3}}{\frac{1}{3}} = 3 - 20 + 1 = -16 \quad \textbf{R.}$$

SABER HACER ⊗→ TU CUENTA

a) Evalúa numéricamente cada una de las expresiones simples, dados los siguientes valores:

$$a = 1, b = 2, c = 3, m = \frac{1}{2}, n = \frac{1}{3}, p = \frac{1}{4}$$

1. $3ab =$	
2. $5a^2b^3c =$	
3. $b^2mn =$	
4. $-2.4m^2n^3p =$	
5. $\dfrac{2}{3}a^4b^2m^3 =$	

b) Evalúa numéricamente cada una de las expresiones compuestas, dados los siguientes valores:

$$a = 3, b = 4, c = \frac{1}{3}, d = \frac{1}{2}, m = 6, n = \frac{1}{4}$$

1. $a^2 - 2ab + b^2 =$	
2. $c^2 - 2.8cd + d^2 =$	
3. $\dfrac{a^2}{3} - \dfrac{b^2}{2} + \dfrac{m^2}{6} =$	
5. $\dfrac{3}{5}c - \dfrac{1}{2}b + 2d =$	

SABER >>> > Ventajas del lenguaje algebraico

A diferencia del lenguaje aritmético, el algebraico expresa relaciones y propiedades numéricas de manera general. Por ejemplo, la propiedad distributiva de la multiplicación:

$$a(b + c) = ab + ac$$

También permite expresar números desconocidos y realizar operaciones aritméticas con ellos. Por ejemplo, la expresión en lenguaje común: "el triple de un número es -24", en lenguaje algebraico se expresa como: "$3x = -24$".

HACER   > Traducción del lenguaje común al lenguaje algebraico

Traduzcamos los enunciados escritos en lenguaje común a expresiones algebraicas.

1. La suma del cuadrado de a más el cubo de b.

   El "cuadrado de a" se traduce como "a elevado a la segunda potencia", y "el cubo de b", como "b elevado a la tercera potencia".

   $$a^2 + b^3 \quad \textbf{R.}$$

2. Un hombre que tenía \$$a$ recibió \$800. Después, pagó una cuenta de \$$c$. ¿Cuánto le queda?

   La frase en lenguaje común: "Un hombre que tenía \$$a$ recibió \$800", se traduce al lenguaje algebraico como: "\$$(a - 800)$". En este contexto, la frase "pagó una cuenta \$$c$" significa restar esa cantidad. Esto es:

   $$\$(a + 800) - \$c = \$(a - c + 800) \quad \textbf{R.}$$

3. Compré tres libros a \$$a$ cada uno, seis sombreros a \$$b$ cada uno y m trajes a \$$x$ cada uno. ¿Cuánto gasté?

   La frase en lenguaje común: "tres libros a \$$a$ cada uno", se traduce al lenguaje algebraico como: "\$$3a$"; "seis sombreros a \$$b$ cada uno", como: "\$$6b$", y "$m$ trajes a \$$x$ cada uno", como: "\$$mx$". El gasto total fue:

   $$\$(3a + 6b + mx) \quad \textbf{R.}$$

4. Compré x libros iguales por \$$m$. ¿Cuánto me costó cada uno?

   La frase en lenguaje común: "x libros iguales por \$$m$", se traduce como: Cada libro me costó:

   $$\$\frac{m}{x} \quad \textbf{R.}$$

5. Tenía \$9 y gasté \$$x$. ¿Cuánto me queda?

   La frase en lenguaje común: "Tenía \$9 y gasté \$$x$", se traduce al lenguaje algebraico como: "\$9 $-$ \$$x$". Me quedan:

   $$\$(9 - x) \quad \textbf{R.}$$

SABER HACER ⊗→TU CUENTA

Traduce las expresiones al lenguaje algebraico.

1. La suma de a, b y m.

2. La suma del cuadrado de m, el cubo de b y de x a la cuarta.

3. Si a es un número entero, escribe los dos números enteros consecutivos a a.

4. Si x es un número entero, escribe los dos números enteros inmediatamente anteriores a x.

5. Si y es un número entero par, escribe los tres números pares consecutivos a y.

6. Pedro tenía \$$a$, cobró \$$x$ y le regalaron \$$m$. ¿Cuánto dinero tiene Pedro?

7. La diferencia entre m y n.

8. Debía $\$x$ pesos y pagué $\$6\,000$. ¿Cuánto debo ahora?

9. De una competencia de x km, ya se recorrieron m km. ¿Cuánto falta por recorrer?

10. Recibo $\$x$ y después $\$a$. Si gasto $\$m$, ¿cuánto me queda?

11. Tengo que recorrer m km. El lunes camino a km, el martes b km y el miércoles c km. ¿Cuánto me falta por andar?

12. Al vender una casa en $\$n$, gano $\$300\,000$. ¿Cuánto me costó la casa?

13. Si han transcurrido x días de un año, ¿cuántos días faltan por transcurrir?

14. Si un sombrero cuesta $\$a$, ¿cuánto costarán 8 sombreros, 15 sombreros y m sombreros?

15. La suma del doble de a más el triple de b y un tercio de c.

16. Expresa la superficie de una sala rectangular que mide a m de largo y b m de ancho.

17. Una cancha rectangular de 23 m de largo mide n m de ancho. Expresa el área de la cancha.

18. ¿Cuál es la superficie de un cuadrado de $(2x)$ m de lado?

19. Si un sombrero cuesta $\$a$ y un traje $\$b$, ¿cuánto costarán 3 sombreros y 6 trajes? ¿Y x sombreros y m trajes?

20. El producto de $a + b$ por $x + y$.

21. Si vendo $(x + 6)$ trajes a $\$800$ cada uno, ¿cuánto obtendré de la venta?

22. Si compro $(a - 8)$ guitarras a $\$(x + 4)$ cada una, ¿cuánto deberé pagar por la compra?

23. Si x lápices cuestan $\$75$, ¿cuánto cuesta un lápiz?

24. Si por $\$a$ compro m kg de azúcar, ¿cuánto cuesta un kilogramo?

25. Se compran $(n - 1)$ computadoras por $\$300\,000$. ¿Cuál es el valor de cada computadora?

CONEXIONES › Geometría

a) Escribe una expresión algebraica para calcular el perímetro de cada rectángulo. Clasifícala según el número de términos y reduce los que sean semejantes.

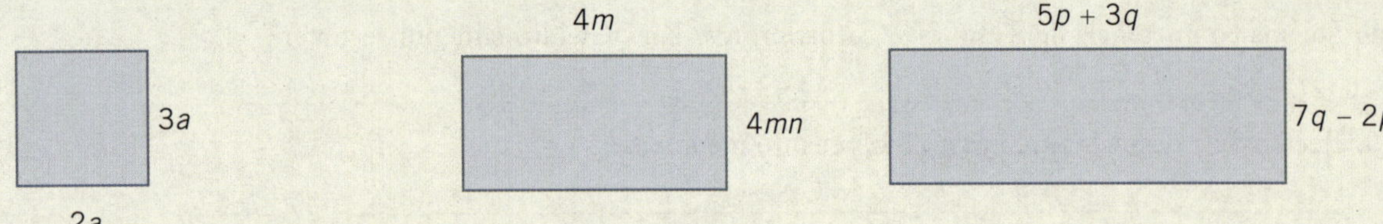

___________________ ___________________ ___________________

___________________ ___________________ ___________________

___________________ ___________________ ___________________

b) Escribe el polinomio para hallar el perímetro de cada figura.

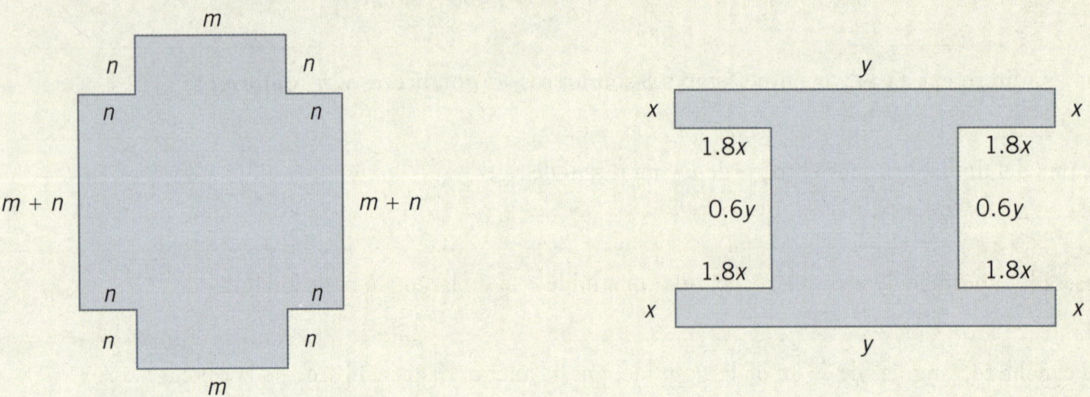

___________________________________ ___________________________________

___________________________________ ___________________________________

› Física

a) Calcula el valor numérico sustituyendo en las fórmulas los valores de las variables dados.

Fórmula	Valores	Valor numérico
1. $d = v_i t + \dfrac{at^2}{2}$	$v_i = 8\,\dfrac{\text{m}}{\text{s}},\ t = 4\text{ s},\ a = 3\,\dfrac{\text{m}}{\text{s}^2}$ (d: distancia que recorre un móvil)	
2. $E_p = mgh$	$m = 0.8\text{ kg},\ h = 15\text{ m},\ g = 9.8\,\dfrac{\text{m}}{\text{s}^2}$ (E_p: energía potencial)	
3. $R = \dfrac{r_1 r_2}{r_1 + r_2}$	$r_1 = 4\text{ ohms }(\Omega),\ r_2 = 6\text{ ohms }(\Omega)$ (R: resistencia eléctrica total en paralelo)	
4. $F = k\dfrac{q_1 q_2}{r^2}$	$k = 9 \times 10^9\,\dfrac{\text{Nm}^2}{\text{C}^2},\ q_1 = q_2 = 4\text{ Coulomb }(C),$ $r = 10\text{ m}$ (F: fuerza de atracción entre dos cargas)	

❯ Tabla del 100

a) Construye una tabla del 100 (como la que se muestra) y unas ventanas cuadradas de cartulina.

55	64	72	79	85	90	94	97	99	100
45	54	63	71	78	84	89	93	96	98
36	44	53	62	70	77	83	88	92	95
28	35	43	52	61	69	76	82	87	91
21					60	68	75	81	86
15		26	33		50	59	67	74	80
10		19	25		40	49	58	66	73
6				31	39	48	57	65	
3	5	8	12	17	23	30	38	47	56
1	2	4	7	11	16	22	29	37	46

b) Realiza la siguiente actividad en la tabla del 100.

En la tabla de la derecha se muestra una ventana cuadrangular.

1. Suma 17 + 28 y 18 + 27. ¿Qué observas?

____

____

2. Mueve la ventana a otro lugar y luego haz lo mismo que en el paso anterior. ¿Qué observas?

____

____

3. ¿Cuál es la suma de dos pares de números de la tabla, sumados diagonalmente? ¿Puedes explicar por qué ocurre esto?

____

____

____

1	2	3	4	5	6	7	8	9	10
11	12	13	14	15	16	17	18	19	20
21	22	23	24	25	26	27	28	29	30
31	32	33	34	35	36	37	38	39	40
41	42	43	44	45	46	47	48	49	50
51	52	53	54	55	56	57	58	59	60
61	62	63	64	65	66	67	68	69	70
71	72	73	74	75	76	77	78	79	80
81	82	83	84	85	86	87	88	89	90
91	92	93	94	95	96	97	98	99	100

Pista: Completa un cuadro con expresiones algebraicas y luego suma las expresiones de manera diagonal.

Haz esta ventana de cartulina y colócala sobre la tabla del 100.

x	$x + 1$
$x + 10$	$x + 11$

Capítulo 2. Operaciones con monomios

La Escuela de Bagdad (siglos IX-XII). A fines del siglo VIII, alcanzó su apogeo y era notable el espíritu científico que regía y alentaba la mayor parte de sus trabajos. Por lo general, en su mayoría, partían de lo conocido hacia lo desconocido; trataban de observar objetivamente los fenómenos para inferir las causas a partir de los efectos; sólo aceptaban como hechos válidos los que pudieran demostrarse empíricamente. A la Escuela de Bagdad pertenecieron Al-Juarismi (c. 780–844), Al-Batani (c. 858–929) y Omar Khayyam (c. 1048-1131). Al-Batani, matemático sirio, aplicó el álgebra a problemas astronómicos, mientras que Omar Khayyam, matemático persa del siglo XII, conocido por su obra poética *Rubaiyat*, una colección de casi mil cuartetos, propuso un tratado de álgebra.

Con los monomios se pueden realizar las cuatro operaciones básicas: suma o adición, resta o sustracción, multiplicación y división.

Las operaciones con monomios tienen las mismas propiedades matemáticas y obedecen las mismas reglas que las operaciones con números.

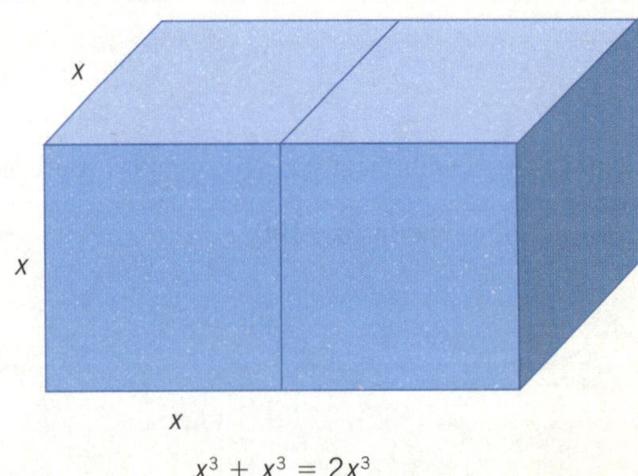

$$x^3 + x^3 = 2x^3$$

SABER 〉 Adición o suma

A diferencia de la suma o adición aritmética, que se asocia siempre con la noción de aumentar la cardinalidad de un conjunto, la suma o adición algebraica es un concepto más general que puede significar tanto aumento como disminución. Por ejemplo, en el álgebra, sumar una cantidad negativa es lo mismo que restar una cantidad positiva de igual valor absoluto.

Esto es, la suma de m más $2n$ equivale a restarle a m el $|-n|$.

HACER 〉 Adición o suma de monomios

Sumemos diferentes tipos de monomios.

Ejemplos

1. Sumemos $5a$, $6b$ y $8c$.

   Como se observa, ninguno de los monomios es semejante; por tanto, éstos se escriben uno a continuación del otro con sus propios signos. Así, como $5a = +5a$, $6b = +6b$ y $8c = +8c$, la suma es:

   $$5a + 6b + 8c \qquad \textbf{R.}$$

   El orden de los sumandos no altera el resultado de la suma, así que $5a + 6b + 8c$ es equivalente a $5a + 8c + 6b$ o bien a $6b + 8c + 5a$. Ésta es la propiedad conmutativa de la suma.

2. Sumemos $-3a^2b$, $-4ab^2$, a^2b, $7ab$ y $6b^3$.

   Los monomios se escriben uno a continuación del otro con sus respectivos signos: $-3a^2b - 4ab^2 + a^2b + 7ab^2 + 6b^3$.

   Se reducen los términos semejantes: $-3a^2b + a^2b - 4ab^2 + 7ab^2 + 6b^3 = -2a^2b + 3ab^2 + 6b^3 \qquad \textbf{R.}$

SABER HACER ⊗→TU CUENTA

Reduce los términos semejantes y suma los monomios.

1. $-11m$, $8m$	
2. $9ab$, $-15ab$	
3. $-xy$, $-9xy$	
4. $8.5mn$, $-11.07mn$	
5. $\dfrac{1}{2}a$, $-\dfrac{2}{3}b$	
6. $\dfrac{1}{3}b$, $-\dfrac{2}{3}b$	
7. $-\dfrac{1}{2}xy$, $-\dfrac{1}{2}xy$	
8. $-\dfrac{3}{5}abc$, $-\dfrac{2}{5}abc$	
9. $-4x^2y$, $\dfrac{3}{8}x^2y$	
10. $\dfrac{1}{2}x$, $\dfrac{2}{3}y$, $-\dfrac{3}{4}x$	

SABER >>> › Sustracción o resta

Los términos de una sustracción o resta, ya sea aritmética o algebraica, son el minuendo, el sustraendo y el resultado o diferencia.

La sustracción, a diferencia de la suma, no posee la propiedad conmutativa; es decir, $a - b$ no es equivalente a $b - a$.

HACER › Regla general para restar

Restemos monomios usando inversos aditivos. El inverso aditivo de un término se obtiene cambiando el signo de su coeficiente. Por ejemplo: el inverso aditivo de y es $-y$ y el inverso aditivo de $-2m^2n$ es $+2m^2n$.

Puesto que la sustracción es la operación inversa de la adición, podemos restar sumando el inverso aditivo del sustraendo.

Ejemplos

1. Restemos $4a^2b$ a $-5a^2b$.

   Primero, se escribe el minuendo $-5a^2b$ y a continuación el sustraendo $4a^2b$, con el signo opuesto. Como son términos semejantes, éstos se pueden reducir:
   $$-5a^2b - 4a^2b = -9a^2b \quad \textbf{R.}$$

2. Restemos $7x^3y^4$ a $-8x^3y^4$.

   Primero, se escribe el minuendo y luego el sustraendo con el signo opuesto: $-8x^3y^4 - 7x^3y^4$. Como son términos semejantes, éstos se pueden reducir:
   $$-8x^3y^4 - 7x^3y^4 = -15x^3y^4 \quad \textbf{R.}$$

3. Restemos $-\dfrac{3}{4}ab$ a $-\dfrac{1}{2}ab$.

   Primero, se escribe el minuendo y luego el sustraendo con el signo opuesto: $-\dfrac{1}{2}ab + \dfrac{3}{4}ab$. Como son términos semejantes, se suman los coeficientes fraccionarios:
   $$-\frac{1}{2}ab + \frac{3}{4}ab = \frac{1}{4}ab \quad \textbf{R.}$$

SABER HACER ⊗→TU CUENTA

Resta los monomios utilizando inversos aditivos.

1. $-3b$ de $-4b$	
2. $-11x^3$ de $54x^3$	
3. $-14a^2b$ de $78a^2b$	
4. $-43a^2y$ de $-54a^2y$	
5. $1.9ab$ de $-ab$	
6. $-3.1x^2y$ de $-3.1x^2y$	
7. $-6a$ de $\dfrac{1}{4}$	
8. $\dfrac{3}{8}m^3$ de $-\dfrac{7}{10}m^3$	
9. $-\dfrac{11}{12}a^2b^2$ de $\dfrac{5}{6}a^2b^2$	
10. $45a^3b^2$ de $-\dfrac{1}{9}a^3b^2$	

SABER >>>> > Multiplicación

Es una suma abreviada en la que un elemento, primer factor o multiplicando, se repite tantas veces como indica el segundo factor o multiplicador. El resultado de esta operación básica se llama producto. El multiplicando y el multiplicador se conocen también como factores de la multiplicación.

En la multiplicación también se cumple la propiedad conmutativa; es decir, que el orden de los factores no altera el producto. Así, el producto $a \times b \times c$ se puede escribir también como: $b \times a \times b$ o $a \times c \times b$.

Los factores de un producto pueden agruparse de diferente manera. Por ejemplo, para el producto $a \times b \times c \times d$, tenemos las siguientes equivalencias:

$$a \times b \times c \times d = a \times (b \times c \times d) = (a \times b) \times (c \times d) = (a \times b \times c) \times d$$

Ésta es la propiedad asociativa de la multiplicación.

Para multiplicar monomios deben considerarse las leyes de los exponentes, de los coeficientes y de los signos.

Ley de los exponentes

Para multiplicar monomios que tienen la misma base, primero se escribe la base que es común, en tanto que el exponente del resultado se obtiene sumando los exponentes de cada uno de los factores. Ejemplo:

$$a^4 \times a^3 \times a^2 = a^{4+3+2} = a^9$$

Desarrollando cada una de las potencias, tenemos:

$$a^4 \times a^3 \times a^2 = (a \times a \times a \times a) \times (a \times a \times a) \times (a \times a) = a \times a \times a \times a \times a \times a \times a \times a \times a = a^9$$

Ley de los coeficientes

El coeficiente del producto de dos monomios es el producto de los coeficientes de cada monomio. Ejemplo:

$$-3a \times 4b = -12ab$$

Como el orden de factores no altera el producto, tendremos:

$$-3a \times 4b = (-3) \times 4 \times a \times b = -12ab$$

Ley de los signos

Los coeficientes se multiplican aplicando las leyes de los signos:

$$+ \text{ por } + \text{ da } +$$
$$- \text{ por } - \text{ da } +$$
$$+ \text{ por } - \text{ da } -$$
$$- \text{ por } + \text{ da } -$$

Ley de los signos

HACER > Multiplicación de monomios

Multipliquemos monomios utilizando el procedimiento que se describe a continuación:

1. Primero, se multiplican los coeficientes.

2. Después de este producto, se escriben las literales de los factores en orden alfabético, poniendo a cada literal un exponente igual a la suma de los exponentes que tenga en los factores.

3. El signo del producto está dado por la ley de los signos.

Ejemplos

1. Multipliquemos $3a^2b$ por $-4b^2x$.

$$3a^2b \times (-4b^2x) = -3 \times 4 \gtrless a^2b^{1+2}x = -12a^2b^3x \qquad \textbf{R.}$$

El signo del producto es $-$, porque $+$ por $-$ da $-$.

Multiplicación de monomios

2. Multipliquemos $-ab^2$ por $4a^m b^n c^3$.

$$(-ab^2) \times 4a^m b^n c^3 = -1 \times 4 \times a^{1+m} b^{2+n} c^3 = -4a^{m+1} b^{n+2} c^3 \quad \textbf{R.}$$

El signo del producto es $-$, porque $-$ por $+$ da $-$.

3. Multipliquemos $a^{x+1} b^{x+2}$ por $-3a^{x+2} b^3$.

$$(a^{x+1} b^{x+2}) \times (-3a^{x+2} b^3) = 1 \times -3 \times a^{x+1+x+2} b^{x+2+3} = -3a^{2x+3} b^{x+5} \quad \textbf{R.}$$

4. Multipliquemos $-a^{m+1} b^{n-2}$ por $-4a^{m-2} b^{2n+4}$.

$$(-a^{m+1} b^{n-2}) \times (-4a^{m-2} b^{2n+4}) = -1 \times -4 \times a^{m+1+m-2} b^{n-2+2n+4} = 4a^{2m-1} b^{3n+2} \quad \textbf{R.}$$

5. Multipliquemos $\frac{2}{3} a^2 b$ por $-\frac{3}{4} a^3 m$.

$$\left(\frac{2}{3} a^2 b\right)\left(-\frac{3}{4} a^3 m\right) = \frac{2}{3} \times -\frac{3}{4} \times a^{2+3} bm = -\frac{1}{2} a^5 bm \quad \textbf{R.}$$

6. Multipliquemos $-\frac{5}{6} x^2 y^3$ por $-\frac{3}{10} x^m y^{n+1}$.

$$\left(-\frac{5}{6} x^2 y^3\right)\left(-\frac{3}{10} x^m y^{n+1}\right) = -\frac{5}{6} \times \frac{3}{10} \times x^{m+2} y^{n+1+3} = \frac{1}{4} x^{m+2} y^{n+4} \quad \textbf{R.}$$

SABER HACER ⊗→ TU CUENTA

Multiplica los monomios.

1. ab por $-ab$	
2. $2x^2$ por $-3x$	
3. $-4a^2 b$ por $-ab^2$	
4. $-15x^4 y^3$ por $-16a^2 x^3$	
5. $-3.5a^2 bx$ por $-4.1a^3 y$	
6. $-3.2a^3 bx$ por $0.7b^3 x^5$	
7. a^m por a^{m+1}	
8. $-x^a$ por $-x^{a+2}$	
9. $4a^n b^x$ por $-ab^{x+1}$	
10. $-a^{n+1} b^{n+2}$ por $a^{n+2} b^n$	
11. $-3a^{n+4} b^{n+1}$ por $-4a^{n+2} b^{n+3}$	
12. $\frac{1}{2} a^2$ por $\frac{4}{5} a^3 b$	
13. $\frac{3}{7} m^2 n$ por $-\frac{7}{14} a^2 b^3$	
14. $\frac{2}{3} x^2 y^3$ por $-\frac{3}{5} a^2 x^4 y$	
15. $-\frac{1}{8} m^3 n^4$ por $-\frac{4}{5} a^3 m^2 n$	

SABER   > División

La división es la operación básica que permite repartir un todo numérico en partes iguales. El resultado de esta operación se llama cociente. Los términos de una división exacta son: dividendo, divisor y cociente.

Si en una división exacta se multiplica el cociente por el divisor se obtiene el dividendo. Por ejemplo, la operación de dividir $6a^2$ entre $3a$, que se escribe como $6a^2 \div 3a$ o $\dfrac{6a^2}{3a}$, consiste en hallar una cantidad que multiplicada por $3a$ dé $6a^2$; esa cantidad es $2a$.

Nótese que $6a^2 \div 2a = \dfrac{6a^2}{2a} = 3a$. Como podemos observar, si el dividendo se divide entre el cociente da como resultado lo que antes era divisor.

Para realizar la división de monomios se deben considerar las leyes de los exponentes, de los coeficientes y de los signos.

Ley de los exponentes

Para dividir monomios que tienen la misma base, se escribe la base que es común, y el exponente del resultado se obtiene restando al exponente del dividendo el exponente del divisor. Ejemplo:

$$a^5 \div a^3 = \frac{a^5}{a^3} = a^{5-3} = a^2$$

a^2 es el cociente de esta división, ya que al multiplicar este monomio por el divisor a^3 se obtiene el dividendo: $a^2 \times a^3 = a^5$.

Ley de los coeficientes

El coeficiente de la división de dos monomios es el cociente del coeficiente del dividendo entre el coeficiente del divisor. Ejemplo:

$$20a^2 \div 5a = 4a$$

4 es el coeficiente del monomio de la división de $20a^2 \div 5a$.

Ley de los signos

Los coeficientes de los monomios se dividen aplicando las leyes de los signos. Esto es:

$$+ \text{ entre } + \text{ da } +$$
$$- \text{ entre } - \text{ da } +$$
$$+ \text{ entre } - \text{ da } -$$
$$- \text{ entre } + \text{ da } -$$

HACER   > División de monomios

De acuerdo con las leyes anteriores, podemos enunciar la regla para dividir dos monomios: "Se divide el coeficiente del dividendo entre el coeficiente del divisor y a continuación se escriben en orden alfabético las literales, poniendo a cada una un exponente igual a la diferencia entre el exponente que tiene en el dividendo y el exponente que tiene en el divisor. El signo lo da la ley de los signos".

Ejemplos

1. Dividamos $-5a^4b^3c$ entre $-a^2b$.

$$-5a^4b^3c \div (-a^2b) \quad \frac{-5a^4b^3c}{-a^2b} = 5a^2b^2c \qquad \textbf{R.}$$

Porque $5a^2b^2c \times (-a^2b) = -5a^4b^3c$. Observemos que cuando en el dividendo hay una literal que no existe en el divisor, en este caso c, dicha literal aparece en el cociente.

2. Dividamos $-20mx^2y^3$ entre $-4xy^3$.

$$-20mx^2y^3 \div (-4xy^3) = \frac{-20mx^2y^3}{-4xy^3} = 5mx \qquad \textbf{R.}$$

Porque $-5mx \times 4xy^3 = -20mx^2y^3$.

Notemos que cuando hay literales iguales en el dividendo y en el divisor, éstas se cancelan porque su cociente es 1. Así, en este caso, y^3 del dividendo se cancela con y^3 del divisor, igual que en aritmética suprimimos los factores comunes en el numerador y en el denominador de una fracción.

De acuerdo con la ley de los exponentes, $y^3 \div y^3 = y^{3-3} = y^0$. Más adelante vemos que $y^0 = 1$, y 1 como factor puede suprimirse en el cociente.

3. Dividamos $-x^m y^n z^a$ entre $3xy^2 z^3$.

$$-x^m y^n z^a \div 3xy^2 z^3 = \frac{-x^m y^n z^a}{3xy^2 z^3} = -\frac{1}{3} x^{m-1} y^{n-2} z^{a-3} \qquad \textbf{R.}$$

4. Dividamos $a^{x+3} b^{m+2}$ entre $a^{x+2} b^{m+1}$.

$$\frac{a^{x+3} b^{m+2}}{a^{x+2} b^{m+1}} = a^{x+3-(x+2)} b^{m+2-(m+1)} = a^{x+3-x-2} b^{m+2-m-1} = ab \qquad \textbf{R.}$$

5. Dividamos $3x^{2a+3} y^{3a-2}$ entre $-5x^{a-4} y^{a-1}$.

$$\frac{-3x^{2a+3} y^{3a-2}}{-5x^{a-4} y^{a-1}} = \frac{3}{5} x^{2a+3-(a-4)} y^{3a-2-(a-1)} = \frac{3}{5} x^{20+3-a+4} y^{3a-2-a+1} = \frac{3}{5} x^{a+2} y^{2a-1} \qquad \textbf{R.}$$

6. Dividamos $\frac{2}{3} a^2 b^3 c$ entre $-\frac{5}{6} a^2 bc$.

$$\frac{\frac{2}{3} a^2 b^3 c}{-\frac{5}{6} a^2 bc} = -\frac{4}{5} b^2 \qquad \textbf{R.}$$

SABER HACER →TU CUENTA

Divide los monomios.

1. $-5m^2 n$ entre $m^2 n$	
2. $-8a^2 x^3$ entre $-8a^2 x^3$	
3. $-xy$ entre $0.2y$	
4. $5x^4 y^5$ entre $-6x^4 y$	
5. $-2.4m^2 n^6$ entre $3mn^6$	
6. a^x entre a^2	
7. $-3a^x b^m$ entre ab^2	
8. $5a^m b^n c$ entre $-6a^3 b^4 c$	
9. a^{m+3} entre a^{m+2}	
10. $2x^{a+4}$ entre $-x^{a+2}$	
11. $-3a^{m-2}$ entre $-5a^{m-5}$	
12. $\frac{1}{2}x^2$ entre $\frac{2}{3}$	
13. $-\frac{3}{5}a^3 b$ entre $-\frac{4}{5}a^3 b$	
14. $\frac{2}{3}xy^5 z^3$ entre $-\frac{1}{6}z^3$	
15. $-\frac{7}{8}a^m b^n$ entre $-\frac{3}{4}ab^2$	

❯ ¡A jugar con el dominó algebraico!

CONEXIONES

Un dominó ordinario está formado normalmente por 28 fichas.

Los dominós matemáticos que tienes que preparar son semejantes al dominó ordinario y se juegan con las mismas reglas de este último.

Puedes elaborarlos de acuerdo con los temas abordados en este cuaderno de ejercicios: ecuaciones cuadráticas, funciones de factorización, etc. Por ejemplo, a continuación se muestran 28 fichas de dominó en las que aparecen diferentes expresiones algebraicas con la incógnita x y diferentes figuras planas en las que se indican los datos necesarios para expresar el área de cada una de ellas.

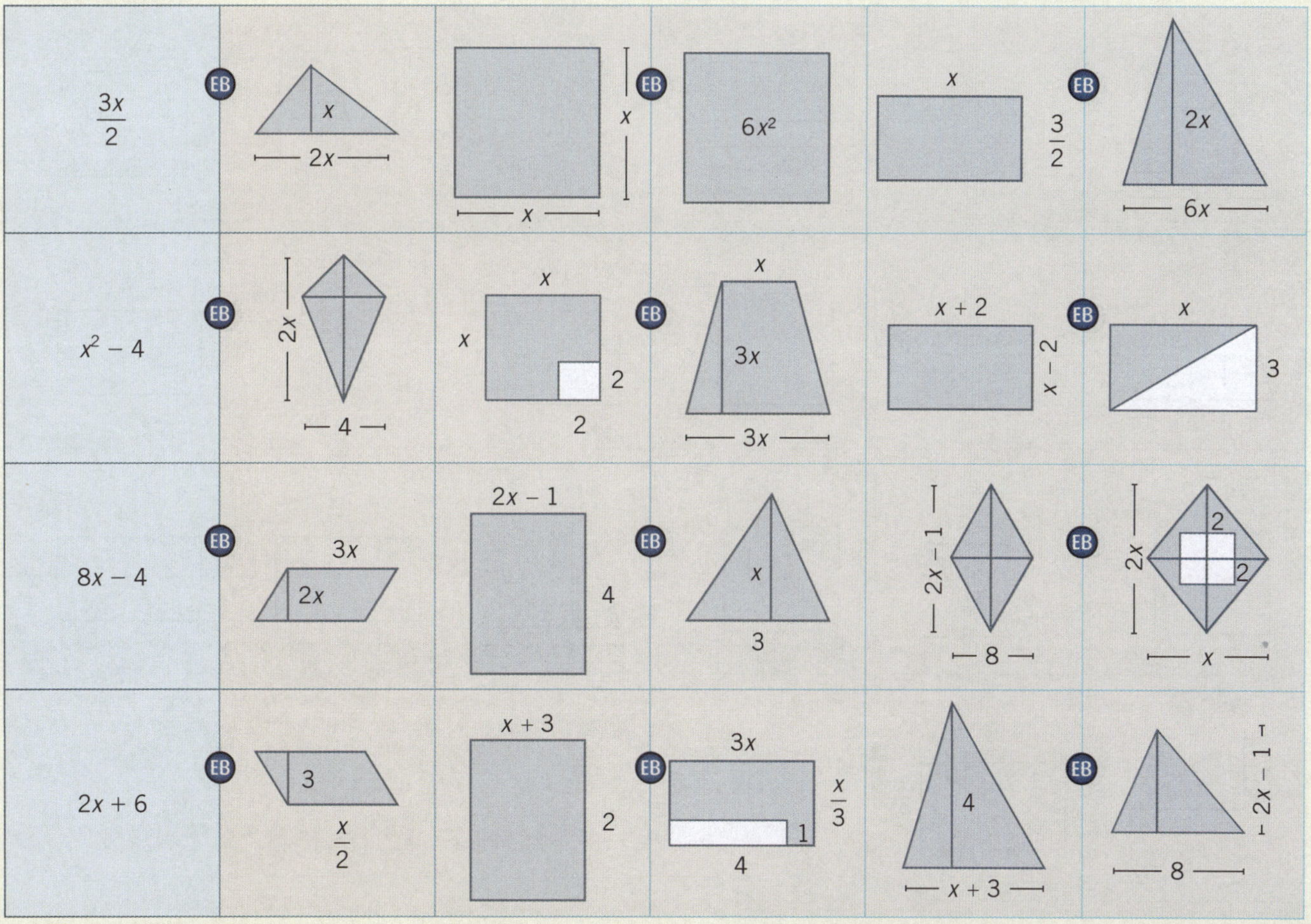

Puedes proponer algunas actividades para empezar a jugar con el dominó algebraico. ¡Seguro que a ti se te ocurrirán muchas otras!

Como en el dominó de puntos ordinario, lo primero es comenzar a familiarizarse con las fichas básicas:

- Busca las siete fichas dobles.
- Busca las fichas cuya área sea igual a $6x^2$.
- Busca las fichas en las que aparezcan triángulos. ¿Qué área tienen?
- Busca las fichas de la familia área igual a $8x - 4$.

¡Empieza con la ficha doble $\dfrac{3x}{2}$!

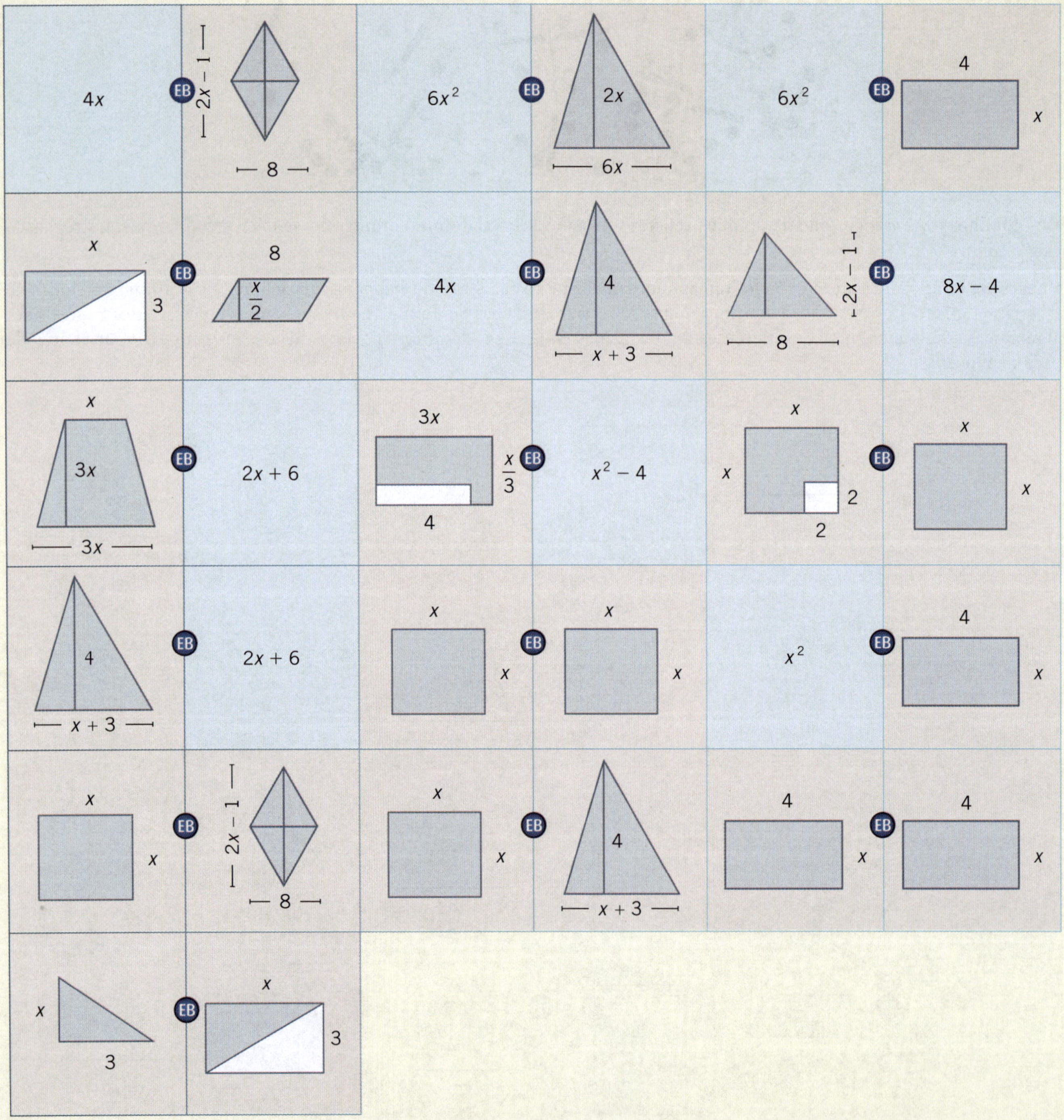

Capítulo 3. Operaciones con polinomios

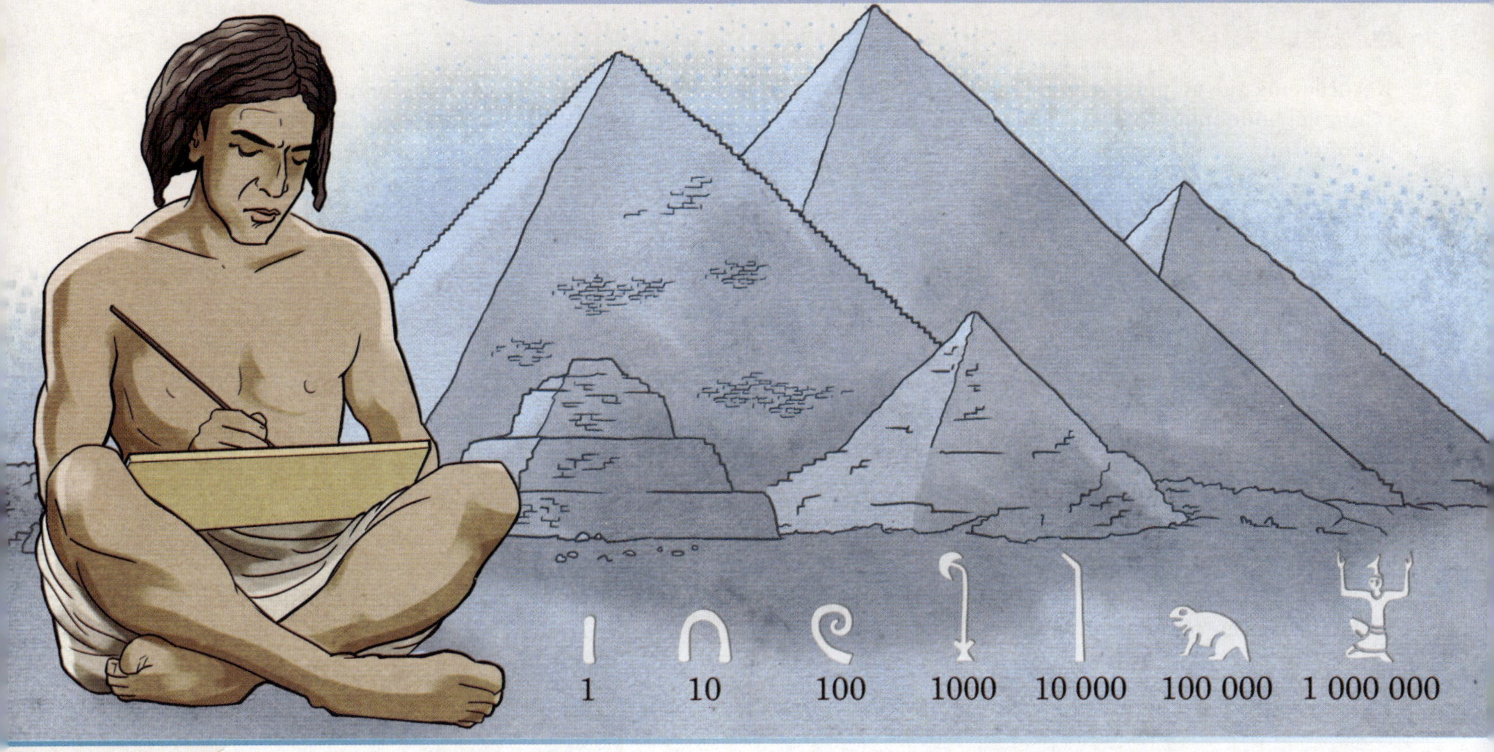

El álgebra en el antiguo Egipto (5000-500 a. n. e.). El conocimiento documentado más extenso que se tiene de los avances matemáticos de esa época se debe al *Papiro de Rhind*, atribuido al escriba Ahmes (1650 a. n. e.). Este documento redacta de manera didáctica más de 80 problemas matemáticos relacionados con la aritmética básica, repartos proporcionales, cálculo de áreas, capacidades y volúmenes, progresiones, ecuaciones lineales y de segundo grado, regla de tres y trigonometría elemental, así como el desarrollo de las que se conocen como fracciones egipcias o fracciones unitarias, que son aquellas que tienen la forma $\frac{1}{n}$, en la que n es un número natural, ya que ellos escribían un número fraccionario como la suma de fracciones unitarias. ¡Compruébalo para $n = 1, 2, 3, 4, 5$!

Como sabemos, los egipcios expresaban números fraccionarios como la suma de fracciones unitarias, a excepción de la fracción $\frac{2}{3}$. Representaban este tipo de fracciones con un pequeño óvalo (ojo de Horus) sobre el símbolo jeroglífico del número.

Por ejemplo, para representar la fracción $\frac{5}{8}$ escribían la suma equivalente:

$$\frac{5}{8} = \frac{1}{2} + \frac{1}{8}$$

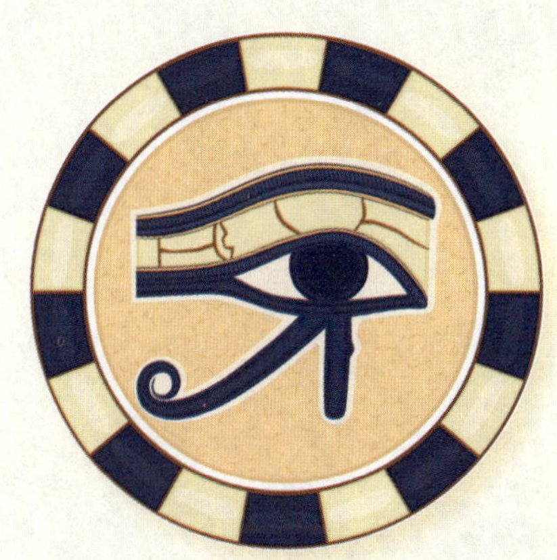

Para representar fracciones de la forma:

$$\frac{1}{2}, \frac{2}{3}, \frac{2}{5}, \frac{2}{7}, \frac{2}{9}, \frac{2}{11}, \dots \frac{2}{2n-1}$$

empleaban una fórmula para obtener las fracciones unitarias equivalentes:

$$\frac{1}{n} + \frac{1}{n(2n-1)}$$

en la que n es un número natural.

SABER >>> > Adición o suma de polinomios

Recordemos que un polinomio es una expresión algebraica formada por la suma de dos o más monomios, llamados términos del polinomio; además, puede involucrar una o más variables. La suma de dos o más polinomios se calcula sumando los términos semejantes.

HACER > Procedimiento para sumar polinomios

Sumemos algunos polinomios.

1. Sumemos $a - b$, $2a + 3b - c$ y $-4a + 5b$. Para indicar hasta dónde abarca cada polinomio, primero se colocan los sumandos dentro de paréntesis:

$$(a - b) + (2a + 3b - c) + (-4a + 5b)$$

Después, se eliminan los paréntesis y se colocan los polinomios con los signos correspondientes:

$$a - b + 2a + 3b - c - 4a + 5b = -a + 7b - c \quad \textbf{R.}$$

También, se pueden colocar los polinomios unos debajo de otros, de modo que los términos semejantes queden alineados en columna, para hacer la reducción.

2. Sumemos $3m - 2n + 4$, $6n + 4p - 5$, $8n - 6$ y $m - n - 4p$. Primero, acomodamos los polinomios en columna, de modo que los términos semejantes queden alineados, y los reducimos:

$$\begin{array}{r} 3m - 2n \quad\quad + 4 \\ 6n + 4p - 5 \\ + \quad\quad 8n \quad\quad - 6 \\ m - n - 4p \\ \hline 4m + 11n \quad\quad - 7 \quad \textbf{R.} \end{array}$$

3. Sumemos $3x^2 - 4xy + y^2$, $-5xy + 6x^2 - 3y^2$, $-6y^2 - 8xy - 9x^2$. Acomodamos los polinomios en columna, de modo que queden ordenados con relación a una misma letra; en este caso, ordenamos de manera descendente con relación a x:

$$\begin{array}{r} 3x^2 - 4xy - y^2 \\ + \quad 6x^2 - 5xy - 3y^2 \\ -9x^2 - 8xy - 6y^2 \\ \hline -17xy - 8y^2 \quad \textbf{R.} \end{array}$$

4. Sumemos $\dfrac{1}{3}x^3 + 2y^3 - \dfrac{2}{5}x^2y + 3$, $-\dfrac{1}{10}x^2y + \dfrac{3}{4}xy^2 - \dfrac{3}{7}y^3$, $-\dfrac{1}{2}y^3 + \dfrac{1}{8}xy^2 - 5$. Acomodamos los polinomios ordenados y reducimos términos semejantes:

$$\begin{array}{r} \dfrac{1}{3}x^3 - \dfrac{2}{5}x^2y \quad\quad + 2y^3 + 3 \\[2ex] + \quad -\dfrac{1}{10}x^2y + \dfrac{3}{4}xy^2 - \dfrac{3}{7}y^3 \\[2ex] + \dfrac{1}{2}xy^2 - \dfrac{1}{2}y^3 - 5 \\[1ex] \hline \dfrac{1}{3}x^3 - \dfrac{1}{2}x^2y + \dfrac{7}{8}xy^2 + \dfrac{15}{14}y^3 - 2 \quad \textbf{R.} \end{array}$$

SABER HACER ⊗→TU CUENTA

Suma los polinomios.

1. $x^2 + 4x; -5x + x^2$

2. $a^2 + ab; -2ab + b^2$

3. $x^3 + 2x; -x^2 + 4$

4. $a^4 - 3a^2; a^3 + 4a$

5. $-x^2 + 3x; x^3 + 6$

6. $x^2 - 4x; -7x + 6; 3x^2 - 5$

7. $m^2 + n^2; -3mn + 4n^2; -5m^2 - 5n^2$

8. $3x + x^3; -4x^2 + 5; -x^3 + 4x^2 - 6$

9. $x^2 - 3xy + y^2; -2y^2 + 3xy - x^2; x^2 + 3xy - y^2$

10. $a^2 - 3ab + b^2; -5ab + a^2 - b^2; 8ab - b^2 - 2a^2$

11. $x^3 + xy^2 + y^3; -5x^2y + x^3 - y^3; 2x^3 - 4xy^2 - 5y^3$

12. $-7m^2n + 4n^3; m^3 + 6mn^2 - n^3; -m^3 + 7m^2n + 5n^3$

13. $x^4 - x^2 + x; x^3 - 4x^2 + 5; 7x^2 - 4x + 6$

14. $a^4 + a^6 + 6; a^5 - 3a^3 + 8; a^3 - a^2 - 14$

15. $x^5 + x - 9; 3x^4 - 7x^2 + 6; -3x^3 - 4x + 5$

16. $-0.5a^3 + a; 0.1a^2 + 0.5; -1.7a^2 + 4a; -8a^2 - 1.2$

17. $\frac{1}{2}x^2 + \frac{1}{3}xy; \frac{1}{2}xy + \frac{1}{4}y^2$

18. $a^2 + \frac{1}{2}ab; -\frac{1}{4}ab + \frac{1}{2}b^2; -\frac{1}{4}ab - \frac{1}{5}b^2$

19. $x^2 + \frac{2}{3}xy; -\frac{1}{6}xy + y^2; -\frac{5}{6}xy + \frac{2}{3}y^2$

SABER >>>   > Sustracción o resta de polinomio

Para restar polinomios, se suma el minuendo con el inverso aditivo del sustraendo.

HACER   > Procedimiento para restar polinomios

Restemos polinomios usando inversos aditivos. Para determinar el inverso aditivo del sustraendo , lo primero que tenemos que hacer es cambiar el signo a todos sus términos.

Restemos $2x + 5z - 6$ de $4x - 3y + z$.

Indicamos la resta colocando el sustraendo dentro de un paréntesis y anteponemos el signo $-$:

$$4x - 3y + z - (2x + 5z - 6)$$

Para restar los polinomios, sumamos el inverso aditivo del sustraendo, reducimos términos semejantes y obtenemos la resta:

$$4x - 3y + z - 2x - 5z + 6 = 2x - 3y - 4z + 6 \qquad \textbf{R.}$$

También, pueden acomodarse los términos del sustraendo debajo del minuendo para hacer la reducción de términos semejantes. Primero, hay que cambiar el signo de los términos del sustraendo para sumar su inverso aditivo. Así, la resta anterior se verifica de esta manera:

$$
\begin{array}{r}
4x - 3y + z \\
+ \quad -2x - 5z + 6 \\
\hline
2x - 3y - 4z + 6 \qquad \textbf{R.}
\end{array}
$$

Comprobación de la resta de polinomios

Como en aritmética, al sumar el resultado de la diferencia con el sustraendo se obtiene el minuendo. Comprobemos algunas restas de polinomios.

1. Restemos $-4a^5b - ab^5 + 6a^3b^3 - a^2b^4 - 3b^6$ de $8a^4b^2 + a^6 - 4a^2b^4 + 6ab^5$.

   Escribimos el sustraendo con los signos cambiados debajo del minuendo. Ordenamos todos los términos con relación a una misma letra; en este caso, acomodamos en orden descendente con relación a la literal a:

$$
\begin{array}{l}
a^6 + 8a^4b^2 - 4a^2b^4 + 6ab^5 \\
+ \quad\; + 4a^5b - 6a^3b^3 + \; a^2b^4 + \; ab^5 + 3b^6 \\
\hline
a^6 + 4a^5b + 8a^4b^2 - 6a^3b^3 - 3a^2b^4 + 7ab^5 + 3b^6 \qquad \textbf{R.}
\end{array}
$$

   Para comprobar el resultado, sumamos la diferencia con el sustraendo y obtenemos el minuendo:

$$
\begin{array}{l}
a^6 + 4a^5b + 8a^4b^2 - 6a^3b^3 - 3a^2b^4 + 7ab^5 + 3b^6 \\
+ \quad\; - 4a^5b + 6a^3b^3 - \; a^2b^4 - \; ab^5 - 3b^6 \\
\hline
a^6 + 8a^4b^2 - 4a^2b^4 + 6ab^5
\end{array}
$$

2. Restemos $-\dfrac{1}{2}x^3 - \dfrac{2}{3}xy^2 + \dfrac{3}{4}x^2y - \dfrac{1}{2}y^3$ de $\dfrac{3}{5}x^3$.

   Escribimos todos los términos del sustraendo con signo cambiado debajo del minuendo, ordenamos y reducimos términos semejantes:

$$
\begin{array}{l}
\dfrac{3}{5}x^3 \\[2mm]
+ \\[2mm]
\dfrac{1}{2}x^3 - \dfrac{3}{4}x^2y + \dfrac{2}{3}xy^2 + \dfrac{1}{2}y^3 \\[2mm]
\hline
\dfrac{11}{10}x^2 - \dfrac{3}{4}x^2y + \dfrac{2}{3}xy^2 + \dfrac{1}{2}y^3 \qquad \textbf{R.}
\end{array}
$$

SABER HACER ⊗→TU CUENTA

Resta los polinomios usando los inversos aditivos.

1. De $5m^3 - 9n^3 + 6m^2n - 8mn^2$ restar $14mn^2 - 21m^2n + 5m^3 - 18$	
2. De $4x^3y - 19xy^3 + y^4 - 6x^2y^2$ restar $-x^4 - 51xy^3 + 32x^2y^2 - 25x^3y$	
3. De $m^6 + m^4n^2 - 9m^2n^4 + 19$ restar $-13m^3n^3 + 16mn^5 - 30m^2n^4 - 61$	
4. De $-a^5b + 6a^3b^3 - 18ab^5 + 42$ restar $-8a^6 + 9b^6 - 11a^4b^2 - 11a^2b^4$	
5. De $1 - x^2 + x^4 - x^3 + 3x - 6x^5$ restar $-x^6 + 8x^4 - 30x^2 + 15x - 24$	
6. Resta $m^2 - n^2 - 3mn$ de $-5m^2 - n^2 + 6mn$	
7. Resta $-x^3 - x + 6$ de $-8x^2 + 5x - 4$	
8. Resta $m^3 + 1.4m^2 + 9$ de $1.14m^2 - 8n - 1.6$	
9. Resta $ab - bc + 6cd$ de $8ab + 5bc + 6cd$	
10. Resta $2.5a^2b - 8ab^2 - b^3$ de $a^3 - 0.9a^2b - b^3$	
11. Resta $\dfrac{5}{6}a^2$ de $\dfrac{3}{8}a^2 - \dfrac{5}{6}a$	
12. Resta $\dfrac{1}{2}a - \dfrac{3}{5}b$ de $8a + 6b - 5$	
13. Resta $\dfrac{7}{9}x^2y$ de $x^3 + \dfrac{2}{3}x^2y - 6$	

SABER 〉 **Signos de agrupación**

Para efectuar algunos cálculos, en ocasiones es necesario agrupar los términos con signos que definen el orden en que se deben realizar las operaciones. Los signos de agrupación son: paréntesis ( ), corchetes [ ], llaves { } y barra |.

HACER 〉 **Uso de los signos de agrupación**

Los signos de agrupación indican que las cantidades encerradas entre ellos deben considerarse un solo término.

Por ejemplo, la expresión $a + (b - c)$ es equivalente a $a + (+b - c)$ e indica que la diferencia $b - c$ debe sumarse con a. Para hacer esta suma, eliminamos los paréntesis escribiendo las cantidades con su propio signo:

$$a + (b - c) = a + b - c$$

Reglas para suprimir signos de agrupación

1. Al suprimir signos de agrupación precedidos del signo $+$, todos los términos que se encuentran dentro de ellos conservan su signo.

2. Al suprimir signos de agrupación precedidos del signo $-$, se cambia el signo a cada uno de los términos que se encuentran dentro de éstos.

Ejemplos

1. Eliminemos los signos de agrupación en la expresión $a + (b - c) + 2a - (a + b)$.

   La expresión equivale a ésta:

   $$+a + (+b - c) + 2a - (+a + b)$$

   Como el primer paréntesis está precedido del signo $+$, lo suprimimos y sus términos conservan su signo; por su parte, como el segundo paréntesis está precedido del signo $-$, lo suprimimos y cambiamos el signo a sus términos:

   $$a + (b - c) + 2a - (a + b) = a + b - c + 2a - a - b = 2a - c \quad \textbf{R.}$$

2. Eliminemos los signos de agrupación en la expresión $5x + (-x - y) - [-y + 4x] + \{x - 6\}$.

   Como los paréntesis y las llaves están precedidas por el signo $+$, los suprimimos y sus términos conservan su signo; ahora bien, como el corchete está precedido por el signo $-$, lo suprimimos y cambiamos el signo a sus términos:

   $$5x + (-x - y) - [-y + 4x] + \{x - 6\} = 5x - x - y + y - 4x + x - 6 = x - 6 \quad \textbf{R.}$$

3. Eliminemos los signos de agrupación en la expresión $m + \overline{4n - 6} + 3m - \overline{n + 2m - 1}$.

   El vínculo o barra equivale a un paréntesis que encierra los términos ubicados debajo de él y su signo es el mismo que el de su primer término. Así que la expresión es equivalente a ésta:

   $$m + (4n - 6) + 3m - (n + 2m - 1)$$

   Por tanto, al suprimir los vínculos obtenemos:

   $$m + 4n - 6 + 3m - n - 2m + 1 = 2m + 3n - 5 \quad \textbf{R.}$$

SABER HACER ⊗→TU CUENTA

Suprime los signos de agrupación y resuelve las operaciones.

1. $x - (x - y) =$	
2. $x^2 + (-3x - x^2 + 5) =$	
3. $a + b - (-2a + 3) =$	
4. $4m - (-2m - n) =$	
5. $2x + 3y - \overline{4x + 3y} =$	
6. $a + (a - b) + (-a + b) =$	
7. $a^2 + [-b^2 + 2a^2] - [a^2 - b^2] =$	
8. $2a - \{-x + a - 1\} - \{a + x - 3\} =$	
9. $x^2 + y^2 - (x^2 + 2xy + y^2) + [-x^2 + y^2] =$	
10. $(-5m + 6) + (-m + 5) - 6 =$	
11. $x + y + \overline{x - y + z} - \overline{x + y - z} =$	
12. $a - (b + a) + (-a + b) - (-a + 2b) =$	
13. $-(x^2 - y^2) + xy + (-2x^2 + 3xy) - [-y^2 + xy] =$	
14. $4x^2 + [-(x^2 - xy) + (-3y^2 + 2xy) - (-3x^2 + y^2)] =$	
15. $a + \{(-2a + b) - (-a + b - c) + a\} =$	
16. $4m - [2m + n - 3] + [-4n - 2m + 1] =$	
17. $2x + [-5x - (-2y + \{-x + y\})] =$	
18. $x^2 - \{-7xy + [-y^2 + (-x^2 + 3xy - 2y^2)]\} =$	

SABER >>> › Multiplicación de polinomios

Para multiplicar polinomios se utiliza el mismo algoritmo que el usado en la multiplicación de monomios. De igual modo, también se aplican las leyes de los exponentes, de los signos y de los coeficientes.

HACER › Regla para multiplicar un polinomio por un monomio

Para multiplicar un monomio por un polinomio, el primero se multiplica por cada término del polinomio, considerando en cada caso la regla de los signos. Luego, se separan los productos parciales con sus propios signos. Ésta es la ley distributiva de la multiplicación.

Ejemplos

1. Multipliquemos $3x^2 - 6x + 7$ por $4ax^2$.

   Para hacerlo, multiplicamos el monomio por cada término del polinomio:

   $4ax^2(3x^2 - 6x + 7) = 4ax^2(3x^2) - 4ax^2(6x) + 4ax^2(7) = 12ax^4 - 24ax^3 + 28ax^2$ **R.**

   Los términos también pueden acomodarse en forma vertical, como se hace en aritmética:

   $$\begin{array}{r} 3x^2 - \quad 6x^3 + 7 \\ \times \ 4ax^4 \\ \hline 12ax^4 - 24ax^3 + 28ax^2 \end{array}$$ **R.**

2. Multipliquemos $a^3x - 4a^2x^2 + 5ax^3 - x^4$ por $-2a^2x$.

   Acomodamos en forma vertical y resolvemos:

   $$\begin{array}{r} a^3x - 4a^2x^2 + \quad 5ax^3 - \quad x^4 \\ \times \quad -2a^2x \\ \hline -2a^5x^2 + 8a^4x^3 - 10a^3x^4 + 8a^2x^5 \end{array}$$ **R.**

3. Multipliquemos $\dfrac{2}{3}x^4y^2 - \dfrac{3}{5}x^2y^4 + \dfrac{5}{6}y^6$ por $-\dfrac{2}{9}a^2x^3y^2$.

   Acomodamos en forma vertical y resolvemos:

   $$\begin{array}{r} \dfrac{2}{3}x^4y^2 \\ \times \\ -\dfrac{3}{5}x^2y^4 + \dfrac{5}{6}y^4 \\ \hline -\dfrac{4}{27}a^2x^7y^4 + \dfrac{2}{15}a^2x^5y^6 - \dfrac{5}{27}a^2x^3y^8 \end{array}$$ **R.**

SABER HACER ⊗→TU CUENTA

Resuelve las multiplicaciones.

1. $3x^3 - x^2$ por $-2x$	
2. $8x^2y - 3y^2$ por $2ax^3$	
3. $x^2 - 4x + 3$ por $-2x$	
4. $a^3 - 4a^2 + 6a$ por $3ab$	

5. $\dfrac{1}{2}a - \dfrac{2}{3}b$ por $\dfrac{2}{5}a^2$	**7.** $\dfrac{3}{5}a - \dfrac{1}{6}b + \dfrac{2}{5}c$ por $-\dfrac{5}{3}ac^2$
6. $5\dfrac{2}{3}a - \dfrac{3}{4}b$ por $-4\dfrac{2}{3}a^3b$	**8.** $3\dfrac{2}{5}a^2 + \dfrac{1}{3}ab - \dfrac{2}{9}b^2$ por $3\dfrac{1}{2}a^2x$

SABER >>> ❯ Multiplicación de dos polinomios

Para multiplicar dos polinomios entre sí, se multiplica cada término de un factor por cada término del otro factor. Como en otros casos, hay que considerar las leyes de los exponentes, de los coeficientes y de los signos.

HACER ❯ Regla para multiplicar dos polinomio

Después de multiplicar entre sí los términos de los dos polinomios, se simplifican los términos semejantes. Resolvamos algunos productos de este tipo.

Ejemplos

1. Multipliquemos $a - 4$ por $3 + a$.

   Primero, ordenamos los términos de cada factor con relación a la literal a y acomodamos en forma vertical. Luego, multiplicamos y escribimos los productos parciales, de modo que los términos semejantes queden alineados. Por último, reducimos:

$$\begin{array}{r} a - 4 \\ a + 3 \\ \hline \times \quad a^2 - 4a \\ 3a - 12 \\ \hline a^2 - a - 12 \end{array} \quad \textbf{R.}$$

2. Multipliquemos $4x - 3y$ por $-2y + 5x$.

   Ordenamos de manera descendente con relación a x, multiplicamos y reducimos términos semejantes:

$$\begin{array}{r} 4x - 3y \\ 5x - 3y \\ \hline \times \quad 20x^2 - 15xy \\ - 8xy + 6y^2 \\ \hline 20x^2 - 23xy + 6y^2 \end{array} \quad \textbf{R.}$$

3. Multipliquemos $2 + a^2 - 2a - a^3$ por $a + 1$.

   Ordenamos de manera ascendente con relación a a, multiplicamos y reducimos términos semejantes:

$$\begin{array}{r} 2 - 2a + a^2 - a^3 \\ 1 + a \\ \hline \times \quad 2 - 2a + a^2 - a^3 \\ 2a - 2a^2 + a^3 - a^4 \\ \hline 2 \quad - a^2 \quad - a^4 \end{array} \quad \textbf{R.}$$

4. Multipliquemos $\dfrac{1}{2}x^2 - \dfrac{1}{3}xy$ por $\dfrac{2}{3}x - \dfrac{4}{5}y$.

   Ordenamos en forma descendente con relación a x, multiplicamos y reducimos términos semejantes:

$$\begin{array}{r} \dfrac{1}{2}x^2 - \dfrac{1}{3}xy \\[2mm] \dfrac{2}{3}x - \dfrac{4}{5}y \\ \hline \times \quad \dfrac{1}{3}x^3 - \dfrac{2}{9}x^2y \\[2mm] -\dfrac{2}{5}x^2y + \dfrac{4}{15}xy^2 \\ \hline \dfrac{1}{3}x^3 - \dfrac{28}{15}x^2y + \dfrac{4}{15}xy^2 \end{array} \quad \textbf{R.}$$

SABER HACER →TU CUENTA

Resuelve las multiplicaciones.

1. $a + 3$ por $a - 1$

2. $a - 3$ por $a + 1$

3. $x + 5$ por $x - 4$

4. $m - 6$ por $m - 5$

5. $a^2 + b^2 + 2ab$ por $a + b$

6. $x^3 - 3x^2 + 1$ por $x + 3$

7. $1.4a^3 - a + a^2$ por $-0.2a - 1$

8. $0.8m^4 + 0.2m^2n^2 + 0.1n^4$ por $0.3m^2 - 0.01n^2$

9. $\dfrac{1}{2}a - \dfrac{1}{3}b$ por $\dfrac{1}{3}a + \dfrac{1}{2}b$

10. $x - \dfrac{2}{5}y$ por $\dfrac{5}{6}y + \dfrac{1}{3}x$

11. $\dfrac{1}{2}x^2 - \dfrac{1}{3}xy + \dfrac{1}{4}y^2$ por $\dfrac{2}{3}x - \dfrac{3}{2}y$

12. $\dfrac{1}{4}a^2 - ab + \dfrac{2}{3}b^2$ por $\dfrac{1}{4}a - \dfrac{3}{2}b$

SABER ››› › Multiplicación de polinomios con exponentes literales y producto continuado de polinomios

Para multiplicar polinomios con exponentes literales, por lo general se emplean polinomios con igual base, para que los exponentes se sumen al momento de realizar la multiplicación.

Para efectuar el producto continuado de polinomios, se ponen los factores entre paréntesis y se multiplican los términos de un factor por todos los términos de cada uno de los demás factores.

HACER › Multiplicación de polinomios con exponentes literales

Realicemos el producto de algunos polinomios con exponentes literales.

Ejemplos

1. Multipliquemos $a^{m+2} - 4a^m - 2a^{m+1}$ por $a^2 - 2a$.

   Acomodamos los factores en forma vertical, multiplicamos todos los términos, escribimos los productos parciales de modo que los términos semejantes queden alineados y simplificamos:

$$
\begin{array}{r}
a^{m+2} - 2a^{m+1} - 4a^m \\
\times \quad a^2 \quad\;\; - 2a \\
\hline
a^{m+4} - 2a^{m+3} - 4a^{m+2} \\
- 2a^{m+3} + 4a^{m+2} + 8a^{m+1} \\
\hline
a^{m+4} - 4a^{m+3} \qquad\qquad + 4a^{m+1}
\end{array}
\qquad \text{R.}
$$

2. Multipliquemos $x^{a+2} - 3x^{a+1} + x^{a+1} + x^{a-1}$ por $x^{a+1} + x^a + 4x^{a-1}$.

   Acomodamos los factores, multiplicamos y simplificamos:

$$
\begin{array}{r}
x^{a+22} - x^{a+1} - 3x^{a+1} + x^{a-1} \\
\times \quad x^{a+1} + x^a \quad\;\; + 4x^{a-1} \\
\hline
x^{2a+3} - x^{2a+2} - 3x^{2a+1} + x^{2a} \\
x^{2a+2} - x^{2a+1} - 3x^{2a} + x^{2a-1} \\
4x^{2a+1} - 4x^{2a} - 12x^{2a-1} + 4x^{2a+2} \\
\hline
x^{2a+3} \qquad\qquad - 6x^{2a} - 11x^{2a+1} + 4x^{2a+2}
\end{array}
\qquad \text{R.}
$$

Producto continuado de polinomios

Desarrollemos el siguiente producto continuado entre polinomios.

Ejemplo

Multipliquemos $3x(x + 3)(x - 2)(x + 1)$.

Como los factores están dentro de paréntesis, el producto ya está indicado. De este modo, la operación se inicia multiplicando dos factores cualesquiera; luego, este producto se multiplica por el tercer factor, y este nuevo producto por el último factor.

$$
\begin{array}{r}
x + 3 \\
\times\; 3x \\
\hline
3x^3 + 9x
\end{array}
\qquad
\begin{array}{r}
3x^2 + 9x \\
\times\; x - 2 \\
\hline
3x^3 + 9x^2 \\
- 6x^2 - 18x \\
\hline
3x^3 + 3x^2 - 18x
\end{array}
\qquad
\begin{array}{r}
3x^3 + 3x^2 - 18x \\
\times\; x + 1 \\
\hline
3x^4 + 3x^3 - 18x^2 \\
3x^3 - 3x^2 - 18x \\
\hline
3x^4 + 6x^3 - 15x^2 - 18x
\end{array}
\qquad \text{R.}
$$

Por la ley asociativa de la multiplicación, también pudimos haber multiplicado primero $3x(x + 3)$, después $(x - 2)(x + 1)$ y al final multiplicar ambos productos.

SABER HACER →TU CUENTA

Resuelve las multiplicaciones.

1. $a^x - a^{x+1} + a^{x+2}$ por $a + 1$

2. $x^{n+1} + 2x^{n+2} - x^{n+3}$ por $x^2 + x$

3. $m^{a+1} + m^{a-1} + m^{a+2} - m^a$ por $m^2 - 2m + 3$

4. $a^{n+2} - 2a^n + 3a^{n+1}$ por $a^n + a^{n+1}$

5. $4(a + 5)(a - 3) =$

6. $\dfrac{3}{5}a^2(x + 1)(x - 1) =$

7. $-0.2(a - 3)(a - 1)(a + 4) =$

8. $(x^2 + 1)(x^2 - 1)(x^2 + 1) =$

9. $\dfrac{1}{6}m(m - 4)(m - 6)(m - 2) =$

10. $(a - b)(a^2 - 2ab + b^2)(a + b) =$

11. $3x(x^2 - 2x + 1)(x - 1)(x + 1) =$

SABER 〉〉〉 〉 División de un polinomio entre un monomio

Para la división de un polinomio entre un monomio es necesario considerar las leyes de los exponentes, de los coeficientes y de los signos. Para comprobar el resultado de una división, como en aritmética, se multiplica el cociente por el divisor, para obtener el dividendo.

HACER > Regla para dividir un polinomio por un monomio

Para dividir un polinomio entre un monomio, se divide cada término del primero entre el segundo, separando los cocientes parciales con sus propios signos. Ésta es la ley distributiva de la división.

Ejemplos

1. Dividamos $3a^3 - 6a^2b + 9ab^2$ entre $3a$.

Primero, expresamos la división en forma horizontal y como fracción; enseguida, efectuamos cada cociente y, al final, simplificamos:

$$(3a^3 - 6a^2b + 9ab^2) \div 3a = \frac{3a^3 - 6a^2b + 9ab^2}{3a} = \frac{3a^3}{3a} - \frac{6a^2b}{3a} + \frac{9ab^2}{3a}$$

$$= a^2 - 2ab + 3b^2 \quad \textbf{R.}$$

2. Dividamos $2a^xb^m - 6a^{x+1}b^{m-1} - 3a^{x+2}b^{m-2}$ entre $-2a^3b^4$.

Escribimos cada cociente en forma de fracción considerando los signos de cada término, dividimos y simplificamos:

$$(2a^xb^m - 6a^{x+1}b^{m-1} - 3a^{x+2}b^{m-2}) \div -2a^3b^4 = -\frac{2a^xb^m}{2a^3b^4} + \frac{6a^{x+1}b^{m-1}}{2a^3b^4} + \frac{3a^{x+2}b^{m-2}}{2a^3b^4}$$

$$= -a^{x-3}b^{m-4} + 3a^{x-2}b^{m-5} + \frac{3}{2}a^{x-1}b^{m-6} \quad \textbf{R.}$$

3. Dividamos $\frac{3}{4}x^3y - \frac{2}{3}x^2y^2 + \frac{5}{6}xy^3 - \frac{1}{2}y^4$ entre $\frac{5}{6}y$.

$$\left(\frac{3}{4}x^3y - \frac{2}{3}x^2y^2 + \frac{5}{6}xy^3 - \frac{1}{2}y^4\right) \div \frac{5}{6}y = \frac{\frac{3}{4}x^3y}{\frac{5}{6}y} - \frac{\frac{5}{6}x^2y^2}{\frac{5}{6}y} + \frac{\frac{5}{6}xy^3}{\frac{5}{6}y} - \frac{\frac{1}{2}y^4}{\frac{5}{6}y}$$

$$= \frac{9}{10}x^3 - \frac{4}{5}x^2y + xy^2 - \frac{3}{5}y^3 \quad \textbf{R.}$$

SABER HACER ⊗→TU CUENTA

Resuelve las divisiones.

1. $a^2 - ab$ entre a	
2. $3x^2y^3 - 5a^2x^4$ entre $-3x^2$	
3. $3a^2 - 5ab^2 - 6a^2b^3$ entre $-2a$	
4. $x^3 - 4x^2 + x$ entre x	
5. $\frac{1}{2}x^2 - \frac{2}{3}x$ entre $\frac{2}{3}x$	
6. $\frac{1}{3}a^3 - \frac{3}{5}a^2 - \frac{1}{4}a$ entre $\frac{3}{5}$	
7. $\frac{1}{4}m^4 - \frac{2}{3}m^3n + \frac{3}{8}m^2n^2$ entre $\frac{1}{4}m^2$	

SABER　>>>　> División entre polinomios

Para la división de un polinomio entre otro polinomio, hay que aplicar las mismas reglas que en la división de monomios y las fracciones en aritmética.

HACER　> Regla para dividir polinomios

1. Ordena el dividendo y el divisor con relación a una misma literal.

2. Divide el primer término del dividendo entre el primero del divisor; así, tendrás el primer término del cociente.

3. Multiplica el primer término del cociente por todo el divisor y resta ese producto del dividendo; para ello, escribe cada término debajo de su semejante. Si algún término no tiene semejante en el dividendo, escríbelo en el lugar que le correspondería de acuerdo con el orden en que acomodaste los términos.

4. Divide el primer término del resto parcial entre el primer término del divisor, para obtener el segundo término del cociente.

5. Multiplica el segundo término del cociente por todo el divisor y resta ese producto del dividendo.

6. Continúa con este método hasta agotar todos los términos del dividendo.

Ejemplos

1. Dividamos $28x^2 - 30y^2 - 11xy$ entre $4x - 5y$.

   Ordenamos los términos del dividendo y el divisor en forma descendente con relación a x y aplicamos el algoritmo mencionado:

   Para comprobar el resultado, cuando la división es exacta, multiplicamos el cociente por el divisor. Si el resultado es correcto, se obtiene el dividendo.

$$\begin{array}{r} 4x - 5y \qquad \textbf{R.} \\ \hline 4x - 5y \,)\, \overline{28x^2 - 11xy - 30y^2} \\ -28x^2 + 35xy \\ \hline 24xy - 30y^2 \\ -24xy + 30y^2 \\ \hline 0 \end{array}$$

2. Dividamos $2x^3 - 2 - 4x$ entre $2 + 2x$.

   Ordenamos el dividendo y el divisor; como no hay término para x^2, dejamos un espacio en el dividendo para facilitar el orden de los demás términos; por lo demás, aplicamos el mismo algoritmo:

$$\begin{array}{r} x^2 - x - 1 \qquad \textbf{R.} \\ \hline 2x + 2 \,)\, \overline{2x^3 - 2x^2 - 4x - 2} \\ -2x^3 - 2x^2 \\ \hline -2x^2 + 4x \\ 2x^2 + 2x \\ \hline -2x - 2 \\ 2x + 2 \\ \hline 0 \end{array}$$

3. Dividamos $\dfrac{1}{3}x^3 - \dfrac{35}{36}x^2y + \dfrac{2}{3}xy^2 - \dfrac{3}{8}y^3$ entre $\dfrac{2}{3}x - \dfrac{3}{2}y$.

   Apliquemos el algoritmo aprendido:

$$\begin{array}{r} \dfrac{1}{2}x^2 - \dfrac{1}{3}xy + \dfrac{1}{4}y^2 \qquad \textbf{R.} \\ \hline \dfrac{2}{3}x - \dfrac{3}{2}y \,)\, \overline{\dfrac{1}{3}x^3 - \dfrac{35}{36}x^2y + \dfrac{2}{3}xy^2 - \dfrac{3}{8}y^3} \\ -\dfrac{1}{3}x^3 + \dfrac{3}{4}x^2y \\ \hline -\dfrac{2}{9}x^2y + \dfrac{2}{3}xy^2 - \dfrac{3}{8}y^3 \\ \dfrac{2}{9}x^2y - \dfrac{1}{2}xy^2 \\ \hline \dfrac{1}{6}xy^2 \times \dfrac{3}{8}y^3 \\ -\dfrac{1}{6}xy^2 + \dfrac{3}{8}y^3 \\ \hline 0 \end{array}$$

División
de polinomio

SABER HACER ⊗→TU CUENTA

Resuelve las divisiones entre polinomios.

1. $a^2 + 2a - 3$ entre $a + 3$	**2.** $a^2 - 2a - 3$ entre $a + 1$	**3.** $x^2 - 20 + x$ entre $x + 5$
4. $m^2 - 11m + 30$ entre $m - 6$	**5.** $x^2 + 15 - 8x$ entre $3 - x$	**6.** $a^4 - a^2 - 2a - 1$ entre $a^2 + a + 1$

7. $x^5 + 12x^2 - 5x$ entre $x^2 - 2x + 5$	**8.** $m^5 - 5m^4n + 20m^2n^3 - 16mn^4$ entre $m^2 - 2mn - 8n^2$
9. $\dfrac{1}{6}a^2 + \dfrac{5}{36}ab - \dfrac{1}{6}b^2$ entre $\dfrac{1}{3}a + \dfrac{1}{2}b$	**10.** $\dfrac{1}{3}x^2 + \dfrac{7}{10}xy - \dfrac{1}{3}y^2$ entre $x - \dfrac{2}{5}y$

SABER >>> › División entre polinomios con exponentes literales

Para dividir un polinomio entre otro polinomio con exponentes literales también se emplean expresiones con bases iguales; de modo que al multiplicar los términos, los exponentes se suman, y al dividirlos, los exponentes se restan.

HACER › División de polinomios con exponentes literales

Dividamos polinomios con exponentes literales que cuentan con la misma base. Recuerda que al multiplicar los exponentes, éstos se suman. Por ejemplo: $(5x^{n+2})(x^n) = 5x^{2n+2}$.

1. Dividamos $3a^{x+5} + 19a^{x+3} - 10a^{x+4} - 8a^{x+2} + 5a^{x+1}$ entre $a^2 - 3a + 5$.

   Acomodamos los términos de manera descendente con relación a la literal a y resolvemos:

$$
\begin{array}{r}
3a^{x+3} - a^{x+1} + a^{x+1} \quad \textbf{R.} \\[4pt]
a^2 - 3a + 5 \,\big|\, 3a^{x+5} - 10a^{x+4} + 19a^{x+3} - 8a^{x+2} + 5a^{x+1} \\
-3a^{x+5} + 9a^{x+4} - 15a^{x+3} \\ \hline
-\,a^{x+4} + 4a^{x+3} - 8a^{x+2} + 5a^{x+1} \\
a^{x+4} + 3a^{x+3} - 5a^{x+2} \\ \hline
a^{x+3} - 3a^{x+2} + 5a^{x+1} \\
-\,a^{x+3} + 3a^{x+2} - 5a^{x+1} \\ \hline
0
\end{array}
$$

SABER HACER ⊗→TU CUENTA

Resuelve las divisiones.

1. $a^{x+3} + a^x$ entre $a + 1$	2. $x^{n+2} + 3x^{n+3} + x^{n+4} - x^{n+5}$ entre $x^2 + x$

3. $a^{2n+3} + 4a^{2n+2} + a^{2n+1} - 2a^{2n}$ entre $a^n + a^{n+1}$	4. $m^{a+4} - m^{a+3} + 6m^{a+1} - 5m^a + 3m^{a-1}$ entre $m^2 - 2m + 3$

SABER >>> > Cociente mixto

Un cociente mixto es aquel que resulta de una división entre polinomios que no es exacta; esto es, cuando el dividendo no es divisible exactamente entre el divisor y se obtiene un residuo. Se dice que el cociente es mixto porque consta de una parte entera y una fraccionaria

Al efectuar una división de este tipo, hay que detener el procedimiento cuando el primer término del residuo sea de grado inferior al primer término del divisor, con relación a una misma literal. En estos casos, al cociente obtenido hasta ese momento, hay que sumarle una fracción que tenga al residuo como numerador y al divisor como denominador.

HACER > Divisiones con cociente mixto

Resolvamos algunas divisiones no exactas para obtener cocientes mixtos.

Ejemplos

1. Dividamos $x^2 - x - 6$ entre $x + 3$.

   Para esta operación, aplicamos el algoritmo conocido para resolver divisiones de este tipo; como al final el 6 es de menor grado que x, sumamos al cociente la fracción $\dfrac{6}{x+3}$:

   $$x - 4 + \dfrac{6}{x+3} \qquad \text{R.}$$

   $$
   \begin{array}{r}
   x - 4 + \frac{6}{x+3} \\
   x+3\overline{\smash{\big)}\,x^2 - x - 6} \\
   \underline{-x^2 - 3x} \\
   -4x - 6 \\
   \underline{4x + 12} \\
   6 \\
   \underline{-\;6} \\
   0
   \end{array}
   $$

   Así, el cociente obtenido, $x - 4 + \dfrac{6}{x+3}$, es mixto.

2. Dividamos $6m^4 - 4m^3n^2 - 3m^2n^4 + 4mn^6 - n^8$ entre $2m^2 - n^4$.

   Al aplicar el algoritmo para resolver la división, es posible observar que el término $2mn^6$ es de menor grado que $2m^2$, con relación a m, por lo que detenemos el procedimiento y sólo sumamos al cociente la fracción $\dfrac{2mn^6 - n^8}{2m^2 - n^4}$, formada por el residuo y el divisor:

   $$3m^2 - 2mn^2 + \dfrac{2mn^6 - n^8}{2m^2 - n^4} \qquad \text{R.}$$

   $$
   \begin{array}{r}
   2m^2 - n^4\overline{\smash{\big)}\,6m^4 - 4m^3n^2 - 3m^2n^4 + 4mn^6 - n^8} \\
   \underline{-6m^4 - + 3m^2n^4} \\
   -4m^3n^2 + 4mn^6 - n^8 \\
   \underline{4m^3n^2 - 2mn^6} \\
   2mn^6 - n^8
   \end{array}
   $$

SABER HACER ⊗→TU CUENTA

Resuelve las divisiones con cociente mixto.

1. $a^2 + b^2$ entre a^2	2. $a^4 + 2$ entre a^3	3. $9x^3 + 6x^2 + 7$ entre $3x^2$

4. $16a^4 - 20a^3b + 8a^2b^2 + 7ab^3$ entre $4a^2$	5. $x^2 + 7x + 10$ entre $x - 4$	6. $x^2 - 5x + 7$ entre $x - 4$

7. $m^4 - 11m^2 + 34$ entre $m^2 - 3$	8. $x^2 - 6xy + y^2$ entre $x + y$	9. $x^3 - x^2 + 3x + 2$ entre $x^2 - x + 1$

10. $x^3 + y^3$ entre $x - y$	11. $x^5 + y^5$ entre $x - y$	12. $x^3 + 4x^2 - 5x + 8$ entre $x^2 - 2x + 1$

13. $8a^3 - 6a^2b + 5ab^2 - 9b^3$ entre $2a - 3b$

SABER >>> › División sintética

La división sintética es un procedimiento sencillo para dividir un polinomio de grado 1, o superior, entre un binomio de la forma $x + a$. Formalmente, a este tipo de división se le conoce como regla de Ruffini, la cual hace más fácil la resolución de divisiones de este tipo mediante el uso de un arreglo de términos.

HACER › Regla para aplicar la división sintética

Desarrollemos el algoritmo de la división sintética tomando en cuenta las siguientes consideraciones.

Usando la división sintética, dividamos $2x^4 - 5x^3 + 6x^2 - 4x - 105$ entre $x + 2$.

1. Acomoda cada elemento de la división en un esquema como el siguiente.

2. En el dividendo, escribe sólo sus coeficientes; ordénalos previamente, de preferencia, en forma descendente con relación a una literal, en este caso, lo haremos con respecto a x. Si no hay coeficientes para x, x^2 o cualquier término, escribe un cero en su lugar; esto es importante para que haya continuidad en los coeficientes del dividendo.

$$\begin{array}{c|c} \text{Divisor} & \text{Coeficientes del dividendo} \\ & \text{Productos parciales} \\ \hline & \text{Cociente y residuo} \end{array}$$

$$\begin{array}{c|ccccc} -2 & 2 & -5 & 6 & -4 & -105 \\ & & \text{Productos parciales} \\ \hline & \text{Cociente y residuo} \end{array}$$

3. En el divisor, escribe sólo el término independiente con el signo cambiado.

4. Baja el primer coeficiente del dividendo al primer término del cociente.

5. Multiplica cada término del cociente por el término independiente del divisor con el signo cambiado; luego, escribe el producto en la fila de productos parciales y súmalos para obtener cada término siguiente del cociente. Repite este procedimiento hasta agotar los coeficientes de la fila del dividendo.

$$\begin{array}{c|ccccc} -2 & 2 & -5 & 6 & -4 & -105 \\ & \downarrow & (2)(-2)=-4 & (-9)(-2)=18 & (24)(-2)=-48 & (-52)(-2)=104 \\ \hline & 2 & -9 & 24 & -52 & -1 \end{array}$$

6. Si el residuo es cero, el cociente es entero, si no, el cociente es mixto y su parte fraccionaria tiene por numerador el residuo y por denominador el divisor original.

7. Escribe el cociente con los coeficientes obtenidos, considera que éste tiene un grado menor que el dividendo; es decir, si el primer término del dividendo tiene x^4, el primer término del cociente tendrá x^3. Como el residuo es -1, el cociente es mixto; por tanto, el resultado de nuestra división queda así:

$$2x^3 - 9x^2 + 24x - 52 - \frac{1}{x+2} \qquad \textbf{R.}$$

SABER HACER ⊗→TU CUENTA

Resuelve las operaciones. Usa la división sintética.

1. $x^2 - 7x + 5$ entre $x - 3$	4. $x^3 - 2x^2 + x - 2$ entre $x - 2$
2. $a^2 - 5a + 1$ entre $a + 2$	5. $a^3 - 3a^2 - 6$ entre $a + 3$
3. $x^3 - x^2 + 2x - 2$ entre $x + 1$	6. $n^4 - 5n^3 + 4n - 48$ entre $n + 2$

CONEXIONES > Crucigrama

Resuelve el crucigrama algebraico. Puedes hacerlo de forma individual o con un compañero.

Horizontal

1. El resultado de $x^2 + 2x^2 =$ ________________

2. $x^3 - x^2 + x - x^3 + 2x^2 - x =$ ________________

3. $8w^2 - w^2 =$ ________________

4. $(4y)(ywz) =$ ________________

5. $(2a)(-a) =$ ________________

6. $6mn^2p - 3mn^2p =$ ________________

7. $-9z + 3z^x - 6z^x =$ ________________

8. $2x^2 + 5y^3 - x^2 - x^2 =$ ________________

9. $(11xy)(x^3) =$ ________________

10. $\dfrac{5b^8}{5b^4} =$ ________________

11. $3b - 6a^3 - 2b =$ ________________

12. $\dfrac{w^6}{w^5} =$ ________________

13. $(5bc^2 + z)(5bc^2 - z) =$ ________________

Vertical

1. $(37 - 5b^3)(b) =$ ________________

2. $2x^2w^2 - 9y^3 - x^2w^2 =$ ________________

4. $\dfrac{12w}{4} + 6z - 3w =$ ________________

5. $x^5 - 5 - x^5 =$ ________________

6. $15a^3 - 12b^2 + 19a^3 =$ ________________

7. $3m\left(\dfrac{1}{3}y^2\right) =$ ________________

8. $(31ac)(ac^3) =$ ________________

9. $\dfrac{n^4w^6}{n^2w^5} =$ ________________

10. $(2z^x)\left(\dfrac{1}{2}x^4\right) =$ ________________

11. $\dfrac{p^2z^3}{pz^2} =$ ________________

12. $3z^3y\left(\dfrac{w}{3z}\right) =$ ________________

13. $\dfrac{6x^w}{3x^w} =$ ________________

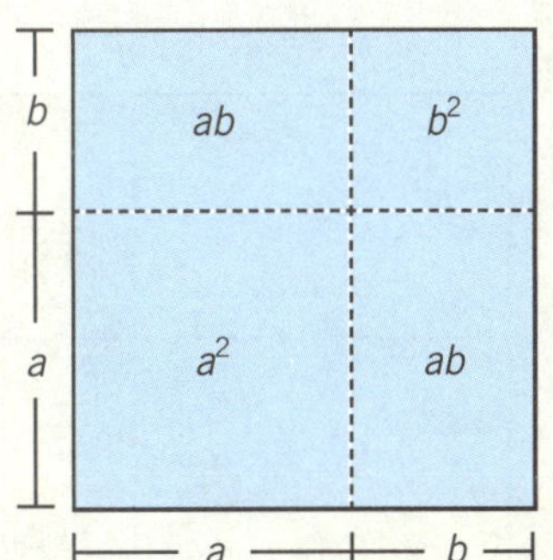

Euclides (365-275 a. n. e.). Considerado uno de los matemáticos griegos más reconocidos de todos los tiempos; ello, en parte, porque fue el primero en establecer un método riguroso de demostración geométrica. La geometría desarrollada por Euclides se mantuvo incólume hasta el siglo XIX. Su base es la declaración del postulado que afirma: "Por un punto exterior a una recta sólo se puede trazar una perpendicular a la misma y sólo una". El libro que recoge la mayor parte de sus investigaciones se titula *Elementos*, el cual ha sido publicado en diferentes idiomas y es conocido no sólo en las matemáticas, sino en varias otras disciplinas.

Proposición. Si se corta al azar una línea recta, el cuadrado de la recta entera es igual a los cuadrados de los segmentos y dos veces el rectángulo comprendido por los segmentos.

Esta proposición traducida al lenguaje algebraico se conoce como producto notable:

$$(a + b)^2 = a^2 + 2ab + b^2$$

Si se analiza de izquierda a derecha, se observa que es un caso de factorización. Este tipo de expresiones, conocidas como productos y cocientes notables, nos ayudan a obtener los resultados que cumplen determinadas reglas y propiedades, sin necesidad de realizar todo el procedimiento; además, nos permiten simplificar las operaciones e identificarlas fácilmente.

SABER >>> › Productos notables

Los productos notables son multiplicaciones algebraicas especiales en las que basta con aplicar una fórmula para obtener su resultado, sin necesidad de efectuar todo el procedimiento de la multiplicación.

Cuadrado de un binomio (suma)

Para calcular el cuadrado de un binomio en el que se suman dos cantidades, por ejemplo a y b, es necesario desarrollar el producto $(a + b)(a + b)$. Para ello, desarrollamos el siguiente procedimiento:

$$
\begin{array}{r}
a + b \\
a + b \\
\hline
a^2 + ab \\
ab + b^2 \\
\hline
a^2 + 2ab + b^2
\end{array}
$$

Por tanto, $(a + b)^2 = a^2 + 2ab + b^2$.

A manera de regla, y para no desarrollar todo el procedimiento, decimos que: "el cuadrado de la suma de dos términos es igual al cuadrado del primero más el doble producto del primero por el segundo, más el cuadrado del segundo".

HACER › Desarrollo del cuadrado de un binomio (suma)

Desarrollemos el cuadrado de un binomio en el que se suman dos términos.

1. Calculemos el cuadrado del binomio $x + 4$.

   Considerando los dos términos del binomio, determinamos el...

   ◇ cuadrado del primero: $(x)^2 = x^2$;

   ◇ doble producto del primero por el segundo: $2(x)(4) = 2(4x) = 8x$;

   ◇ cuadrado del segundo: $(4)^2 = 16$.

   $$(x + 4)^2 = x^2 + 8x + 16 \qquad \textbf{R.}$$

   Como éste es un método simplificado, debemos hacer las operaciones mentalmente y escribir sólo el producto.

2. Calculemos el cuadrado del binomio $4a + 5b^2$.

   Determinamos el...

   ◇ cuadrado del primer término: $(4a)^2 = 16a^2$;

   ◇ doble producto del primero por el segundo: $2(4a)(5b^2) = 2(20ab^2) = 40ab^2$;

   ◇ cuadrado del segundo: $(5b^2)^2 = 25b^4$.

   $$(4a + 5b^2)^2 = 16a^2 + 40ab^2 + 25b^4 \qquad \textbf{R.}$$

3. Analicemos la imagen. Podemos observar que la representación gráfica de un cuadrado cuyos lados miden $a + b$ coincide con su representación algebraica:

   $$(a + b)^2 = a^2 + 2ab + b^2.$$

SABER HACER ⊗→TU CUENTA

Haz lo que se indica en cada caso.

a) Desarrolla el cuadrado de cada binomio.

1. $(m + 3)^2 =$	
2. $(5 + x)^2 =$	
3. $(6a + b)^2 =$	
4. $(9 + 4m)^2 =$	
5. $(7x + 11)^2 =$	
6. $(x + y)^2 =$	
7. $(1 + 3x^2)^2 =$	
8. $\left(\dfrac{1}{2}x + \dfrac{1}{3}y\right)^2 =$	
9. $(a^2x + by^2)^2 =$	
10. $(0.3a^3 + 0.8b^4)^2 =$	
11. $\left(\dfrac{1}{4}m^5 + \dfrac{1}{5}m^6\right)^2 =$	
12. $(7a^2b^3 + 5x^4)^2 =$	
13. $(4ab^2 + 5xy^3)^2 =$	
14. $(8x^2y + 9m^3)^2 =$	
15. $(x^{10} + 10y^{12})^2 =$	
16. $(a^m + a^n)^2 =$	

b) Completa la representación gráfica de los binomios seleccionados.

1.

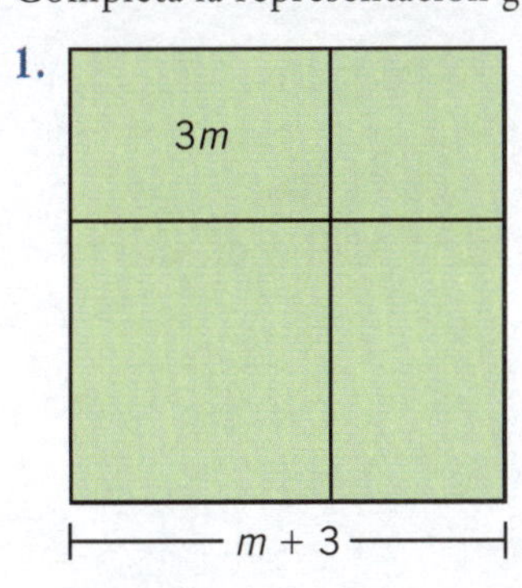

2.

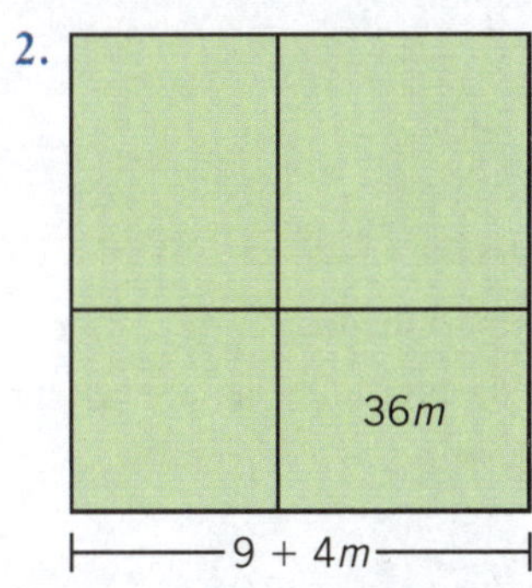

3.

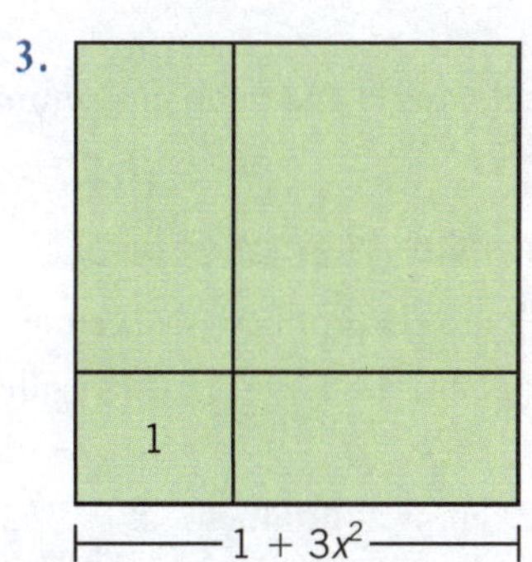

4.

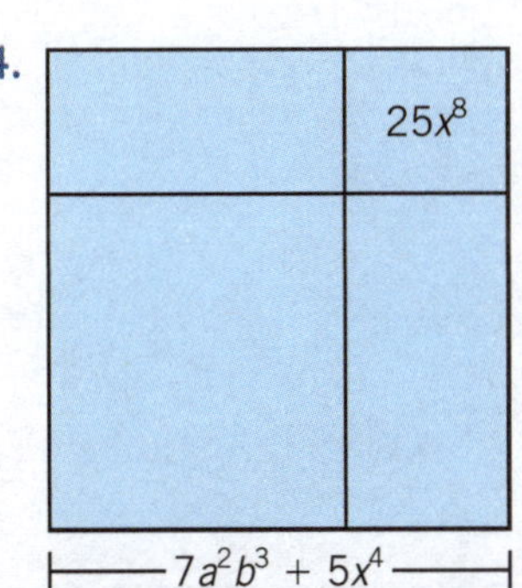

5.

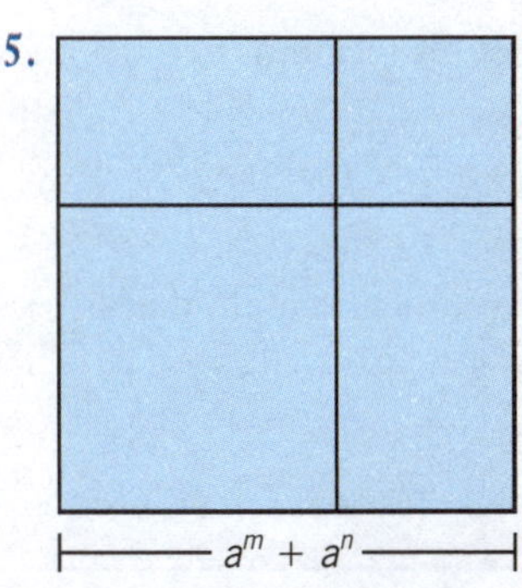

6.

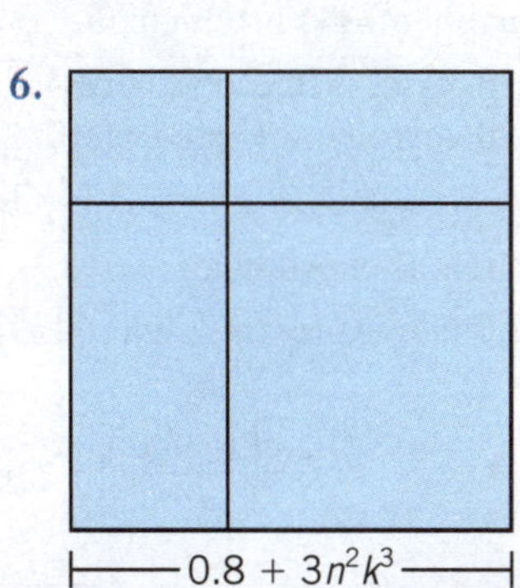

SABER >>> > Cuadrado de un binomio (diferencia)

Para calcular el cuadrado de un binomio en el que se restan dos cantidades, por ejemplo a y b, es necesario desarrollar el producto $(a - b)(a - b)$. Para ello, desarrollamos el siguiente procedimiento:

$$\begin{array}{r} a - b \\ a - b \\ \hline a^2 - ab \\ -ab + b^2 \\ \hline a^2 - 2ab + b^2 \end{array}$$

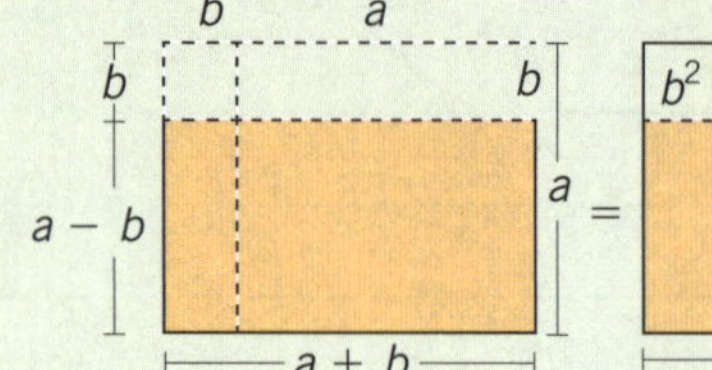

$$(a - b)^2 = a^2 - 2(ab - b^2) - b^2$$
$$(a - b)^2 = a^2 - 2ab + 2b^2 - b^2$$
$$(a - b)^2 = a^2 - 2ab + b^2$$

Por tanto, $(a - b)^2 = a^2 - 2ab + b^2$.

A manera de regla, y para no desarrollar todo el procedimiento, decimos que: "el cuadrado de la diferencia de dos términos es igual al cuadrado del primero menos el doble producto del primero por el segundo, más el cuadrado del segundo".

Producto de la suma por la diferencia de dos cantidades

Para calcular el producto de la suma por la diferencia de dos términos, es decir, $(a + b)(a - b)$, desarrollamos el siguiente procedimiento:

$$\begin{array}{r} a + b \\ a - b \\ \hline a^2 + ab \\ -ab - b^2 \\ \hline a^2 \qquad - b^2 \end{array}$$

$$(a + b)(a - b) = (a^2 - b^2)$$

Por tanto, $(a + b)(a - b) = a^2 - b^2$.

La regla para no desarrollar todo el procedimiento es: "el producto de la suma de dos términos por su diferencia es igual a la diferencia de sus cuadrados".

HACER > Desarrollo del cuadrado de un binomio (diferencia)

Desarrollemos el cuadrado de un binomio en el que se restan dos términos.

1. Calculemos $(x - 5)^2$ considerando la regla aprendida en la sección anterior.
$$(x - 5)^2 = (x)^2 - 2(x)(5) + 5^2 = x^2 - 10x + 25 \qquad \textbf{R.}$$

2. Calculemos el cuadrado del binomio $4a^2 - 3b^3$.
$$(4a^2 - 3b^3)^2 = (4a^2)^2 - 2(4a^2)(3b^3) + (3b^3)^2 = 16a^4 - 24a^2b^3 + 9b^6 \qquad \textbf{R.}$$

Desarrollo del producto de la suma por la diferencia de dos cantidades

Desarrollemos el producto de la suma por la diferencia de dos cantidades.

1. Calculemos $(a + x)(a - x)$ considerando la regla aprendida en la sección anterior.
$$(a + x)(a - x) = (a)^2 - (x)^2 = a^2 - x^2 \qquad \textbf{R.}$$

2. Calculemos el producto $(2a + 3b)(2a - 3b)$.
$$(2a + 3b)(2a - 3b) = (2a)^2 - (3b)^2 = 4a^2 - 9b^2 \qquad \textbf{R.}$$

3. Desarrollemos el producto $(5a^{n+1} + 3a^m)(3a^m - 5a^{n+1})$.

   En este caso, primero es necesario reacomodar los términos de cada binomio para aplicar la regla aprendida. Después, desarrollamos este procedimiento:
$$(3a^m + 5a^{n+1})(3a^m - 5a^{n+1}) = (3a^m)^2 - (5a^{n+1})^2 = 9a^{2m} - 25a^{2n+2} \qquad \textbf{R.}$$

4. Calculemos el producto $(a + b + c)(a + b - c)$.

   Primero, lo expresamos como la suma de dos cantidades multiplicada por su diferencia; así:
$$(a + b + c)(a + b - c) = ((a + b) + c)((a + b) - c)$$

   Como $(a + b)^2 = a^2 + 2ab + b^2$, tenemos que:
$$(a + b)^2 - c^2 = a^2 + 2ab + b^2 - c^2 \qquad \textbf{R.}$$

SABER HACER ⓧ→TU CUENTA

Desarrolla los productos notables.

1. $(a - 3)^2 =$	
2. $(x - 7)^2 =$	
3. $(9 - a)^2 =$	
4. $(2a - 3b)^2 =$	
5. $(4ax - 1)^2 =$	
6. $(a^3 - b^3)^2 =$	
7. $(3a^4 - 5b^2)^2 =$	
8. $(x^2 - 1)^2 =$	
9. $(x^5 - 3ay^2)^2 =$	
10. $(a^7 - b^7)^2 =$	
11. $(2m - 3n)^2 =$	
12. $(10x^3 - 9xy^5)^2 =$	
13. $(x^m - y^n)^2 =$	
14. $(a^{x-2} - 5)^2 =$	
15. $(x^{a+1} - 3x^{a-2})^2 =$	
16. $(x + y)(x - y) =$	
17. $(m - n)(m + n) =$	
18. $(a - x)(x + a) =$	
19. $(x^2 + a^2)(x^2 - a^2) =$	
20. $(2a - 1)(1 + 2a) =$	
21. $(n - 1)(n + 1) =$	
22. $(1 - 3ax)(3ax + 1) =$	
23. $(2m + 9)(2m - 9) =$	
24. $(a^3 - b^2)(a^3 + b^2) =$	
25. $(y^2 - 3y)(y^2 + 3y) =$	
26. $(x + y + z)(x + y - z) =$	
27. $(x - y + z)(x + y - z) =$	
28. $(x + y + z)(x - y - z) =$	
29. $(m + n - 1)(m + n + 1) =$	
30. $(m - n - 1)(m - n + 1) =$	
31. $(x + y - 2)(x - y + 2) =$	
32. $(n^2 + 2n + 1)(n^2 - 2n - 1) =$	
33. $(a^2 - 2a + 3)(a^2 + 2a + 3) =$	
34. $(m^2 - m - 1)(m^2 + m - 1) =$	

SABER >>> > Cubo de un binomio

Para calcular el cubo de un binomio, primero se obtiene su cuadrado y el resultado se multiplica por el mismo binomio:

$$(a + b)^3 = (a + b)^2(a + b) = (a^2 + 2ab + b^2)(a + b)$$

Para obtener el resultado, desarrollamos el siguiente procedimiento:

$$a^2 + 2ab + b^2$$
$$\underline{a + b}$$
$$a^3 + 2a^2b + ab^2$$
$$\underline{\qquad a^2b + 2ab^2 + b^3}$$
$$a^3 + 3a^2b + 3ab^2 + b^3$$

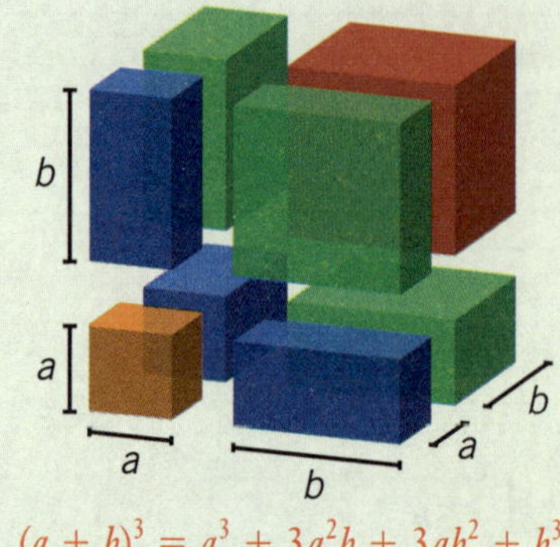

Por tanto, $(a + b)^3 = a^3 + 3a^2b + 3ab^2 + b^3$.

Cuando el binomio es una diferencia, entonces resulta:

$$(a - b)^3 = a^3 - 3a^2b + 3ab^2 - b^3.$$

A manera de regla, y para no desarrollar todo el procedimiento, decimos que "el cubo de la suma de dos términos es igual al cubo del primero, más el triple del cuadrado del primero por el segundo, más el triple del primero por el cuadrado del segundo, más el cubo del segundo".

HACER > Desarrollo del cubo de un binomio

Desarrollemos los cubos de binomios en los que se suman o se restan sus términos.

1. Calculemos el cubo del binomio $a + 1$ aplicando la regla aprendida.

$$(a + 1)^3 = (a)^3 + 3(a)^2(1) + 3(a)(1)^2 + (1)^3 = a^3 + 3a^2 + 3a + 1 \qquad \textbf{R.}$$

2. Calculemos el cubo de $x - 2$.

$$(x - 2)^3 = (x)^3 - 3(x)^2(2) + 3(x)(2)^2 - (2)^3 = x^3 - 6x^2 + 12x - 8 \qquad \textbf{R.}$$

3. Calculemos el cubo de $(4x + 5)^3$.

$$(4x + 5)^3 = (4x)^3 + 3(4x)^2(5) + 3(4x)(5)^2 + (5)^3 = 64x^3 + 240x^2 + 300x + 125 \qquad \textbf{R.}$$

4. Calculemos el cubo de $x^2 - 3y$.

$$(x^2 - 3y)^3 = (x^2)^3 - 3(x^2)^2(3y) + 3(x^2)(3y)^2 - (3y)^3 = x^6 - 9x^4y + 27x^2y^2 - 27y^3 \qquad \textbf{R.}$$

SABER HACER ⊗→TU CUENTA

Desarrolla los cubos de los binomios.

1. $(a + 2)^3 =$	
2. $(x - 1)^3 =$	
3. $(m + 3)^3 =$	
4. $(n - 4)^3 =$	
5. $\left(2x + \dfrac{1}{2}\right)^3 =$	
6. $(1 - 3y)^3 =$	
7. $(2 + y^2)^3 =$	
8. $\left(\dfrac{1}{4} - 2n\right)^3 =$	
9. $(4n - 3)^3 =$	

10. $(a^2 - 2b)^3 =$	
11. $(2x + 3y)^3 =$	
12. $(1 - a^2)^3 =$	

SABER >>> > Producto de dos binomios de la forma $(x + a)(x + b)$

Para calcular el producto de dos binomios de la forma $(x + a)(x + b)$, primero identificamos que tengan un término común y después aplicamos el siguiente procedimiento:

$$(x + a)(x + b) = x^2 + ax + bx + ab$$

Por tanto, $(x + a)(x + b) = x^2 + (a + b)x + ab$.

Para no desarrollar todo el procedimiento, decimos que "el producto de dos binomios con un término común, es igual al cuadrado del término común, más el producto del término común por la suma de los segundos términos, más el producto de los segundos términos".

HACER > Producto de dos binomios de la forma $(mx + a)(nx + b)$

Desarrollemos el producto de dos binomios cuyos términos en x tienen diferentes coeficientes. Para ello, primero observemos en el esquema que el resultado es igual al producto de los términos en x más la suma de los productos alternados de los términos de los binomios, más el producto de los segundos términos.

1. Calculemos el producto $(3x + 5)(4x + 6)$. Al aplicar la regla resulta:

   $(3x + 5)(4x + 6) = 12x^2 + 38x + 30$ **R.**

2. Calculemos el producto $(x^3 - 12)(x^3 - 3)$. Al aplicar la regla resulta:

   $(x^3 - 12)(x^3 - 3) = x^6 - 15x^3 + 36$ **R.**

3. Calculemos el producto $(x^2 + 7)(x^2 + 3)$. Al aplicar la regla resulta:

   $(x^2 + 7)(x^2 + 3) = x^4 + 10x^2 + 21$ **R.**

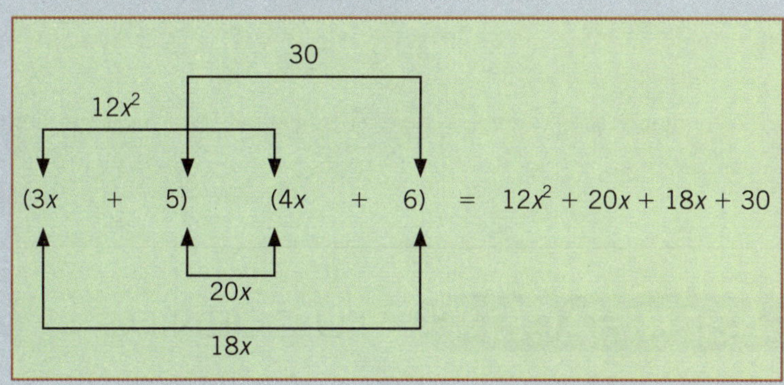

SABER HACER (X)→TU CUENTA

Desarrolla los productos de binomios.

1. $(a + 1)(a + 2) =$		**8.** $(x - 5)(x + 4) =$	
2. $(x + 2)(x + 4) =$		**9.** $(a^2 + 4)(a^2 - 4) =$	
3. $(x + 5)(x - 2) =$		**10.** $(3ab - 5x^2)^2 =$	
4. $(m - 6)(m - 5) =$		**11.** $(ab + 3)(3 - ab) =$	
5. $(x + 7)(x - 3) =$		**12.** $(1 - 4ax)^2 =$	
6. $\left(x + \dfrac{1}{2}\right)\left(x - \dfrac{1}{4}\right) =$		**13.** $(a^2 + 8)(a^2 - 7) =$	
7. $\left(x - \dfrac{1}{3}\right)\left(x - \dfrac{1}{6}\right) =$		**14.** $(2n - 5)(2n + 7) =$	

SABER >>> > Cocientes notables

Los cocientes notables son divisiones algebraicas especiales en las que basta con aplicar una fórmula para obtener su resultado, sin necesidad de efectuar todo el procedimiento de la división; además, su residuo siempre es igual a cero.

HACER > Cociente de la diferencia de los cuadrados de dos cantidades entre la suma o la diferencia de las cantidades

Para obtener el cociente de la diferencia de los cuadrados de dos cantidades entre la suma o la diferencia de las cantidades, sin desarrollar todo el algoritmo de la división, se aplican las siguientes reglas:

1. La diferencia de los cuadrados de dos cantidades dividida entre su suma es igual a la diferencia de las mismas cantidades. Ejemplo:

$$\frac{a^2 - b^2}{a + b} = \frac{(a+b)(a-b)}{(a+b)} = a - b$$

2. La diferencia de los cuadrados de dos cantidades dividida entre su diferencia es igual a la suma de las mismas cantidades. Ejemplo:

$$\frac{a^2 - b^2}{a - b} = \frac{(a+b)(a-b)}{(a-b)} = a + b$$

Obtengamos algunos de estos cocientes.

1. Dividamos $9x^2 - y^2$ entre $3x + y$. Al aplicar la regla correspondiente, resulta:

$$\frac{9x^2 - y^2}{3x + y} = 3x - y \qquad \textbf{R.}$$

2. Dividamos $1 - x^4$ entre $1 - x^2$. Al aplicar la regla correspondiente, se obtiene:

$$\frac{1 - x^4}{1 - x^2} = 1 + x^2 \qquad \textbf{R.}$$

Productos y cocientes notables

SABER HACER ⊗→TU CUENTA

Determina el resultado para cada cociente.

1. $\dfrac{x^2 - 1}{x \pm 1} =$	7. $\dfrac{a^2 - 4b^2}{a + 2b} =$
2. $\dfrac{1 - x^2}{1 - x} =$	8. $\dfrac{25 - 36x^4}{5 - 6x^2} =$
3. $\dfrac{x^2 - y^2}{x + y} =$	9. $\dfrac{4x^2 - 9m^2n^4}{2x + 3mn^2} =$
4. $\dfrac{y^2 - x^2}{y - x} =$	10. $\dfrac{36m^2 - 49n^2x^4}{6m - 7nx^2} =$
5. $\dfrac{x^2 - 4}{x + 2} =$	11. $\dfrac{81a^6 - 10b^8}{9a^3 + 10b^4}$
6. $\dfrac{9 - x^4}{3 - x^2} =$	12. $\dfrac{a^4b^6 - 4x^8y^{10}}{a^2b^3 + 2x^4y^5} =$

SABER ⟫⟫⟫ › Cociente de la suma o la diferencia de los cubos de dos cantidades entre la suma o la diferencia de las cantidades

Para obtener el cociente de la suma o de la diferencia de los cubos de dos cantidades entre la suma o la diferencia de las cantidades, sin desarrollar todo el algoritmo de la división, podemos aplicar las siguientes reglas:

1. La suma de los cubos de dos cantidades dividida entre la suma de las cantidades es igual al cuadrado de la primera cantidad menos el producto de la primera por la segunda, más el cuadrado de la segunda cantidad. Ejemplo:

$$\frac{a^3 + b^3}{a + b} \Rightarrow a^2 - ab + b^2$$

2. La diferencia de los cubos de dos cantidades dividida entre la diferencia de las cantidades es igual al cuadrado de la primera cantidad más el producto de la primera por la segunda, más el cuadrado de la segunda cantidad. Ejemplo:

$$\frac{a^3 - b^3}{a - b} \Rightarrow a^2 + ab + b^2$$

HACER › Desarrollo del cociente de la suma o de la diferencia de los cubos entre la suma o la diferencia de las cantidades

Obtengamos el cociente de la suma o de la diferencia de los cubos de dos cantidades entre la suma o la diferencia de las cantidades aplicando las reglas anteriores.

1. Dividamos $8x^3 + y^3$ entre $2x + y$.

$$\frac{8x^3 + y^3}{2x + y} = (2x)^2 - (2x)(y) + (y)^2 = 4x^2 - 2xy + y^2 \qquad \textbf{R.}$$

2. Dividamos $27x^6 + 125y^9$ entre $3x^2 + 5y^3$.

$$\frac{27x^6 + 125y^9}{3x^2 \pm 5y^3} = (3x^2)^2 - (3x^2)(5y^3) + (5y^3)^2 = 9x^4 - 15x^2y^3 + 25y^6 \qquad \textbf{R.}$$

SABER HACER ⊗→TU CUENTA

Determina el resultado para cada cociente.

1. $\dfrac{1 + a^3}{1 + a} =$		7. $\dfrac{64a^3 + 343}{4a + 7} =$	
2. $\dfrac{1 - a^3}{1 - a} =$		8. $\dfrac{216 + 125y^3}{6 - 5y} =$	
3. $\dfrac{x^3 + y^3}{x + y} =$		9. $\dfrac{1 + a^3b^3}{1 + ab} =$	
4. $\dfrac{8a^3 - 1}{2a - 1} =$		10. $\dfrac{729 - 512b^3}{9 - 8b} =$	
5. $\dfrac{8x^3 \pm 27y^3}{2x \pm 3y} =$		11. $\dfrac{a^3x^3 + b^3}{ax + b} =$	
6. $\dfrac{27m^3 \pm 125n^3}{3m - 5n} =$		12. $\dfrac{n^3 - m^3n^3}{n - mx} =$	

SABER ⟫⟫⟫ › Cociente de la suma o de la diferencia de las potencias iguales de dos cantidades entre la suma o la diferencia de las cantidades

Para obtener el cociente de la suma o de la diferencia de las potencias iguales de dos cantidades entre la suma o la diferencia de las mismas, sin desarrollar el algoritmo completo de la división, podemos aplicar las siguientes reglas:

1. La **diferencia de potencias iguales**, ya sean **pares** o **impares**, siempre es divisible entre la diferencia de las bases. Además, el cociente tiene tantos términos como unidades tiene el exponente de las literales en el dividendo. Ejemplos:

$$\frac{a^4 - b^4}{a - b} = a^3 + a^2 b + ab^2 + b^3$$

$$\frac{a^5 - b^5}{a - b} = a^4 + a^3 b + a^2 b^2 + ab^3 + b^4$$

2. La **diferencia de potencias iguales pares** siempre es divisible entre la suma de las bases. En este caso, el primer término del cociente se obtiene dividiendo el primer término del dividendo entre el primer término del divisor y el exponente de esta base disminuye 1 en cada uno de los siguientes términos. Ejemplo:

$$\frac{a^4 - b^4}{a + b} = a^3 - a^2 b + ab^2 - b^3$$

3. La **suma de potencias iguales impares** siempre es divisible entre la suma de las bases. En este caso, el exponente del segundo término del cociente es 1, el cual aumenta 1 en cada uno de los siguientes términos. Ejemplo:

$$\frac{a^5 + b^5}{a + b} = a^4 - a^3 b + a^2 b^2 - ab^3 + b^4$$

4. La **suma de potencias iguales pares** nunca es divisible entre la suma ni entre la diferencia de las bases. Además, cuando el divisor es $a - b$, todos los signos del cociente son $+$, y cuando el divisor es $a + b$, los signos del cociente son $+$ y $-$, alternativamente. Ejemplos:

$\dfrac{a^4 + b^4}{a + b}$: la división no es exacta.

$\dfrac{a^4 + b^4}{a - b}$: la división no es exacta.

HACER › Desarrollo del cociente de la suma o de la diferencia de las potencias iguales de dos cantidades entre la suma o la diferencia de las cantidades

Obtengamos algunos cocientes de este tipo.

1. Dividamos $x^7 - y^7$ entre $x - y$. Como el divisor es $x - y$, todos los signos del cociente son $+$; si aplicamos la regla correspondiente, resulta:

$$\frac{x^7 - y^7}{x - y} = x^6 + x^5 y + x^4 y^2 + x^3 y^3 + x^2 y^4 + xy^5 + y^6 \qquad \text{R.}$$

2. Dividamos $m^8 - n^8$ entre $m + n$. Como el divisor es $m + n$, los signos del cociente son de manera alternada $+$ y $-$; si aplicamos la regla correspondiente, resulta:

$$\frac{m^8 - n^8}{m + n} = m^7 - m^6 n + m^5 n^2 - m^4 n^4 - m^2 n^5 + mn^6 - n^7 \qquad \text{R.}$$

SABER HACER ⊗→TU CUENTA

Determina el resultado para cada cociente.

1. $\dfrac{x^4 + y^4}{x - y} =$

2. $\dfrac{m^5 + n^5}{a - n} =$

3. $\dfrac{a^5 - n^5}{a - n} =$

4. $\dfrac{x^6 - y^4}{x - y} =$

5. $\dfrac{a^6 - b^4}{a - b} =$

6. $\dfrac{x^7 + y^7}{x + y} =$

7. $\dfrac{a^7 - m^7}{a - m} =$

8. $\dfrac{a^8 - b^8}{a + b} =$

9. $\dfrac{x^{10} - y^{10}}{x - y} =$

10. $\dfrac{m^9 + n^9}{m + n} =$

11. $\dfrac{m^9 - n^9}{m - n} =$

12. $\dfrac{a^{10} - x^{10}}{a + x} =$

13. $\dfrac{x^6 + y^6}{x^2 + y^2} =$

14. $\dfrac{a^8 - b^8}{a^2 + b^2} =$

15. $\dfrac{m^{10} - n^{10}}{m^2 - n^2} =$

16. $\dfrac{a^{12} - b^{12}}{a^3 - x^3} =$

17. $\dfrac{a^{12} - x^{12}}{a^3 - x^3} =$

18. $\dfrac{x^{15} + y^{15}}{x^3 + y^3} =$

19. $\dfrac{m^{12} + 1}{m^4 + 1} =$

20. $\dfrac{m^{16} - n^{16}}{m^4 - n^4} =$

21. $\dfrac{a^{18} - b^{18}}{a^3 - b^3} =$

22. $\dfrac{x^{20} - y^{20}}{x^5 + y^5} =$

23. $\dfrac{m^{21} + n^{21}}{m^3 + n^3} =$

24. $\dfrac{x^{24} - 1}{x^6 - 1} =$

CONEXIONES › **Aplicaciones geométricas**

1. En cada una de las siguientes construcciones, identifica y escribe el producto notable que corresponde a la representación geométrica. Después, investiga en Internet más casos en los que se apliquen este tipo de expresiones algebraicas. Comparte con tus compañeros al menos dos aplicaciones de las que hayas encontrado.

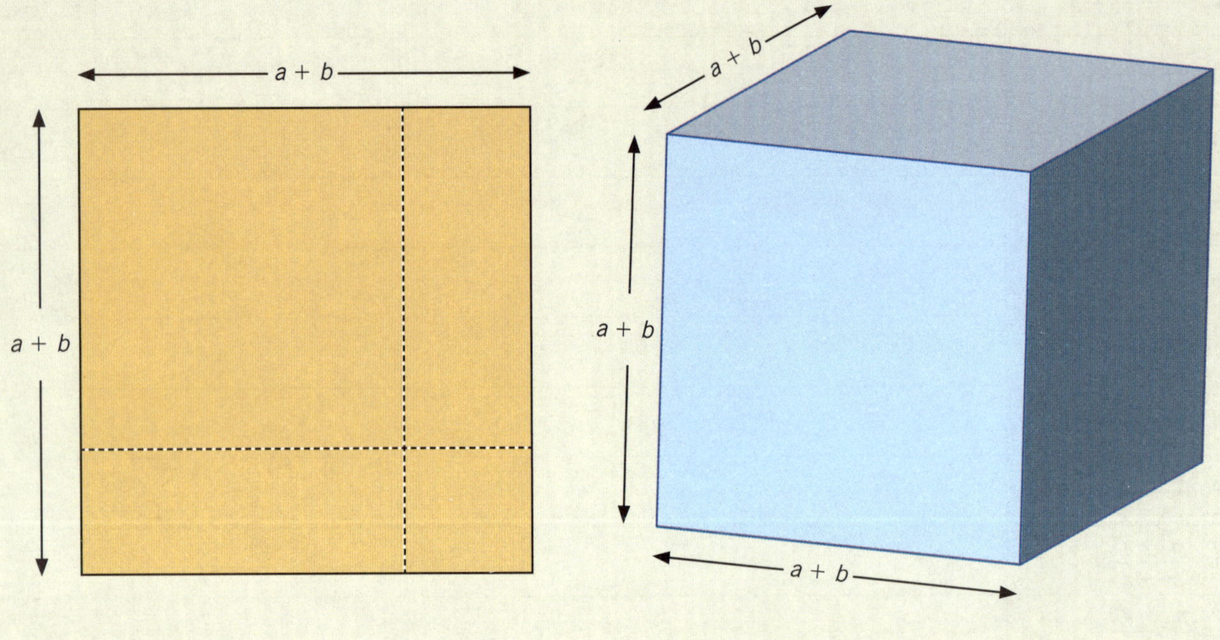

2. Consulta en Internet el sitio http://nlvm.usu.edu/es/nav/topic_t_2.html, de la Biblioteca Nacional de Manipuladores Virtuales (NLVM), y utiliza el simulador virtual Baldosas Algebraicas para visualizar multiplicaciones de expresiones algebraicas.

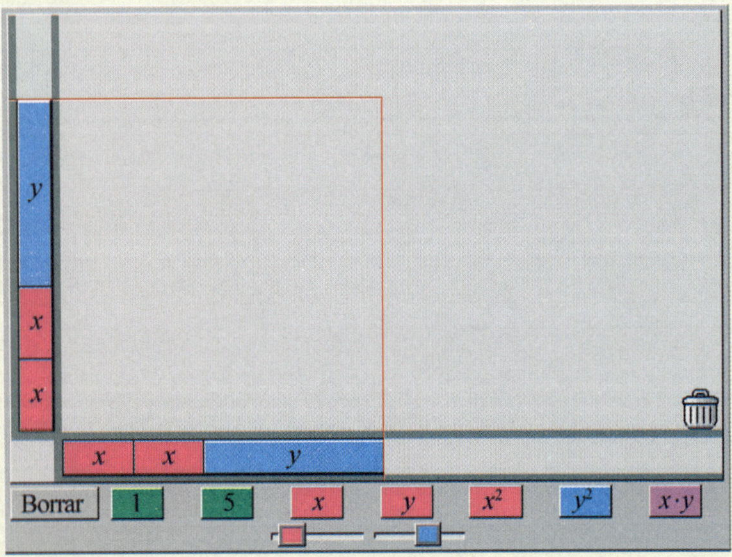

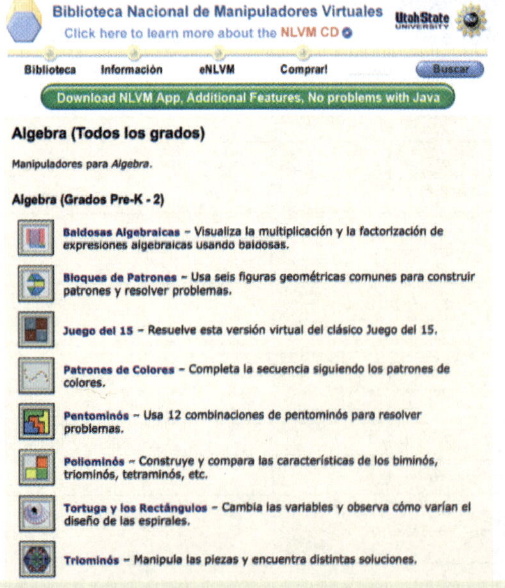

Los algebristas de la India (siglos v, vi y xii). Aryabhata, gran matemático y astrónomo nacido en 476, desarrolló la suma de series numéricas con cuadrados y cubos; entre los aspectos más destacados de su obra también sobresale la resolución de ecuaciones de segundo grado. Brahmagupta, nacido en 598, fue alumno de Aryabhata y posiblemente el primer matemático de la historia en designar un valor posicional al cero. Como parte de su obra, se encuentra la resolución de ecuaciones indeterminadas, así como el uso de una fórmula para calcular ternas pitagóricas. Bhãskara, nacido en 1114, llegó a la conclusión de que *uno dividido entre cero es infinito*, al considerar que para alcanzar la unidad se ha de usar siempre un divisor fraccional cada vez más pequeño; en su obra se encuentra una demostración del teorema de Pitágoras, así como soluciones de ecuaciones indeterminadas, de segundo, tercer y cuarto grados.

La factorización es un procedimiento que se emplea con frecuencia en la modelación de fenómenos y situaciones de la vida real, así como en la solución de problemas de distintas áreas del conocimiento científico.

Consiste en descomponer una expresión matemática en forma de producto.

Ejemplo

¿Cuáles son las dimensiones del terreno de la imagen?

Como el área está determinada por la expresión $x^2 + 15x + 36$, es necesario traducirla a una forma $(x + \quad)(x + \quad)$, esto es, un producto de binomios. La factorización nos permite llegar a esta forma y conocer los datos faltantes.

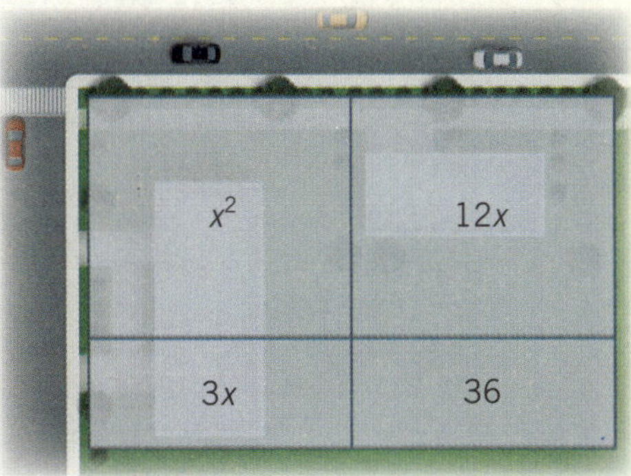

Factorización

SABER >>> > Factorización

Una expresión algebraica es el resultado de multiplicar entre sí varios términos denominados factores de la expresión. Por otro lado, al dividir una expresión algebraica entre alguno de sus factores, éstos se convierten en divisores de la misma.

Por tanto, factorizar una expresión algebraica es escribirla como el producto de sus factores.

Ejemplo: la expresión $a^2 + ab$ se puede descomponer en factores:

$$a^2 + ab = a(a + b)$$

Notemos que los factores son a y $a + b$; si dividimos $a^2 + ab$ entre a o entre $(a + b)$, obtenemos el otro factor de la misma expresión.

Factorización de un monomio

Para factorizar un monomio sólo es necesario identificar y expresar, por simple inspección, los términos numéricos y las literales que lo componen. Ejemplo: el monomio $15ab$, al descomponerse en factores, se ve así:

$$15ab = 3 \times 5 \times a \times b$$

Factorización de un polinomio

Para factorizar un polinomio es necesario que sus términos tengan al menos un factor común distinto de 1; como esto no sucede siempre, existen polinomios que no pueden factorizarse, entonces sólo son divisibles entre 1 y entre sí mismos. Por ejemplo, el polinomio $a^2 + x + y$ sólo es divisible entre 1 y entre sí mismo, por lo que no puede factorizarse.

Para factorizar otros polinomios, basta identificar el factor común en sus términos. Por ejemplo, en el polinomio $10a^2 - 5a + 15a^3$ el factor común es $5a$, por lo que podemos factorizarlo así:

$$10a^2 - 5a + 15a^3 = 5a(2a - 1 + 3a^2)$$

HACER > Factorización de polinomios con factor común

Factoricemos algunos polinomios que tienen un factor común en sus términos.

Ejemplos

1. Factoricemos $18mxy^2 - 54m^2x^2y^2 + 36my^2$. Como $18my^2$ es factor común, la factorización queda así:
$$18mxy^2 - 54m^2x^2y^2 + 36my^2 = 18my^2(x - 3mx^2 + 2) \quad \textbf{R.}$$

2. Factoricemos $6xy^3 - 9nx^2y^3 + 12nx^3y^3 - 3n^2x^4y^3$. Como $3xy^3$ es factor común, la factorización queda así:
$$6xy^3 - 9nx^2y^3 + 12nx^3y^3 - 3n^2x^4y^3 = 3xy^3(2 - 3nx + 4nx^2 - n^2x^3) \quad \textbf{R.}$$

SABER HACER ⊗→TU CUENTA

Factoriza los polinomios.

1. $b + b^2 =$		**8.** $a^3 - a^2x + ax^2 =$	
2. $x^2 + x =$		**9.** $2a^2x + 2ax^2 - 3ax =$	
3. $3a^3 - a^2 =$		**10.** $25x^7 - 10x^5 + 15x^3 - 5x^2 =$	
4. $x^3 - 4x^4 =$		**11.** $x^{15} - x^{12} + 2x^9 - 3x^6 =$	
5. $a^3 + a^2 + a =$		**12.** $9a^2 - 12ab + 15a^3b^2 - 24ab^3 =$	
6. $4x^2 - 8x + 2 =$		**13.** $16x^3y^2 - 8x^2y - 24x^4y^2 - 40x^2y^3 =$	
7. $15y^3 + 20y^2 - 5y =$			

HACER > Factorización de polinomios con binomio común

Factoricemos algunos polinomios que tienen un binomio común en sus términos.

Ejemplos

1. Factoricemos $m(x + 2) + x + 2$. Si a este polinomio le agregamos paréntesis y el factor 1, sin alterar el polinomio, se ve así: $m(x + 2) + 1(x + 2)$. Como el factor común es el binomio $(x + 2)$, la factorización es:

$$m(x + 2) + x + 2 = (x + 2)(m + 1) \quad \textbf{R.}$$

2. Factoricemos $a(x + 1) - x - 1$. Si a este polinomio le agregamos paréntesis y el factor 1, se ve así: $a(x + 1) - 1(x + 1)$. Como el factor común es el binomio $(x + 1)$, la factorización es:

$$a(x + 1) - x - 1 = (x + 1)(a - 1) \quad \textbf{R.}$$

3. Factoricemos $2x(x + y + z) - x - y - z$. Agregamos paréntesis y la factorización es:

$$2x(x + y + z) - x - y - z = 2x(x + y + z) - (x + y + z) = (x + y + z)(2x - 1) \quad \textbf{R.}$$

4. Factoricemos $(x - a)(y + 2) + b(y + 2)$. Como el factor común es el binomio $y + 2$, la factorización es:

$$(x - a)(y + 2) + b(y + 2) = (y + 2)(x - a + b) \quad \textbf{R.}$$

5. Factoricemos $(x + 2)(x - 1) - (x - 1)(x - 3)$. Como el binomio $x - 1$ multiplica a $(x + 2)$ y $-(x - 3)$, primero simplificamos estas expresiones:

$$(x + 2) - (x - 3) = x + 2 - x + 3 = 5$$

Por tanto, la factorización es:

$$(x + 2)(x - 1) - (x - 1)(x - 3) = 5(x - 1) \quad \textbf{R.}$$

6. Factoricemos $x(a - 1) + y(a - 1) - a + 1$. Si a este polinomio le agregamos paréntesis, se ve así: $x(a - 1) + y(a - 1) - (a - 1)$. Como el factor común es $a - 1$, la factorización es:

$$x(a - 1) + y(a - 1) - a + 1 = (a - 1)(x + y - 1) \quad \textbf{R.}$$

SABER HACER ⊗→TU CUENTA

Factoriza los polinomios.

1. $x(a + 1) - 3(a + 1) =$		11. $-m - n + x(m + n) =$	
2. $2(x - 1) + y(x - 1) =$		12. $a^3(a - b + 1) - b^2(a - b + 1) =$	
3. $m(a - b) + (a - b)n =$		13. $4m(a^2 + x - 1) + 3n(x - 1 + a^2) =$	
4. $2x(n - 1) - 3y(n - 1) =$		14. $x(2a + b + c) - 2a - b - c =$	
5. $a(n + 2) + n + 2 =$		15. $(x + y)(n + 1) - 3(n + 1) =$	
6. $x(a + 1) - a - 1 =$		16. $(x + 1)(x - 2) + 3y(x - 2) =$	
7. $a^2 + 1 - b(a^2 + 1) =$		17. $(a + 3)(a + 1) - 4(a + 1) =$	
8. $3x(x - 2) - 2y(x - 2) =$		18. $(x^2 + 2)(m - n) + 2(m - n) =$	
9. $1 - x + 2a(1 - x) =$		19. $a(x - 1) - (a + 2)(x - 1) =$	
10. $4x(m - n) + n - m =$			

HACER › Factorización de polinomios por agrupación de términos

Factoricemos algunos polinomios cuyos términos pueden agruparse con base en un factor común entre ellos.

Ejemplos

1. Factoricemos $3m^2 - 6mn + 4m - 8n$. En $3m^2 - 6mn$ el factor común es $3m$ y en $4m - 8n$ es 4, así que reagrupamos el polinomio:

$$3m^2 - 6mn + 4m - 8n = (3m^2 - 6mn) + (4m - 8n) = 3m(m - 2n) + 4(m - 2n)$$

Así, podemos ver que el binomio $m - 2n$ es factor común; por tanto, el polinomio factorizado es:

$$3m^2 - 6mn + 4m - 8n = (m - 2n)(3m + 4) \quad \textbf{R.}$$

2. Factoricemos $2x^2 - 3xy - 4x + 6y$. En $2x^2 - 3xy$ el factor común es x y en $-4x + 6y$ es 2, así que reagrupamos los términos del polinomio:

$$2x^2 - 3xy - 4x + 6y = (2x^2 - 3xy) - (4x - 6y) = x(2x - 3y) - 2(2x - 3y)$$

Por tanto, la factorización es:

$$2x^2 - 3xy - 4x + 6y = (2x - 3y)(x - 2) \quad \textbf{R.}$$

3. Factoricemos $x + z^2 - 2ax - 2az^2$. Al reagrupar los términos, el polinomio queda así: $(x + z^2) - (2ax + 2az^2) = (x + z^2) - 2a(x + z^2)$. Por tanto, la factorización es:

$$x + z^2 - 2ax - 2az^2 = (x + z^2)(1 - 2a) \quad \textbf{R.}$$

4. Factoricemos $3ax - 3x + 4y - 4ay$. Al reagrupar los términos del polinomio: $(3ax - 3x) + (4y - 4ay) = 3x(a - 1) - 4y(a - 1)$. Por tanto, la factorización es:

$$3ax - 3x + 4y - 4ay = (a - 1)(3x - 4y) \quad \textbf{R.}$$

5. Factoricemos $ax - ay + az + x - y + z$. Al reagrupar los términos del polinomio: $(ax - ay + az) + (x - y + z) = a(x - y + z) + (x - y + z)$. Por tanto, la factorización es:

$$3ax - 3x + 4y - 4ay = (x - y + z)(a + 1) \quad \textbf{R.}$$

6. Factoricemos $a^2x - ax^2 - 2a^2y + 2axy + x^3 - 2x^2y$. Al reagrupar los términos: $(a^2x - 2a^2y) - (ax^2 - 2axy) + (x^3 - 2x^2y) = a^2(x - 2y) - ax(x - 2y) + x^2(x - 2y)$. Por tanto, la factorización es:

$$a^2x - ax^2 - 2a^2y + 2axy + x^3 - 2x^2y = (x - 2y)(a^2 - ax + x^2) \quad \textbf{R.}$$

SABER HACER ⊗→TU CUENTA

Factoriza los polinomios. Aplica el método de agrupación de términos.

1. $a^2 + ab + ax + bx =$	
2. $ax - 2bx - 2ay + 4by =$	
3. $3m - 2n - 2nx^4 + 3mx^4 =$	
4. $4a^3 - 1 - a^2 + 4a =$	
5. $3abx^2 - 2y^2 - 2x^2 + 3aby^2 =$	
6. $4a^3x - 4a^2b + 3bm - 3amx =$	
7. $3x^3 - 9ax^2 - x + 3a =$	
8. $2x^2y + 2xz^2 + y^2z^2 + xy^3 =$	

SABER ››› › Factorización de un trinomio cuadrado perfecto

Se dice que un trinomio es cuadrado perfecto cuando es el resultado de elevar al cuadrado un binomio. Así, al estar ordenados con relación a una literal, el primero y el tercer términos del trinomio corresponden al cuadrado de cada uno de los términos del binomio; además, el segundo término del trinomio es igual al doble producto de los términos del binomio.

Ejemplo

Para factorizar el trinomio $a^2 - 4ab + 4b^2$, primero analizamos sus términos:

Primer término: $\sqrt{a^2} = a$

Segundo término: $2(a)(2b) = 4ab$, como en el trinomio este término tiene un signo negativo, el binomio también lo tendrá.

Tercer término: $\sqrt{4b^2} = 2b$

Por tanto, como $a^2 - 4ab + 4b^2$ es un trinomio cuadrado perfecto, se puede factorizar así:

$$a^2 - 4ab + 4b^2 = (a - 2b)(a - 2b) = (a - 2b)^2$$

HACER > Factorizar un trinomio cuadrado perfecto

Factoricemos algunos trinomios cuadrados perfectos.

Ejemplos

1. Factoricemos $m^2 + 2m + 1$. El trinomio es cuadrado perfecto porque $\sqrt{m^2} = m$, $\sqrt{1} = 1$ y $2(m)(1) = 2m$. Por tanto, la factorización queda así:
$$m^2 + 2m + 1 = (m + 1)(m + 1) = (m + 1)^2 \quad \textbf{R.}$$

2. Factoricemos $4x^2 + 25y^2 - 20xy$. El trinomio es cuadrado perfecto porque $\sqrt{4x^2} = 2x$, $\sqrt{25y^2} = 5y$ y $-2(2x)(5y) = -20xy$. Por tanto, la factorización queda así:
$$4x^2 - 20xy + 25y^2 = (2x - 5y)(2x - 5y) = (2x - 5y)^2 \quad \textbf{R.}$$

3. Factoricemos $x^2 + bx + \dfrac{b^2}{4}$. El trinomio es cuadrado perfecto porque $\sqrt{x^2} = x$, $\sqrt{\dfrac{b^2}{4}} = \dfrac{b}{2}$ y $2(x)\left(\dfrac{b}{2}\right) = bx$. Por tanto, la factorización queda así:
$$x^2 + bx + \frac{b^2}{4} = \left(x + \frac{b}{2}\right)^2 \quad \textbf{R.}$$

4. Factoricemos $\dfrac{1}{4} - \dfrac{b}{3} + \dfrac{b^2}{9}$. Primero, reordenamos los términos: $\dfrac{b^2}{9} - \dfrac{b}{3} + \dfrac{1}{4}$. El trinomio es cuadrado perfecto porque $\sqrt{\dfrac{b^2}{9}} = \dfrac{b}{3}$, $\sqrt{\dfrac{1}{4}} = \dfrac{1}{2}$ y $-2\left(\dfrac{b}{3}\right)\left(\dfrac{1}{2}\right) = -\dfrac{b}{3}$, así que obtenemos:
$$\frac{1}{4} - \frac{b}{3} + \frac{b^2}{9} = \frac{b^2}{9} - \frac{b}{3} + \frac{1}{4} = \left(\frac{b}{3} - \frac{1}{2}\right)^2 \quad \textbf{R.}$$

SABER HACER ⊗→TU CUENTA

Factoriza cada trinomio cuadrado perfecto.

1. $a^2 - 2ab + b^2 =$		**11.** $1 + a^{10} - 2a^5 =$	
2. $a^2 + 2ab + b^2 =$		**12.** $49m^6 - 70am^3n^2 + 25a^2n^4 =$	
3. $x^2 - 2x + 1 =$		**13.** $100x^{10} - 60a^4x^5y^6 + 9a^8y^{12} =$	
4. $y^4 + 1 + 2y^2 =$		**14.** $121 + 198x^6 + 81x^{12} =$	
5. $a^2 - 10a + 25 =$		**15.** $a^2 - 24am^2x^2 + 144m^4x^4 =$	
6. $9 - 6x + x^2 =$		**16.** $16 - 104x^2 + 169x^4 =$	
7. $16 + 40x^2 + 25x^4 =$		**17.** $400x^{10} + 40x^5 + 1 =$	
8. $1 + 49a^2 - 14a =$		**18.** $\dfrac{a^2}{4} - ab + b^2 =$	
9. $36 + 12m^2 + m^4 =$		**19.** $1 + \dfrac{2b}{3} + \dfrac{b^2}{9} =$	
10. $1 - 2a^3 + a^6 =$		**20.** $a^4 - a^2b^2 + \dfrac{b^4}{4} =$	

SABER >>> › Factorización de una diferencia de cuadrados

Recordemos que en los productos notables la diferencia de cuadrados es la identidad algebraica $(a + b)(a - b) = a^2 - b^2$; como el orden no afecta la igualdad, también podemos decir que es $a^2 - b^2 = (a + b)(a - b)$.

Apliquemos esta regla para factorizar expresiones formadas por una diferencia de cuadrados. Por ejemplo, para factorizar $1 - a^2$, observamos que la expresión tiene dos términos elevados al cuadrado: $\sqrt{(1)^2} = 1$ y $\sqrt{(a)^2} = a$; entonces, podemos factorizarlo como la diferencia entre sus términos:

$$1 - a^2 = (1 + a)(1 - a)$$

HACER › Factorización de una diferencia de cuadrados

Factoricemos algunas expresiones que constan de una diferencia de cuadrados.

Ejemplos

1. Factoricemos $16x^2 - 25y^4$. Como $\sqrt{16x^2} = 4x$ y $\sqrt{25y^4} = 5y^2$, multiplicamos la suma de estas raíces por su diferencia:

$$16x^2 - 25y^4 = (4x + 5y^2)(4x - 5y^2) \qquad \textbf{R.}$$

2. Factoricemos $49x^2y^6z^{10} - a^{12}$. Como $\sqrt{49x^2y^6z^{10}} = 7xy^3z^5$ y $\sqrt{a^{12}} = a^6$, multiplicamos la suma de estas raíces por su diferencia:

$$49x^2y^6z^{10} - a^{12} = (7xy^3z^5 + a^6)(7xy^3z^5 - a^6) \qquad \textbf{R.}$$

3. Factoricemos $\dfrac{a^2}{4} - \dfrac{b^4}{9}$. Como $\sqrt{\dfrac{a^2}{4}} = \dfrac{a}{2}$ y $\sqrt{\dfrac{b^4}{9}} = \dfrac{b^2}{3}$, multiplicamos la suma de estas raíces por su diferencia:

$$\frac{a^2}{4} - \frac{b^4}{9} = \left(\frac{a}{2} + \frac{b^2}{3}\right)\left(\frac{a}{2} - \frac{b^2}{3}\right) \qquad \textbf{R.}$$

4. Factoricemos $a^{2n} - 9b^{4m}$. Como $\sqrt{a^{2n}} = a^n$ y $\sqrt{9b^{4m}} = 3b^{2m}$, multiplicamos la suma de estas raíces por su diferencia:

$$a^{2n} - 9b^{4m} = (a^n + 3b^{2m})(a^n - 3b^{2m}) \qquad \textbf{R.}$$

SABER HACER (X)→TU CUENTA

Factoriza cada diferencia de cuadrados.

1. $25 - 36x^4 =$		11. $256a^{12} - 289b^4m^{10} =$	
2. $1 - 49a^2b^2 =$		12. $1 - 9a^2b^4c^6d^8 =$	
3. $4x^2 - 81y^4 =$		13. $361x^{14} - 1 =$	
4. $a^2b^8 - c^2 =$		14. $\dfrac{1}{4} - 9a^2 =$	
5. $100 - x^2y^6 =$		15. $1 - \dfrac{a^2}{25} =$	
6. $a^{10} - 49b^{12} =$		16. $\dfrac{1}{16} - \dfrac{4x^2}{49} =$	
7. $25x^2y^4 - 121 =$		17. $\dfrac{a^2}{36} - \dfrac{x^4}{25} =$	
8. $100m^2n^4 - 169y^6 =$		18. $\dfrac{x^2}{100} - \dfrac{y^2z^4}{81} =$	
9. $a^2m^4n^6 - 144 =$		19. $\dfrac{x^6}{49} - \dfrac{4a^{10}}{121} =$	
10. $196x^2y^4 - 225z^{12} =$		20. $100m^2n^4 - \dfrac{1}{16}x^8 =$	

SABER >>> > Factorización de un trinomio de la forma $x^2 + bx + c$

En el capítulo 4 se estudia que la expresión $x^2 + bx + c$ el resultado de multiplicar entre sí dos binomios que tienen un término común. Así que factorizar un trinomio de este tipo es expresarlo como el producto de dos binomios con un término común.

Ejemplo

Para factorizar $x^2 - 7x + 12$, buscamos dos números que sumados den -7 y multiplicados, 12. Esos números son -3 y -4, que constituyen los segundos términos de los binomios buscados. Por tanto, la factorización queda así:

$$x^2 - 7x + 12 = (x - 3)(x - 4)$$

HACER > Factorización de un trinomio de la forma $x^2 + bx + c$

Expresemos trinomios de la forma $x^2 + bx + c$ como el producto de dos binomios con un término común.

Ejemplos

1. Factoricemos $m^2 - 11m - 12$. Necesitamos dos números que sumen -11 y su producto sea -12. Dichos números son -12 y 1. Por tanto, el trinomio queda factorizado así:

$$m^2 - 11m - 12 = (m - 12)(m + 1) \qquad \textbf{R.}$$

2. Factoricemos $n^2 + 28n - 29$. Necesitamos dos números que sumen 28 y su producto sea -29. Dichos números son 29 y -1. Por tanto, el trinomio queda factorizado así:

$$n^2 + 28n - 29 = (n + 29)(n - 1) \qquad \textbf{R.}$$

3. Factoricemos $x^2 + 6x - 216$. Necesitamos dos números que sumen 6 y su producto sea -216. Dichos números son 18 y -12. Por tanto, el trinomio queda factorizado así:

$$x^2 + 6x - 216 = (x + 18)(x - 12) \qquad \textbf{R.}$$

SABER HACER (X)→TU CUENTA

Factoriza los trinomios.

1. $x^2 + 7x + 10 =$	11. $a^2 - 2a - 35 =$
2. $x^2 - 5x + 6 =$	12. $x^2 + 14x + 13 =$
3. $x^2 + 3x - 10 =$	13. $a^2 + 33 - 14a =$
4. $x^2 + x - 2 =$	14. $c^2 - 13c - 14 =$
5. $a^2 + 4a + 3 =$	15. $x^2 + 15x + 56 =$
6. $m^2 + 5m - 14 =$	16. $x^2 - 15x + 54 =$
7. $y^2 - 9y + 20 =$	17. $a^2 + 7a - 60 =$
8. $x^2 - 6 - x =$	18. $x^2 + 8x - 180 =$
9. $x^2 - 9x + 8 =$	19. $m^2 - 20m - 300 =$
10. $c^2 + 5c - 24 =$	20. $x^2 + x - 132 =$

SABER >>> > Factorización de un trinomio de la forma $ax^2 + bx + c$

En el capítulo 4 se estudia que un trinomio de la forma $ax^2 + bx + c$ es resultado del producto entre dos binomios cuyos coeficientes para el término en x son diferentes de 1; por tanto, el coeficiente del término en x para este trinomio también es diferente de 1. Por ejemplo, del mismo capítulo 4, sabemos que $(3x + 5)(4x + 6) = 12x^2 + 38x + 30$. Así que ahora estudiamos cómo obtener $(3x + 5)(4x + 6)$ a partir de $12x^2 + 38x + 30$.

HACER > Factorización de un trinomio de la forma $ax^2 + bx + c$

Factoricemos trinomios de la forma $ax^2 + bx + c$ expresándolos como el producto de dos binomios.

Ejemplos

1. Factoricemos $6x^2 - 7x - 3$. Para este caso, desarrollemos el siguiente procedimiento.

   Multipliquemos todo el trinomio por el coeficiente del término cuadrático:

   $$6(6x^2 - 7x - 3) = 36x^2 - 42x - 18$$

   Expresemos el trinomio en función del término común, en este caso $\sqrt{36x^2} = 6x$: $(6x)^2 - 7(6x) - 18$

   Si comparamos $(6x)^2 - 7(6x) - 18$ con $x^2 + bx + c$, vemos que $6x$ ocupa el lugar de x en el segundo trinomio, $-7 = b$ y $-18 = c$, así que buscamos dos números que sumados den -7 y multiplicados, -18; estos números son -9 y 2. Sustituimos todo en el producto de binomios: $(6x - 9)(6x + 2)$

   Como al inicio multiplicamos el trinomio por 6, es necesario dividir ahora entre 6. Para ello, extraemos de los paréntesis los factores comunes y dividimos:

   $$3(2x - 3)\, 2(3x + 1) = \frac{6(2x - 3)(3x + 1)}{6} = (2x - 3)(3x + 1)$$

   Por tanto, la factorización queda así: $6x^2 - 7x - 3 = (2x - 3)(3x + 1)$ **R.**

2. Factoricemos $18a^2 - 13a - 5$.

   Multipliquemos todo el trinomio por 18: $18(18a^2 - 13a - 5) = (18a)^2 - 13(18a) - 90$

   Factoricemos el trinomio obtenido: $(18a - 18)(18a + 5)$

   Como al inicio multiplicamos por 18, ahora dividimos entre 18:

   $$\frac{(18a - 18)(18a + 5)}{18} = (a - 1)(18a + 5)$$

   Por tanto, la factorización queda así: $18a^2 - 13a - 5 = (a - 1)(18a + 5)$ **R.**

SABER HACER ⊗→TU CUENTA

Factoriza los trinomios.

1. $2x^2 + 3x - 2 =$	
2. $3x^2 - 5x - 2 =$	
3. $6x^2 + 7x + 2 =$	
4. $5x^2 + 13x - 6 =$	
5. $6x^2 - 6 - 5x =$	
6. $12x^2 - x - 6 =$	
7. $4a^2 + 15a + 9 =$	
8. $3 + 11a + 10a^2 =$	

HACER > Factorización por el método de completar un trinomio cuadrado perfecto

Completemos trinomios cuadrados perfectos para su factorización posterior.

1. Factoricemos $4a^4 + 8a^2b^2 + 9b^4$.

Para que este trinomio sea cuadrado perfecto es necesario que su segundo término sea $12a^2b^2$, ya que éste debe ser el doble producto de las raíces cuadradas de $4a^4$ y $9b^4$; es decir, de $2a^2$ y $3b^2$, respectivamente.

Para obtener $12a^2b^2$ a partir de $8a^2b^2$, sumaremos y restaremos $4a^2b^2$ al trinomio, de modo que no alteremos su valor:

$$\begin{array}{l} 4a^4 + 8a^2b^2 + 9b \\ \quad\ + 4a^2b^2 \qquad\quad + 4a^2b^2 \\ \hline 4a^4 + 12a^2b^2 + 9b^4 - 4a^2b^2 \end{array}$$

Agrupamos los términos y factorizamos el trinomio cuadrado perfecto:

$$(4a^4 + 12a^2b^2 + 9b^4) - 4a^2b^2 = (2a^2 + 3b^2)^2 - 4a^2b^2$$

Observamos que la expresión resultante es una diferencia de cuadrados, por lo que podemos reescribirla y después expresarla como un producto:

$$(2a^2 + 3b^2)^2 - (2ab)^2$$
$$(2a^2 + 3b^2 + 2ab)(2a^2 + 3b^2 - 2ab)$$

Al ordenar los términos, la factorización queda así: $4a^4 + 8a^2b^2 + 9b^4 = (2a^2 + 2ab + 3b^2)(2a^2 - 2ab + 3b^2)$ **R.**

2. Factoricemos $49m^4 - 151m^2n^4 + 81n^8$.

Para que el trinomio sea cuadrado perfecto, su segundo término debe ser igual a $-126m^2n^4$, y como $-151m^2n^4 + 126m^2n^4 = 25m^2n^4$, entonces sumamos y restamos esta última cantidad al trinomio:

$$\begin{array}{l} 49m^4 - 151m^2n^4 + 81n^8 \\ \quad\ + 25m^2n^4 \qquad\quad - 25m^2n^4 \\ \hline 49m^4 - 126m^2n^4 + 81n^8 - 25m^2n^4 \end{array}$$

En la expresión resultante, factorizamos el trinomio cuadrado perfecto y la diferencia de cuadrados resultante:

$$(49m^4 - 126m^2n^4 + 81n^8) - 25m^2n^4 = (7m^2 - 9n^4)^2 - (5mn^2)^2$$
$$= (7m^2 - 9n^4 + 5mn^2)(7m^2 - 9n^4 - 5mn^2)$$

Al ordenar los términos, la factorización queda así:

$$49m^4 - 151m^2n^4 + 81n^8 = (7m^2 + 5mn^2 - 9n^4)(7m^2 - 5mn^2 - 9n^4)$$ **R.**

SABER HACER  → TU CUENTA

Factoriza completando los trinomios cuadrados perfectos.

1. $a^4 + a^2 + 1 =$	**11.** $25a^4 + 54a^2b^2 + 49b^4 =$	
2. $m^4 + m^2n^2 + n^4 =$	**12.** $36x^4 - 109x^2y^2 + 49y^4 =$	
3. $x^8 + 3x^4 + 4 =$	**13.** $81m^8 + 2m^4 + 1 =$	
4. $a^4 + 2a^2 + 9 =$	**14.** $c^4 - 45c^2 + 100 =$	
5. $a^4 - 3a^2b^2 + b^4 =$	**15.** $4a^8 - 53a^4b^4 + 49b^8 =$	
6. $x^4 - 6x^2 + 1 =$	**16.** $49 + 76n^2 + 64n^4 =$	
7. $4a^4 + 3a^2b^2 + 9b^4 =$	**17.** $25x^4 - 139x^2y^2 + 81y^4 =$	
8. $4x^4 - 29x^2 + 25 =$	**18.** $49x^8 + 76x^4y^4 + 100y^8 =$	
9. $x^8 + 4x^4y^4 + 16y^8 =$	**19.** $4 - 108x^2 + 121x^4 =$	
10. $16m^4 - 25m^2n^2 + 9n^4 =$	**20.** $121x^4 - 133x^2y^4 + 36y^8 =$	

SABER >>>> › Factorización del cubo de un binomio

Para factorizar expresiones que sean resultado de elevar un binomio al cubo, primero recurramos a lo que se plantea en el capítulo 4.

1. Resultado de elevar un binomio al cubo.

$$(a + b)^3 = a^3 + 3a^2b + 3ab^2 + b^3$$
$$(a - b)^3 = a^3 - 3a^2b + 3ab^2 - b^3$$

2. Características del cubo de un binomio.

   a) Tiene cuatro términos.

   b) El primero y el último términos son cubos perfectos.

   c) El segundo término es tres veces el producto de la raíz cúbica del primer término elevada al cuadrado por la raíz cúbica del último término.

   d) El tercer término es tres veces el producto de la raíz cúbica del primer término por la raíz cúbica elevada al cuadrado del último término.

3. Si todos los signos de la expresión dada son positivos, se trata del cubo de la suma de dos cantidades; si los signos son positivos y negativos alternadamente, la expresión es el cubo de la diferencia de dos cantidades.

HACER › Factorización del cubo de un binomio

Factoricemos una expresión resultado de elevar un binomio al cubo:

$$8x^6 + 54x^2y^6 - 27y^9 - 36x^4y^3$$

Reordenamos para que los términos cúbicos queden al inicio y al final de la expresión dada:

$$8x^6 - 36x^4y^3 + 54x^2y^6 - 27y^9$$

Identificamos las características que debe cumplir cada término.

   Primer término: $\sqrt[3]{8x^6} = 2x^2$

   Segundo término: $36x^4y^3 = 3(2x^2)^2(3y^3)$

   Tercer término: $54x^2y^6 = 3(2x^2)(3y^3)^2$

   Cuarto término: $\sqrt[3]{27y^9} = 3y^3$

Los signos son alternativamente positivos y negativos.

Por tanto, la expresión dada es el cubo de $(2x^2 - 3y^3)$ y se factoriza así:

$$8x^6 + 54x^2y^6 - 27y^9 - 36x^4y^3 = (2x^2 - 3y^3)^3 \qquad \textbf{R.}$$

SABER HACER ⊗→TU CUENTA

Factoriza las expresiones. Cuando no se trate del cubo perfecto de un binomio, indícalo.

1. $a^3 + 3a^2 + 3a + 1 =$		**11.** $8 + 36x + 54x^2 + 27x^3 =$	
2. $27 - 27x + 9x^2 - x^3 =$		**12.** $8 - 12a^2 - 6a^4 - a^6 =$	
3. $m^3 + 3m^2n + 3mn^2 + n^3 =$		**13.** $a^6 + 3a^4b^3 + 3a^2b^6 + b^9 =$	
4. $1 + 3a^2 - 3a - a^3 =$		**14.** $x^9 - 9x^6y^4 + 27x^3y^8 - 27y^{12} =$	
5. $8 + 12a^2 + 6a^4 + a^6 =$		**15.** $64x^3 + 240x^2y + 300xy^2 + 125y^3 =$	
6. $125x^3 + 1 + 75x^2 + 15x =$		**16.** $216 - 756a^2 + 882a^4 - 343a^6 =$	
7. $8a^3 - 36a^2b + 54ab^2 - 27b^3 =$		**17.** $125x^{12} + 600x^8y^5 + 960x^4y^{10} + 512y^{15} =$	
8. $27m^3 + 108m^2n + 144mn^2 + 64n^3 =$		**18.** $3a^{12} + 1 + 3a^6 + a^{18} =$	
9. $x^3 - 3x^2 + 3x + 1 =$		**19.** $m^3 - 3am^2n + 3a^2mn^2 - a^3n^3 =$	
10. $1 + 12a^2b^2 - 6ab - 8a^3b^3 =$		**20.** $1 + 18a^2b^3 + 108a^4b^6 + 216a^6b^9 =$	

SABER >>> > Factorización de la suma o la diferencia de dos cubos perfectos

Para factorizar expresiones en las que se suman o se restan dos términos elevados al cubo, retomemos lo que se estudia en el capítulo 4.

1. Cociente de la suma de los cubos de dos cantidades entre la suma de las cantidades.

$$\frac{a^3 + b^3}{a + b} = a^2 - ab + b^2$$

2. Cociente de la diferencia de los cubos de dos cantidades entre la diferencia de las cantidades.

$$\frac{a^3 - b^3}{a - b} = a^2 + ab + b^2$$

3. Como en toda división exacta, el dividendo es igual al producto del divisor por el cociente. Por tanto, las siguientes relaciones nos sirven para factorizar la suma o la diferencia de cubos:

$$a^3 + b^3 = (a + b)(a^2 - ab + b^2)$$
$$a^3 - b^3 = (a - b)(a^2 + ab + b^2)$$

HACER > Factorización de la suma o la diferencia de dos cubos perfectos

Factoricemos expresiones en las que se suman o se restan los cubos de dos cantidades.

Ejemplos

1. Factoricemos $x^3 + 1$. Las raíces cúbicas de estos términos son: $\sqrt[3]{x^3} = x$, $\sqrt[3]{1} = 1$; al sustituirlas en la regla para la suma de cubos, obtenemos la factorización:

$$x^3 + 1 = (x + 1)(x^2 - x + 1) \quad \textbf{R.}$$

2. Factoricemos $a^3 - 8$. Las raíces cúbicas de estos términos son: $\sqrt[3]{a^3} = a$, $\sqrt[3]{8} = 2$; al sustituirlas en la regla para la diferencia de cubos, obtenemos la factorización:

$$a^3 - 8 = (a - 2)(a^2 + 2a + 2^2) = (a - 2)(a^2 + 2a + 4) \quad \textbf{R.}$$

3. Factoricemos $27a^3 + b^6$. Las raíces cúbicas de estos términos son: $\sqrt[3]{27a^3} = 3a$, $\sqrt[3]{b^6} = b^2$; al sustituirlas en la regla para la suma de cubos, obtenemos la factorización:

$$27a^3 + b^6 = (3a + b^2)((3a)^2 - 3ab^2 + (b^2)^2) = (3a + b^2)(9a^2 - 3ab^2 + b^4) \quad \textbf{R.}$$

4. Factoricemos $8x^3 - 125$. Las raíces cúbicas de estos términos son: $\sqrt[3]{8x^3} = 2x$, $\sqrt[3]{125} = 5$; al sustituirlas en la regla para la diferencia de cubos, obtenemos la factorización:

$$8x^3 - 125 = (2x - 5)((2x)^2 + 5(2x) + 5^2) = (2x - 5)(4x^2 + 10x + 25) \quad \textbf{R.}$$

SABER HACER ⊗→TU CUENTA

Factoriza las expresiones.

1. $1 + a^3 =$		11. $a^3 + 27 =$	
2. $1 - a^3 =$		12. $8x^3 + y^3 =$	
3. $x^3 + y^3 =$		13. $27a^3 - b^3 =$	
4. $m^3 - n^3 =$		14. $64 + a^6 =$	
5. $a^3 - 1 =$		15. $a^3 - 125 =$	
6. $y^3 + 1 =$		16. $1 - 216m^3 =$	
7. $y^3 - 1 =$		17. $8a^3 + 27b^6 =$	
8. $8x^3 - 1 =$		18. $x^6 - b^9 =$	
9. $1 - 8x^3 =$		19. $8x^3 - 27y^3 =$	
10. $x^3 - 27 =$		20. $1 + 343n^3 =$	

 HACER > Factorización de la suma o la diferencia de dos potencias iguales impares

Para factorizar expresiones en las que se suman o se restan dos potencias iguales, primero retomemos algunas reglas que se plantean en el capítulo 4.

1. Cociente de la suma de potencias iguales impares entre la suma de las bases.

$$\frac{(a^5 + b^5)}{(a + b)} = a^4 - a^3b + a^2b^2 - ab^3 + b^4 \therefore a^5 + b^5 = (a + b)(a^4 - a^3b + a^2b^2 - ab^3 + b^4)$$

2. Cociente de la diferencia de potencias iguales impares entre la diferencia de las bases.

$$\frac{a^5 - b^5}{a - b} = a^4 + a^3b + a^2b^2 + ab^3 + b^4 \therefore a^5 - b^5 = (a - b)(a^4 + a^3b + a^2b^2 + ab^3 + b^4)$$

Ejemplos

1. Factoricemos $m^5 + n^5$. Aplicamos la regla planteada en el capítulo 4 y obtenemos la factorización:

$$m^5 + n^5 = (m + n)(m^4 - m^3n + m^2n^2 - mn^3 + n^4) \qquad \textbf{R.}$$

2. Factoricemos $a^5 - b^5$. Aplicamos la regla planteada en el capítulo 4 y obtenemos la factorización:

$$a^5 - b^5 = (a - b)(a^4 + a^3b + a^2b^2 + ab^3 + b^4) \qquad \textbf{R.}$$

3. Factoricemos $x^7 - 1$. Aplicamos la regla planteada en el capítulo 4 y obtenemos la factorización:

$$x^7 - 1 = (x - 1)(x^6 + x^5 + x^4 + x^3 + x^2 + x + 1) \qquad \textbf{R.}$$

SABER HACER ⊗→TU CUENTA

Factoriza las expresiones.

1. $a^5 + 1 =$	
2. $a^5 - 1 =$	
3. $1 - x^5 =$	
4. $a^7 + b^7 =$	
5. $m^7 - n^7 =$	
6. $a^5 + 243 =$	
7. $32 - m^5 =$	
8. $1 + 243x^5 =$	
9. $x^7 + 128 =$	
10. $243 - 32b^5 =$	
11. $a^5 + b^5c^5 =$	
12. $m^7 - a^7x^7 =$	
13. $1 + x^7 =$	
14. $x^7 - y^7 =$	

SABER >>> > Factorización con varias técnicas

En ciertas ocasiones conviene aplicar varias técnicas para factorizar, todo dependerá de la forma que tengan las expresiones algebraicas a factorizarse.

HACER > Factorizaciones diversas

Apliquemos las técnicas estudiadas en este capítulo para factorizar algunos polinomios.

Ejemplos

1. Factoricemos $a^2 + 2ab + b^2 - 1$. Como $a^2 + 2ab + b^2$ es un trinomio cuadrado perfecto equivalente a $(a + b)^2$, expresamos el polinomio inicial como una diferencia de cuadrados:

$$(a + b)^2 - (1)^2$$

Si factorizamos la diferencia de cuadrados, entonces obtenemos la factorización del polinomio dado:

$$a^2 + 2ab + b^2 - 1 = (a + b + 1)(a + b - 1) \qquad \textbf{R.}$$

2. Factoricemos $a^2 - 9n^2 - 6mn + 10ab + 25b^2 - m^2$. Reordenamos y agrupamos los términos para identificar la forma de expresiones conocidas:

$$(a^2 + 10ab + 25b^2) - (m^2 + 6mn + 9n^2)$$

En el primer paréntesis hay un trinomio cuadrado perfecto equivalente a $(a + 5b)^2$ y en el segundo paréntesis hay un trinomio cuadrado perfecto equivalente a $(m + 3n)^2$. Así que reescribimos el polinomio inicial:

$$(a + 5b)^2 - (m + 3n)^2$$

Como esta expresión tiene la forma de una diferencia de cuadrados, los factorizamos:

$$[(a + 5b) + (m + 3n)][(a + 5b) - (m + 3n)]$$

Eliminamos paréntesis y obtenemos la factorización final:

$$a^2 - 9n^2 - 6mn + 10ab + 25b^2 - m^2 = (a + 5b + m + 3n)(a + 5b - m - 3n) \qquad \textbf{R.}$$

SABER HACER ⊗→TU CUENTA

Factoriza las expresiones.

1. $a^2 + 2ab + b^2 - x^2 =$		11. $9x^2 - 1 + 16a^2 - 24ax =$	
2. $x^2 - 2xy + y^2 - m^2 =$		12. $1 + 64a^2b^2 - x^4 - 16ab =$	
3. $m^2 + 2mn + n^2 - 1 =$		13. $a^2 - b^2 - 2bc - c^2 =$	
4. $a^2 - 2a + 1 - b^2 =$		14. $1 - a^2 + 2ax - x^2 =$	
5. $n^2 + 6n + 9 - c^2 =$		15. $m^2 - x^2 - 2xy - y^2 =$	
6. $a^2 + x^2 + 2ax - 4 =$		16. $c^2 - a^2 + 2a - 1 =$	
7. $a^2 + 4 - 4a - 9b^2 =$		17. $9 - n^2 - 25 - 10n =$	
8. $x^2 + 4y^2 - 4xy - 1 =$		18. $4a^2 - x^2 + 4x - 4 =$	
9. $a^2 - 6ay + 9y^2 - 4x^2 =$		19. $1 - a^2 - 9n^2 - 6an =$	
10. $4x^2 + 25y^2 - 36 + 20xy =$		20. $25 - x^2 - 16y^2 + 8xy =$	

CONEXIONES > Un dominó sui géneris

Reproduce en una cartulina las fichas de dominó de esta página, recórtalas y úsalas para jugar con tres compañeros. Sigan las reglas del juego como las conocen.

Fila 1:

1. $x(x-4)$ | x^2+2x+1
2. x^3+3x^2+3x+1 | $(x+1)^2$
3. $(2x+1)(x+1)$ | x^2-2x+1
4. $2x^2+3x+1$ | $(2x+1)(x+1)$
5. x^2-4x | $x(x-4)$
6. $(x+1)^3$ | x^2-4x
7. $2x^2+3x-1$ | $x(x-1)$

Fila 2:

1. $(x+1)^2$ | x^2+x-12
2. x^2+4x | $(x-3)(x+2)$
3. $(x+1)^2$ | x^2+x-12
4. $2x^2+3x+1$ | $(x-3)(x+2)$
5. x^3+3x^2+3x+1 | $(x+1)^3$
6. $(2x+1)(x+1)$ | x^3+3x^2+3x+1
7. x^2-2x+1 | $(x+1)^2$

Fila 3:

1. $(x-3)(x+2)$ | x^2-x-6
2. x^2+x^2+2 | $(x+4)(x-3)$
3. $(x+1)^2$ | x^2-x-6
4. x^2-4x | $(x-3)(x+2)$
5. $(x+1)^2$ | x^2-x-6
6. $2x^2+3x+1$ | $(x-3)(x+2)$
7. x^2+x-12 | $(x-3)(x+2)$

Fila 4:

1. x^2-2x+1 | $(x-1)^2$
2. $(x-3)(x+2)$ | x^2-2x+1
3. $(x+4)(x-3)$ | $(x-1)^2$
4. $(x+1)^2$ | x^2-2x11
5. x^2-24x | $(x-1)^2$
6. $(x+1)^3$ | x^2-2x+1
7. $2x^2+3x+1$ | $(x-1)^2$

Las matemáticas en las universidades hispano–árabes (siglos VIII al XV). Los personajes más reconocidos de las matemáticas hispano-árabes de este periodo se destacan, entre otras cosas, por sus importantes y grandes estudios astronómicos. Geber Ibn–Aphla, quien vivió en Sevilla, España, en el siglo XI, realizó importantes correcciones a las *Tablas astronómicas de Ptolomeo*. Arzaquel, quien vivió en Toledo, España, durante el siglo XI, fue un importante astrónomo de la época. Una de sus principales aportaciones fue el famoso libro *Tablas de Toledo*, en el que plasmó sus estudios e investigaciones acerca de una gran cantidad de astros y sus movimientos, que sirvió para hacer importantes predicciones en el campo de la astronomía. Ben Ezra, un rabino que vivió en Calahorra, reino de Castilla, en el siglo XII, destaca por sus estudios de los astros, que plasmó en tablas de posiciones astronómicas conocidas como *Luhot* y *Sefer ha-'Ibbur*, un sobresaliente estudio sobre el calendario de la época.

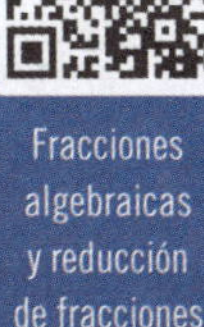

❯ Fracción algebraica

Una fracción algebraica es el cociente indicado de dos expresiones algebraicas. Por ejemplo, $\dfrac{a}{b}$ es una fracción algebraica porque es el cociente indicado de la expresión a entre la expresión b. El dividendo a se llama numerador de la fracción algebraica y el divisor b, denominador. El numerador y el denominador son los términos de la fracción.

El desarrollo de las fracciones algebraicas se basa en el algoritmo de las fracciones comunes en la aritmética. Así, la idea de las fracciones continuas se remonta a la antigua Grecia, con Euclides, y la escuela de Alejandría.

Fracciones algebraicas y reducción de fracciones

SABER >>> > Signo de la fracción y de sus términos

Para determinar el signo de una fracción algebraica, se deben considerar tres signos: el de la fracción, el del numerador y el del denominador.

El signo de la fracción es el que se escribe junto a la raya de la fracción; empero, cuando no está escrito, se sobrentiende que es +. En el caso del numerador y el denominador sucede algo parecido; es decir, si hay escrito un signo, éste corresponderá al elemento en cuestión, y si no está escrito, se considera que es +.

Ejemplo: En la expresión $-\dfrac{-a}{b}$, el signo de la fracción es $-$, del numerador $-$ y del denominador $+$.

Reglas para determinar el signo de una fracción algebraica

Para determinar el signo de una fracción se aplica la ley de los signos de la multiplicación y de la división. Llamemos m al cociente entre a y b:

$$\frac{a}{b} = m$$

1. El signo de una fracción es negativo cuando sólo uno o los tres signos presentes son $-$. Ejemplos:

$$\frac{-a}{b} = -m \qquad -\frac{a}{b} = -m \qquad \frac{a}{-b} = -m \qquad -\frac{-a}{-b} = -m$$

2. El signo de una fracción es positivo cuando sólo uno o los tres signos presentes son $+$. Ejemplos:

$$\frac{a}{b} = m \qquad -\frac{-a}{b} = m \qquad \frac{-a}{-b} = m$$

Como se puede observar, es posible cambiar dos de los tres signos, que hay en una fracción sin que ésta se altere. Ejemplo:

$$\frac{a}{b} = \frac{-a}{-b} = -\frac{-a}{b} = -\frac{a}{-b}$$

Reducción de fracciones algebraicas

Reducir una fracción algebraica significa convertirla en una fracción equivalente e irreducible cuyos términos sean primos entre sí.

Reducción de fracciones cuando los términos son monomios

Para reducir una fracción algebraica cuyos términos son monomios, se dividen el numerador y el denominador entre sus factores comunes, hasta que los términos resultantes sean primos.

Así:

Fracción algebraica		Fracción algebraica equivalente irreducible
$\dfrac{8x^2y^3}{2xy^4}$	$=$	$\dfrac{4x}{y}$

HACER > Reducción de fracciones cuando los términos son monomios

Reduzcamos algunas fracciones algebraicas cuyos términos son monomios.

Ejemplos

1. Reduzcamos la fracción $\dfrac{4a^2b^5}{6a^3b^3m}$. Para hacer la reducción dividimos entre 2, a^2 y b^3, obtenemos los factores primos y los multiplicamos:

$$\frac{4a^2b^5}{6a^3b^3m} = \frac{2 \times 1 \times b^2}{3 \times a \times 1 \times m} = \frac{2b^2}{3am} \qquad \textbf{R.}$$

2. Reduzcamos la fracción $\dfrac{9x^3y^3}{36x^5y^6}$. Para hacer la reducción dividimos entre 9, x^3 y y^3, obtenemos los factores primos y los multiplicamos:

$$\frac{9x^3y^3}{36x^5y^6} = \frac{1 \times 1 \times 1}{4 \times x^2 \times y^3} = \frac{1}{4x^2y^3} \qquad \textbf{R.}$$

SABER HACER ⊗→TU CUENTA

Reduce las fracciones.

1. $\dfrac{a^2}{ab}=$		7. $\dfrac{8m^4n^3x^2}{24mn^2x^2}=$		13. $\dfrac{30x^6y^2}{45a^3x^4z^3}=$	
2. $\dfrac{2a}{8a^2b}=$		8. $\dfrac{12x^3y^4z^5}{32xy^2z}=$		14. $\dfrac{a^5b^7}{3a^8b^9c}=$	
3. $\dfrac{x^2y^2}{x^3y^3}=$		9. $\dfrac{12a^2b^3}{60a^3b^5x^6}=$		15. $\dfrac{21a^8b^{10}c^{12}}{63a^4bc^2}=$	
4. $\dfrac{ax^3}{4x^5y}=$		10. $\dfrac{21mn^3x^6}{28m^4n^2x^2}=$		16. $\dfrac{54x^9y^{11}z^{13}}{63x^{10}y^{12}z^{15}}=$	
5. $\dfrac{6m^2n^3}{3m}=$		11. $\dfrac{42a^2c^3n}{26a^4c^5m}=$		17. $\dfrac{15a^{12}b^{15}c^{20}}{75a^{11}b^{16}c^{22}}=$	
6. $\dfrac{9x^2y^3}{24a^2x^3y^4}=$		12. $\dfrac{17x^3y^4z^6}{34x^7y^8z^{10}}=$		18. $\dfrac{75a^7m^5}{100a^3m^{12}n^3}=$	

SABER ⟩⟩⟩ ⟩ Cambio de signo en una fracción cuando los términos son polinomios

Para reducir fracciones con polinomios, en ocasiones, es necesario cambiar los signos de la fracción o de alguno de sus elementos, sin que ésta se altere. Para hacerlo, hay que cambiar el signo de cada uno de los términos de cada polinomio.

Ejemplos

1. Cambiemos el signo del numerador y el del denominador en la fracción $\dfrac{m-n}{x-y}$ sin que ésta se altere. Al hacerlo para $m-n$, obtenemos $-m+n=n-m$; en tanto que para $x-y$, queda $-x+y=y-x$. Por tanto:

$$\frac{m-n}{x-y}=\frac{-1(m-n)}{-1(x-y)}=\frac{-m+n}{-x+y}=\frac{n-m}{y-x}$$

2. Para la fracción $\dfrac{x-3}{x+2}$, cambiemos el signo del numerador y el de la fracción sin que ésta se altere. Al hacerlo para $x-3$, obtenemos $-x+3=3-x$. Enseguida, cambiamos el signo de la fracción:

$$\frac{x-3}{x+2}=-\frac{-x+3}{x+2}=-\frac{3-x}{x+2}$$

3. Si en la fracción $\dfrac{3x}{1-x^2}$ cambiamos el signo al denominador y a la fracción, ésta no se altera. Por tanto:

$$\frac{3x}{1-x^2}=-\frac{3x}{-1+x^2}=-\frac{3x}{x^2-1}$$

4. Veamos de cuántas formas podemos cambiar los signos de la fracción $\dfrac{x-2}{x-3}$ sin que ésta se altere:

$$\frac{x-2}{x-3}=\frac{2-x}{3-x}=-\frac{2-x}{x-3}=-\frac{x-2}{3-x}$$

5. Cambiemos los signos a la fracción $\dfrac{(a-1)(a-2)}{(x-3)(x-4)}$ sin que ésta se altere. Para hacerlo, hay que cambiar el signo a los dos términos de cada binomio. Por tanto, podemos cambiar los signos de varias formas:

$$\frac{(a-1)(a-2)}{(x-3)(x-4)}=$$

$$\frac{(1-a)(a-2)}{(3-x)(x-4)}=\frac{(1-a)(2-a)}{(x-3)(x-4)}=-\frac{(1-a)(a-2)}{(x-3)(x-4)}=-\frac{(a-1)(2-a)}{(3-x)(4-x)}$$

HACER > Reducción de fracciones cuando los términos son polinomios

Para reducir fracciones que tienen polinomios en el numerador y el denominador, éstos se descomponen en factores y se suprimen los factores comunes al numerador y al denominador.

Ejemplos

1. Reduzcamos $\dfrac{2a^2}{4a^2-4ab}$. Para hacerlo, dividimos entre $2a$ y factorizamos el denominador:

$$\frac{2a^2}{4a^2-4ab}=\frac{2a^2}{4a(a-b)}=\frac{a}{2(a-b)} \qquad \textbf{R.}$$

2. Reduzcamos $\dfrac{4x^2y^3}{24x^3y^3-36x^3y^4}$. Para hacerlo, dividimos entre $4x^2y^3$ y factorizamos el denominador:

$$\frac{4x^2y^3}{24x^3y^3-36x^3y^4}=\frac{4x^2y^3}{12x^3y^3(2-3y)}=\frac{1}{3x(2-3y)} \qquad \textbf{R.}$$

3. Reduzcamos $\dfrac{x^2-5x+6}{2ax-6a}$. Para hacerlo, factorizamos numerador y denominador, y eliminamos factores comunes:

$$\frac{x^2-5x+6}{2ax-6a}=\frac{(x-2)(x-3)}{2a(x-3)}=\frac{x-2}{2a} \qquad \textbf{R.}$$

4. Reduzcamos $\dfrac{8a^3+27}{4a^2+12a+9}$. Después de factorizar numerador y denominador obtenemos:

$$\frac{8a^3+27}{4a^2+12a+9}=\frac{(2a+3)(4a^2-6a+9)}{(2a+3)^2}=\frac{4a^2-6a+9}{2a+3} \qquad \textbf{R.}$$

SABER HACER (X)→TU CUENTA

Reduce las siguientes fracciones.

1. $\dfrac{3ab}{2a^2x+2a^3}=$		**5.** $\dfrac{10a^2b^3c}{80(a^3-a^2b)}=$	
2. $\dfrac{xy}{3x^2y-3xy^2}=$		**6.** $\dfrac{x^2-4}{5ax+10a}=$	
3. $\dfrac{2ax+4bx}{3ay+6by}=$		**7.** $\dfrac{3x^2-4x-15}{x^2-5x+6}=$	
4. $\dfrac{x^2-2x-3}{x-3}=$		**8.** $\dfrac{15a^2bn-45a^2bm}{10a^2b^2n-30a^2b^2m}=$	

9. $\dfrac{x^2 - y^2}{x^2 + 2xy + y^2} =$

10. $\dfrac{3x^2y + 15xy}{x^2 - 25} =$

11. $\dfrac{a^2 - 4ab + 4b^2}{a^3 - 8b^3} =$

12. $\dfrac{x^3 + 4x^2 - 21x}{x^3 - 9x} =$

13. $\dfrac{6x^2 + 5x - 6}{15x^2 - 7x - 2} =$

14. $\dfrac{a^3 + 1}{a^4 - a^3 + a - 1} =$

15. $\dfrac{2ax + ay - 4bx - 2by}{ax - 4a - 2bx + 8b} =$

16. $\dfrac{a^2 - ab - 6b^2}{a^3x - 6a^2bx + 9ab^2x} =$

17. $\dfrac{m^2 + n^2}{m^4 - n^4} =$

18. $\dfrac{x^3 + y^3}{(x + y)^3} =$

S A B E R >>> > Expresiones algebraicas enteras y mixtas

Una expresión algebraica entera es aquella que no tiene denominador literal y una expresión mixta es la que tiene una parte entera y una fraccionaria.

Ejemplos

1. Las expresiones a, $x + y$, $m - n$, $\dfrac{1}{2}a + \dfrac{1}{2}b$ son enteras. Por tanto, puede considerarse que su denominador es 1, como

$$a = \dfrac{a}{1}; \quad x + y = \dfrac{x + y}{1}.$$

2. Las expresiones $a + \dfrac{b}{c}$, $x - \dfrac{3}{x - a}$ son mixtas.

HACER > Regla para reducir una fracción a términos mayores

En ocasiones, es necesario convertir una fracción en otra equivalente cuyo numerador o denominador sea múltiplo del numerador o del denominador de la fracción original.

Convirtamos la fracción $\dfrac{2a}{3b}$ en otra equivalente que tenga un numerador $6a^2$:

$$\dfrac{2a}{3b} = \dfrac{6a^2}{}$$

En este caso, para que el numerador $2a$ se convierta en $6a^2$, hay que multiplicarlo por $6a^2 \div 2a = 3a$; al hacer esto, también hay que multiplicar el denominador por $3a$: $3b \times 3a = 9ab$. De este modo, la fracción equivalente es:

$$\frac{2a}{3b} = \frac{6a^2}{9ab} \qquad \textbf{R.}$$

Regla para reducir una fracción a expresión entera o mixta

Para convertir una fracción en una expresión entera o mixta es necesario dividir el numerador entre el denominador. Si la división es exacta, la fracción equivale a una expresión entera; por el contrario, si la división no es exacta, el resultado será el cociente obtenido más una fracción con el residuo como numerador y el divisor como denominador.

Ejemplos

1. Reduzcamos a expresión entera: $\dfrac{4x^3 - 2x^2}{2x}$.

   Para hacerlo, dividimos cada término del numerador entre el denominador:

   $$\frac{4x^3 - 2x^2}{2x} = \frac{4x^3}{2x} - \frac{2x^2}{2x} = 2x^2 - x \qquad \textbf{R.}$$

2. Reduzcamos la expresión $\dfrac{3a^3 - 12a^2 - 4}{3a}$.

   Para hacerlo, aplicamos el algoritmo convencional para dividir el numerador entre el denominador:

$$
\begin{array}{r}
a^2 - 4a - \dfrac{4}{3a} \\[4pt]
3a\,\overline{\big)\ 3a^3 - 12a^2 - 4} \\
\underline{-3a^3} \\
-12a^2 - 4 \\
\underline{12a^2} \\
-4 \\
\underline{+4} \\
0
\end{array}
$$

Por tanto: $\dfrac{3a^3 - 12a^2 - 4}{3a} = a^2 - 4a - \dfrac{4}{3a} \qquad \textbf{R.}$

SABER >>> > Reducción de una expresión mixta a una expresión fraccionaria

Como en aritmética, para convertir una expresión mixta en una expresión fraccionaria, se multiplican los términos enteros por el denominador de la fracción; a este producto se le suma o resta el numerador de la misma fracción, según sea el signo de ésta. El resultado es una fracción cuyo denominador es el mismo que el de la parte fraccionaria de la expresión original mixta.

HACER > Reducir una expresión mixta a una expresión fraccionaria

Apliquemos la regla mencionada para reducir una expresión mixta en una expresión fraccionaria.

Reduzcamos a fracción: $a + b - \dfrac{a^2 + b^2}{a - b}$. Para hacerlo, multiplicamos la parte entera por $a - b$ y simplificamos:

$$\frac{a+b}{1} - \frac{a^2 + b^2}{a - b} = \frac{(a-b)(a+b) - (a^2 + b^2)}{a - b} = \frac{a^2 - b^2 - a^2 - b^2}{a - b} = -\frac{2b^2}{a - b} \qquad \textbf{R.}$$

SABER HACER (X)→TU CUENTA

Convierte a fracciones equivalentes.

1. $\dfrac{3}{2a}=$	$\dfrac{}{4a^2}$	**4.** $\dfrac{3x}{8y}=$	$\dfrac{9x^2y^2}{}$	**7.** $\dfrac{2x}{x-1}=$	$\dfrac{}{x^2-x}$
2. $\dfrac{5}{9x^2}=$	$\dfrac{20a}{}$	**5.** $\dfrac{4m}{5n^2}=$	$\dfrac{}{5n^3}$	**8.** $\dfrac{3a}{a+b}=$	$\dfrac{}{a^2+2ab+b^2}$
3. $\dfrac{m}{ab^2}=$	$\dfrac{}{2a^2b^2}$	**6.** $\dfrac{2x+7}{5}=$	$\dfrac{}{15}$	**9.** $\dfrac{x-4}{x+3}=$	$\dfrac{}{x^2-5x-6}$

Reduce a expresión entera o mixta en cada caso.

1. $\dfrac{6a^3-10a^2}{2a}=$		**5.** $\dfrac{9x^3-6x^2+3x-5}{3x}=$	
2. $\dfrac{9x^3y-6x^2y^2+3xy^3}{3xy}=$			
3. $\dfrac{x^2+3}{x}=$		**6.** $\dfrac{x^2-5x-16}{x+2}=$	
4. $\dfrac{10a^2+15a-2}{5a}=$			

Reduce a expresión fraccionaria.

1. $m-n-\dfrac{n^2}{m}=$		**5.** $x^2-3x-\dfrac{x^2-6x}{x+2}=$	
2. $x+5-\dfrac{3}{x-2}=$		**6.** $x+y+\dfrac{x^2-y^2}{x-y}=$	
3. $a+\dfrac{ab}{a+b}=$		**7.** $\dfrac{3mn}{m-n}+m-2n=$	
4. $\dfrac{1-a^2}{a}+a-3=$		**8.** $2a-3x-\dfrac{5ax-6x^2}{a+2x}=$	

SABER >>>   > Reducción de fracciones al mínimo común denominador

Como en aritmética, en álgebra también es posible reducir fracciones al mínimo común denominador; en este caso, significa convertirlas en fracciones equivalentes que tengan el mismo denominador y que éste sea el menor posible.

HACER > Regla general para reducir fracciones al mínimo común denominador

Para reducir fracciones al mínimo común denominador es necesario desarrollar los siguientes pasos.

1. Simplificar las fracciones dadas hasta donde sea posible.
2. Hallar el mínimo común múltiplo de los cuenominadores, que será el denominador común para las fracciones.
3. Para hallar los numeradores se divide el mcm de los denominadores entre cada denominador, y el cociente se multiplica por el numerador respectivo.

Ejemplo

Reduzcamos $\dfrac{2}{a}, \dfrac{3}{2a^2}, \dfrac{5}{4x^2}$ al mínimo común denominador.

Para determinar el denominador común, encontramos el m. c. m. de a, $2a^2$ y $4x^2$, que es $4a^2x^2$. Después, dividimos $4a^2x^2$ entre cada denominador y multiplicamos cada cociente por el numerador correspondiente:

$$4a^2x^2 \div a = 4ax^2 \qquad\qquad \frac{2}{a} = \frac{2(4ax^2)}{4a^2x^2} = \frac{8ax^2}{4a^2x^2}$$

$$4a^2x^2 \div 2a^2 = 2x^2 \qquad\qquad \frac{3}{2a^2} = \frac{3(2x^2)}{4a^2x^2} = \frac{6x^2}{4a^2x^2}$$

$$4a^2x^2 \div 4x^2 = a^2 \qquad\qquad \frac{5}{4x^2} = \frac{5(a^2)}{4a^2x^2} = \frac{5a^2}{4a^2x^2}$$

Por tanto, después de simplificar términos, las fracciones quedan reducidas de esta manera:

$$\frac{8ax^2}{4a^2x^2}, \frac{6x^2}{4a^2x^2}, \frac{5a^2}{4a^2x^2} \qquad \textbf{R.}$$

SABER HACER ⊗→TU CUENTA

Reduce cada fracción al mínimo común denominador.

1. $\dfrac{a}{b}, \dfrac{1}{ab}$		7. $\dfrac{x-y}{x^2y}, \dfrac{x+y}{3xy^2}, 5$
2. $\dfrac{x}{2a}, \dfrac{4}{3a^2x}$		8. $\dfrac{m+n}{2m}, \dfrac{m-n}{5m^3n}, \dfrac{1}{10n^2}$
3. $\dfrac{1}{2x^2}, \dfrac{3}{4x}, \dfrac{5}{8x^3}$		9. $\dfrac{a+b}{6}, \dfrac{a-b}{2a}, \dfrac{a^2+b^2}{3b^2}$
4. $\dfrac{3x}{ab^2}, \dfrac{x}{a^2b}, \dfrac{3}{a^3}$		10. $\dfrac{2a-b}{3a^2}, \dfrac{3b-a}{4b^2}, \dfrac{a-3b}{2}$
5. $\dfrac{7y}{6x^2}, \dfrac{1}{9xy}, \dfrac{5x}{12y^3}$		11. $\dfrac{2}{5}, \dfrac{3}{x+1}$
6. $\dfrac{a-1}{3a}, \dfrac{5}{6a}, \dfrac{a+2}{a^2}$		12. $\dfrac{a}{a+b}, \dfrac{b}{a^2+b^2}$

SABER >>> › Suma de fracciones algebraicas

Para la suma de fracciones algebraicas se aplica el mismo algoritmo que para sumar expresiones algebraicas enteras.

HACER › Regla general para sumar fracciones algebraicas

Para sumar fracciones hay que seguir el siguiente algoritmo.

1. Simplificar las fracciones dadas lo más posible.
2. Reducir las fracciones dadas al mínimo común denominador, si son de distinto denominador.
3. Efectuar las multiplicaciones indicadas.
4. Sumar los numeradores de las fracciones que resulten y aplicar el denominador común a esta suma.

5. Reducir términos semejantes en el numerador.

6. Simplificar lo más posible la fracción resultante.

Ejemplos

1. Sumemos $\dfrac{3}{2a}$ y $\dfrac{a-2}{6a^2}$. Para hacerlo, hallamos $6a^2$ como denominador común, lo dividimos entre cada denominador y multiplicamos cada cociente por el numerador correspondiente:

$$\frac{3}{2a}+\frac{a-2}{6a^2}=\frac{3(3a)}{6a^2}+\frac{a-2}{6a^2}=\frac{9a}{6a^2}+\frac{a-2}{6a^2}$$

Después de reducir términos en el numerador, factorizamos:

$$\frac{9a+a-2}{6a^2}=\frac{10a-2}{6a^2}=\frac{2(5a-1)}{6a^2}$$

Por tanto, el resultado de la suma es:

$$\frac{3}{2a}+\frac{a-2}{6a^2}=\frac{5a-1}{3a^2}\qquad \textbf{R.}$$

2. Sumemos $\dfrac{1}{3x+3}+\dfrac{1}{2x-2}+\dfrac{1}{x^2-1}$. Factorizamos los binomios para determinar el denominador común:

$$3x+3=3(x+1)\qquad 2x-2=2(x-1)\qquad x^2-1=(x+1)(x-1)$$

Entonces, el denominador común es $6(x+1)(x-1)$, el cual se divide entre cada denominador para multiplicar el resultado por el numerador correspondiente:

$$\frac{1}{3x+3}+\frac{1}{2x-2}+\frac{1}{x^2-1}=\frac{2(x-1)+3(x+1)+6}{6(x+1)(x-1)}=\frac{2x-2+3x+3+6}{6(x+1)(x-1)}$$

Después de reducir términos semejantes, obtenemos el resultado de la suma:

$$\frac{1}{3x+3}+\frac{1}{2x-2}+\frac{1}{x^2-1}=\frac{5x+7}{6(x+1)(x-1)}\qquad \textbf{R.}$$

SABER HACER ⊗→TU CUENTA

Suma las siguientes fracciones.

1. $\dfrac{1}{a+1}+\dfrac{1}{a-1}=$	
2. $\dfrac{2}{5a^2}+\dfrac{1}{3ab}=$	
3. $\dfrac{a-2b}{15a}+\dfrac{b-a}{20b}=$	
4. $\dfrac{a+3b}{3ab}+\dfrac{a^2b-4ab^2}{5a^2b^2}=$	
5. $\dfrac{a-1}{3}+\dfrac{2a}{6}+\dfrac{3a+4}{12}=$	
6. $\dfrac{n}{m^2}+\dfrac{3}{mn}+\dfrac{2}{m}=$	
7. $\dfrac{1-x}{2x}+\dfrac{x+2}{x^2}+\dfrac{1}{3ax^2}=$	

8. $\dfrac{2a-3}{3a}+\dfrac{3x+2}{10x}+\dfrac{x-a}{5ax}=$	
9. $\dfrac{3}{5}+\dfrac{x+2}{2x}+\dfrac{x^2+2}{6x^2}=$	
10. $\dfrac{x-y}{12}+\dfrac{2x+y}{15}+\dfrac{y-4x}{30}=$	
11. $\dfrac{1}{a+1}+\dfrac{1}{a-1}=$	
12. $\dfrac{2}{x+4}+\dfrac{1}{x-3}=$	
13. $\dfrac{3}{1-x}+\dfrac{6}{2x+5}=$	
14. $\dfrac{x}{x-y}+\dfrac{x}{x+y}=$	
15. $\dfrac{m+3}{m-3}+\dfrac{m+2}{m-2}=$	
16. $\dfrac{x+y}{x-y}+\dfrac{x-y}{x+y}=$	
17. $\dfrac{x}{x^2-1}+\dfrac{x+1}{(x-1)^2}=$	
18. $\dfrac{1}{3x-2y}+\dfrac{x-y}{9x^2-4y^2}=$	
19. $\dfrac{x+a}{x+3a}+\dfrac{3a^2-x^2}{x^2-9a^2}=$	

SABER >>> > Resta de fracciones algebraicas

Para realizar una diferencia de fracciones algebraicas, se aplica el mismo algoritmo que para restar expresiones algebraicas enteras.

HACER > Regla general para restar fracciones algebraicas

Para restar fracciones algebraicas, hay que desarrollar el siguiente algoritmo.

1. Simplificar lo más posible las fracciones dadas.
2. Reducir las fracciones al mínimo común denominador, si tienen distinto denominador.
3. Efectuar las multiplicaciones indicadas.
4. Restar los numeradores y aplicar el denominador común a la diferencia resultante.
5. Reducir términos semejantes en el numerador.
6. Simplificar el resultado lo más posible.

Ejemplos

1. Restemos $\dfrac{a+2b}{3a}$ menos $\dfrac{4ab^2-3}{6a^2b}$. En este caso, determinamos que $6a^2b$ es el denominador común; al dividir éste entre cada denominador y multiplicar cada cociente por el numerador respectivo, tenemos:

$$\frac{a+2b}{3a}-\frac{4ab^2-3}{6a^2b}=\frac{2ab(a+2b)}{6a^2b}-\frac{4ab^2-3}{6a^2b}$$

Después de realizar las operaciones en los numeradores, restamos y simplificamos:

$$\frac{2a^2b + 4ab^2}{6a^2b} - \frac{4ab^2 - 3}{6a^2b} = \frac{2a^2b + 4ab^2 - (4ab^2 - 3)}{6a^2b} = \frac{2a^2b + 4ab^2 - 4ab^2 + 3}{6a^2b}$$

Así, el resultado de la diferencia es:

$$\frac{a + 2b}{3a} - \frac{4ab^2 - 3}{6a^2b} = \frac{2a^2b + 3}{6a^2b} \qquad \textbf{R.}$$

2. Simplifiquemos $\dfrac{2}{x + x^2} - \dfrac{1}{x - x^2} - \dfrac{1 - 3x}{x - x^3}$. Primero, hallamos el denominador común, que es $x(1 + x)(1 - x)$:

$$x + x^2 = x(1 + x)$$
$$x - x^2 = x(1 - x)$$
$$x - x^3 = x(1 - x^2) = x(1 + x)(1 - x)$$

Al dividir $x(1 + x)(1 - x)$ entre la descomposición de cada denominador, tenemos:

$$\frac{2}{x + x^2} - \frac{1}{x - x^2} - \frac{1 - 3x}{x - x^3} = \frac{2(1 - x) - (1 + x) - (1 - 3x)}{x(1 + x)(1 - x)}$$

Después simplificamos lo más posible:

$$\frac{2 - 2x - 1 - x - 1 + 3x}{x(1 + x)(1 - x)} = \frac{0}{x(1 + x)(1 - x)}$$

Y el resultado es:

$$\frac{2}{x + x^2} - \frac{1}{x - x^2} - \frac{1 - 3x}{x - x^3} = 0 \qquad \textbf{R.}$$

SABER HACER ⊗→TU CUENTA

Resuelve las siguientes restas de fracciones.

1. $\dfrac{x - 3}{4} - \dfrac{x + 2}{8} =$	
2. $\dfrac{a + 5b}{a^2} - \dfrac{b - 3}{ab} =$	
3. $\dfrac{2}{3mn^2} - \dfrac{1}{2m^2n} =$	
4. $\dfrac{a - 3}{5ab} - \dfrac{4 - 3ab^2}{3a^2b^3} =$	
5. $\dfrac{2a + 3}{4a} - \dfrac{a - 2}{8a} =$	
6. $\dfrac{y - 2x}{20x} - \dfrac{x - 3y}{24y} =$	
7. $\dfrac{x - 1}{3} - \dfrac{x - 2}{4} - \dfrac{x + 3}{6} =$	
8. $\dfrac{3}{5} - \dfrac{2a + 1}{10a} - \dfrac{4a^2 + 1}{20a^2} =$	

9. $\dfrac{1}{x-4}-\dfrac{1}{x-3}=$

10. $\dfrac{m-n}{m+n}-\dfrac{m+n}{m-n}=$

11. $\dfrac{1-x}{1+x}-\dfrac{1+x}{1-x}=$

12. $\dfrac{a+b}{a^2+ab}-\dfrac{b-a}{ab+b^2}=$

13. $\dfrac{m+n}{m-n}-\dfrac{m^2+n^2}{m^2-n^2}=$

14. $\dfrac{1}{x+x^2}-\dfrac{1}{x-x^2}=$

15. $\dfrac{a+x}{(a-x)^2}-\dfrac{x}{a^2-x^2}=$

16. $\dfrac{a+1}{6a+3}-\dfrac{1}{12a+6}=$

17. $\dfrac{a-4}{a^2-6a+9}-\dfrac{a+3}{a^2+a-12}=$

SABER >>> > Multiplicación de fracciones algebraicas

Para multiplicar fracciones algebraicas se aplica el mismo algoritmo que se usa en aritmética para multiplicar fracciones con signo, considerando que en álgebra también se trabaja con literales.

HACER > Regla general para multiplicar fracciones algebraicas

Para multiplicar fracciones algebraicas se sigue el siguiente algoritmo:

1. Descomponer en factores los términos de las fracciones que se van a multiplicar.

2. Suprimir los factores comunes en los numeradores y los denominadores.

3. Multiplicar entre sí las expresiones que queden en los numeradores y simplificar. Colocar como denominador el producto de las expresiones que queden en los denominadores.

Ejemplos

1. Multipliquemos $\dfrac{2a}{3b^3},\dfrac{3b^2}{4x},\dfrac{x^2}{2a^2}$. Para hacerlo, descomponemos en factores comunes, los multiplicamos y reducimos:

$$\frac{2a}{3b^3}\times\frac{3b^2}{4x}\times\frac{x^2}{2a^2}=\frac{2\times3\times a\times b^2\times x^2}{3\times4\times2\times a^2\times b^3\times x}$$

Por tanto, el resultado es:

$$\frac{2a}{3b^3}\times\frac{3b^2}{4x}\times\frac{x^2}{2a^2}=\frac{x}{4ab}\qquad\textbf{R.}$$

2. Multipliquemos $\dfrac{3x-3}{2x+4}$ por $\dfrac{x^2+4x+4}{x^2-x}$. Al factorizar y simplificar tenemos:

$$\frac{3x-3}{2x+4}\times\frac{x^2+4x+4}{x^2-x}=\frac{3(x-1)}{2(x+2)}\times\frac{(x+2)^2}{x(x-1)}=\frac{3(x+2)}{2x}$$

Por tanto, el resultado es:

$$\frac{3x-3}{2x+4} \times \frac{x^2+4x+4}{x^2-x} = \frac{3x+6}{2x} \qquad \textbf{R.}$$

3. Multipliquemos $a+3-\dfrac{5}{a-1}$ por $a-2+\dfrac{5}{a+4}$. Primero, convertimos las expresiones mixtas en fraccionarias:

$$\left(a+3-\frac{5}{a-1}\right)\left(a-2+\frac{5}{a+4}\right) = \frac{a^2+2a-8}{a-1} \times \frac{a^2+2a-3}{a+4}$$

Después, factorizamos y simplificamos:

$$\frac{(a+4)(a-2)}{a-1} \times \frac{(a+3)(a-1)}{a+4} = (a-2)(a+3)$$

Por tanto, el resultado es:

$$\left(a+3-\frac{5}{a-1}\right)\left(a-2+\frac{5}{a+4}\right) = a^2+a-6 \qquad \textbf{R.}$$

SABER HACER ⊗→TU CUENTA

Multiplica las fracciones.

1. $\dfrac{x^2 y}{5} \times \dfrac{10a^3}{3m^2} \times \dfrac{9m}{x^3} =$	**5.** $\left(1-\dfrac{x}{a+x}\right)\left(1+\dfrac{x}{a}\right) =$
2. $\dfrac{5x^2}{7y^3} \times \dfrac{4y^2}{7m^3} \times \dfrac{14m}{5x^4} =$	**6.** $\left(a+\dfrac{ab}{a-b}\right)\left(1-\dfrac{b^2}{a^2}\right) =$
3. $\left(a+\dfrac{a}{b}\right)\left(a-\dfrac{a}{b+1}\right) =$	**7.** $\left(x+2-\dfrac{12}{x+1}\right)\left(x-2+\dfrac{10-3x)}{x+5}\right) =$
4. $\left(x-\dfrac{2}{x+1}\right)\left(x+\dfrac{1}{x+2}\right) =$	

❱ SABER ⟫⟫ ❯ División de fracciones algebraicas

Cuando resolvemos una división de fracciones, como $\dfrac{\frac{a}{b}}{\frac{c}{d}}$, el resultado es una fracción de la forma $\dfrac{ad}{bc}$. Observemos que en la división de fracciones original los términos b y c se encontraban en medio de los extremos a y d; de este modo, podemos enunciar una regla simple: "en el cociente entre fracciones, el producto de los extremos se divide entre el producto de los términos medios".

HACER ❯ Regla general para la división de fracciones algebraicas

Para dividir fracciones algebraicas de una manera sencilla, basta multiplicar el dividendo por el inverso del divisor.

Ejemplos

1. Dividamos $\dfrac{4a^2}{3b^2}$ entre $\dfrac{2ax}{9b^3}$. Primero, expresamos el cociente como el producto del dividendo por el divisor invertido; después, reducimos términos y obtenemos:

$$\frac{4a^2}{3b^2} \div \frac{2ax}{9b^3} = \frac{4a^2}{3b^2} \times \frac{9b^3}{2ax} = \frac{6ab}{x} \qquad \textbf{R.}$$

2. Dividamos $\dfrac{x^2+4x}{8}$ entre $\dfrac{x^2-16}{4}$. Expresamos el cociente como el producto del dividendo por el divisor invertido y reducimos términos:

$$\frac{x^2+4x}{8} \div \frac{x^2-16}{4} = \frac{x^2+4x}{8} \times \frac{x(x+4)}{8} \times \frac{4}{(x+4)(x-4)} = \frac{x}{2x-8} \qquad \textbf{R.}$$

3. Dividamos $1+\dfrac{2xy}{x^2+y^2}$ entre $1+\dfrac{x}{y}$. Primero, convertimos las expresiones mixtas en fraccionarias:

$$1+\frac{2xy}{x^2+y^2} = \frac{x^2+y^2+2xy}{x^2+y^2} = \frac{x^2+2xy+y^2}{x^2+y^2}$$

$$1+\frac{x}{y} = \frac{y+x}{y} = \frac{x+y}{y}$$

Después, expresamos el cociente como el producto del dividendo por el divisor invertido y simplificamos:

$$\frac{x^2+2xy+y^2}{x^2+y^2} \div \frac{x+y}{y} = \frac{x+y}{x^2+y^2} \times \frac{y}{x+y} = \frac{xy+y^2}{x^2+y^2} \qquad \textbf{R.}$$

SABER HACER ⓧ→TU CUENTA

Divide las fracciones.

1. $\dfrac{x^2}{3y^2} \div \dfrac{2x}{y^3} =$	
2. $\dfrac{3a^2b}{5x^2} \div a^2b^3 =$	
3. $\dfrac{5m^2}{7n^3} \div \dfrac{10m^4}{14an^4} =$	
4. $\dfrac{x^3-x}{2x^2+6x} \div \dfrac{5x^2-5x}{2x+6} =$	
5. $\dfrac{x-1}{3} \div \dfrac{2x-2}{6} =$	
6. $\dfrac{3a^2}{a^2+6ab+9b^2} \div \dfrac{5a^3}{a^2b+3ab^2} =$	
7. $\left(1+\dfrac{a}{a+b}\right) \div \left(1+\dfrac{2a}{b}\right) =$	
8. $\left(x-\dfrac{2}{x+1}\right) \div \left(x-\dfrac{x}{x+1}\right) =$	
9. $\left(1-a+\dfrac{a^2}{1+a}\right) \div \left(1+\dfrac{2}{a^2+1}\right) =$	
10. $\left(x+\dfrac{2}{x+3}\right) \div \left(x+\dfrac{3}{x+4}\right) =$	

SABER >>> > Fracciones complejas

Una fracción compleja es aquella en la que el numerador, el denominador, o ambos, son fracciones algebraicas o expresiones mixtas. Ejemplo:

$$\dfrac{\dfrac{a}{x}-\dfrac{x}{a}}{1+\dfrac{a}{x}}$$

Como la raya de fracción indica división, la expresión anterior es equivalente a la siguiente: $\left(\dfrac{a}{x}-\dfrac{x}{a}\right)\div\left(1+\dfrac{a}{x}\right)$.

HACER > Regla para simplificar fracciones complejas

Para simplificar fracciones complejas, primero se efectúan las operaciones indicadas en el numerador y en el denominador de la fracción original; después, se divide el resultado obtenido en el numerador entre el resultado del denominador.

Ejemplo

Simplifiquemos $\dfrac{\dfrac{a}{x}-\dfrac{x}{a}}{1+\dfrac{a}{x}}$.

Primero, realizamos las operaciones en el numerador: $\quad \dfrac{a}{x}-\dfrac{x}{a}=\dfrac{a^2-x^2}{ax}$

y en el denominador: $\quad 1+\dfrac{a}{x}=\dfrac{a+x}{x}$

Por último, resolvemos el cociente entre los resultados obtenidos y simplificamos:

$$\dfrac{\dfrac{a^2-x^2}{ax}}{\dfrac{a+x}{x}}=\dfrac{a^2-x^2}{ax}\times\dfrac{x}{a+x}=\dfrac{(a+x)(a-x)}{ax}\times\dfrac{x}{a-x}$$

Por tanto, la fracción compleja se redujo así: $\quad \dfrac{\dfrac{a^2-x^2}{ax}}{\dfrac{a+x}{x}}=\dfrac{a-x}{a}\qquad$ **R.**

SABER HACER ⊗→TU CUENTA

Simplifica las fracciones complejas.

1. $\dfrac{a-\dfrac{a}{b}}{b-\dfrac{1}{b}}=$		5. $\dfrac{x+\dfrac{x}{2}}{x-\dfrac{x}{4}}=$	
2. $\dfrac{x^2-\dfrac{1}{x}}{1-\dfrac{1}{x}}=$		6. $\dfrac{\dfrac{x}{y}-\dfrac{y}{x}}{1+\dfrac{y}{x}}=$	
3. $\dfrac{\dfrac{a}{b}-\dfrac{b}{a}}{1+\dfrac{b}{a}}=$		7. $\dfrac{x+4+\dfrac{3}{x}}{x-4-\dfrac{5}{x}}=$	
4. $\dfrac{\dfrac{1}{m}+\dfrac{1}{n}}{\dfrac{1}{m}-\dfrac{1}{n}}=$		8. $\dfrac{a-4+\dfrac{4}{a}}{1-\dfrac{2}{a}}=$	

SABER >>> > Evaluación de fracciones algebraicas

Para evaluar una fracción algebraica es necesario tomar en consideración la forma que tiene la misma, pues de ésta depende el resultado que se obtenga al resolver el cociente representado con la fracción.

Interpretación de la forma $\dfrac{0}{a}$

Al evaluar una fracción con la forma $\dfrac{0}{a}$, en la que el numerador es cero y el denominador a es una cantidad finita cualquiera, el resultado siempre será cero.

Ejemplo

$$\frac{0}{5} = 0$$

Interpretación de la forma $\dfrac{a}{0}$

En una fracción con la forma $\dfrac{a}{x}$, en la que a es una cantidad constante y x una variable, cuanto menor sea x, mayor será el valor de la fracción. Es decir, a medida que el denominador x tienda a cero, el valor de la fracción tenderá a hacerse indefinidamente más grande.

Ejemplos

Evaluar $x = 1$ $\qquad \dfrac{a}{x} = \dfrac{a}{(1)} = a$

Evaluar $x = \dfrac{1}{10}$ $\qquad \dfrac{a}{x} = \dfrac{a}{\left(\dfrac{1}{10}\right)} = 10a$

Este principio se expresa así: $\dfrac{a}{0} = \infty$

El símbolo ∞ se llama **infinito**, no tiene un valor determinado y se usa para expresar que una cantidad tiende a ser muy grande.

Por otro lado, la expresión $\dfrac{a}{0} = \infty$ no debe tomarse en un sentido numérico explícito, porque al ser 0 la ausencia de cantidad, la división de a entre 0 es inconcebible; debe entenderse como la tendencia que tiene el valor de una fracción a aumentar indefinidamente, mientras su denominador asume valores cada vez más cercanos a cero.

Interpretación de la forma $\dfrac{a}{\infty}$

En una fracción con la forma $\dfrac{a}{\infty}$, en la que a es constante y x una variable, cuanto mayor sea x, menor será el valor de la fracción.

Ejemplos

Evaluar $x = 10$ $\qquad \dfrac{a}{x} = \dfrac{a}{(10)} = \dfrac{1}{10}a$

Evaluar $x = 100$ $\qquad \dfrac{a}{x} = \dfrac{a}{(100)} = \dfrac{1}{100}a$

Este principio se expresa así:

$$\frac{a}{\infty} = 0$$

Lo que debe entenderse como la tendencia que tiene una fracción a disminuir su valor al grado de casi llegar a cero a medida que su denominador toma valores indefinidamente mayores.

Interpretación de la forma $\dfrac{0}{0}$

Una fracción con la forma $\dfrac{0}{0}$ representa el cociente de un dividendo 0 entre un divisor 0. Al entender que este cociente debe ser una cantidad tal que, al multiplicarla por el divisor 0, se obtenga el dividendo 0, esta cantidad puede ser cualquiera, pues cualquier cantidad por 0 da 0. Por tanto, este principio se expresa así:

$$\frac{0}{0} = \text{valor indeterminado}$$

 HACER   › Evaluar las fracciones e interpretar las formas

Evaluemos algunas fracciones y hagamos la interpretación de la forma que tienen.

Ejemplos

1. Evaluemos $\dfrac{x^2-9}{x^2+2x-14}$ para $x = 3$. Al sustituir x por 3, obtenemos:

$$\frac{x^2-9}{x^2+2x-14}=\frac{(3)^2-9}{(3)^2+2(3)-14}=\frac{9-9}{9+6-14}=\frac{0}{1}=0 \qquad \textbf{R.}$$

2. Evaluemos $\dfrac{x+4}{x^2-3x+2}$ para $x = 2$. Al sustituir x por 2, obtenemos:

$$\frac{x+4}{x^2-3x+2}=\frac{(2)+4}{(2)^2-3(2)+2}=\frac{6}{4-6+2}=\frac{6}{0}=\infty \qquad \textbf{R.}$$

3. Evaluemos $\dfrac{\frac{x-1}{5}}{x-3}$ para $x = 3$. Al sustituir x por 3, obtenemos:

$$\frac{\frac{x-1}{5}}{x-3}=\frac{\frac{(3)-1}{5}}{(3)-3}=\frac{\frac{2}{5}}{0}=\frac{2}{\infty}=0 \qquad \textbf{R.}$$

4. Hallar el verdadero valor de $\dfrac{x^2-4}{x^2+x-6}$ para $x = 2$. Al sustituir x por 2, tenemos:

$$\frac{x^2-4}{x^2+x-6}=\frac{(2)^2-4}{(2)^2+2-6}=\frac{4-4}{4+2-6}=\frac{0}{0}=\text{valor indeterminado} \qquad \textbf{R.}$$

La indeterminación del valor de esta fracción es aparente; esto se debe a la presencia de un factor común para el numerador y el denominador que los anula. Para suprimir este factor, hay que simplificar la fracción dada:

$$\frac{x^2-4}{x^2+x-6}=\frac{(x+2)(x-2)}{(x+3)(x-2)}=\frac{x+2}{x+3}$$

Al sustituir x por 2 en la expresión obtenida, tenemos:

$$\frac{x^2-4}{x^2+x-6}=\frac{x+2}{x+3}=\frac{(2)+2}{(2)+3}=\frac{4}{5}$$

Por tanto, el verdadero valor de $\dfrac{x^2-4}{x^2+x-6}$ para $x = 2$ es $\dfrac{4}{5}$.   **R.**

SABER HACER ⊗→TU CUENTA

Evalúa e interpreta las fracciones.

1. $\dfrac{x-2}{x+3}$ para $x = 2$	5. $\dfrac{\frac{x-1}{3}}{x-2}$ para $x = 2$
2. $\dfrac{x-2}{x-3}$ para $x = 3$	6. $\dfrac{x^2-9}{x^2+x-12}$ para $x = 3$
3. $\dfrac{x^2-a^2}{x^2+a^2}$ para $x = a$	7. $\dfrac{a^2-a-6}{a^2+2a-15}$ para $a = 3$
4. $\dfrac{x^2+y^2}{x^2-y^2}$ para $x = y$	8. $\dfrac{x^2-7x+10}{x^3-2x^2-x+2}$ para $x = 2$

CONEXIONES  Geometría

Realiza las siguientes actividades propuestas. Éstas te permitirán observar y demostrarán una de muchas aplicaciones que tienen las fracciones algebraicas. Para ello, encuentra la expresión algebraica correspondiente y reduce términos semejantes.

a) Calcula el perímetro del rectángulo.

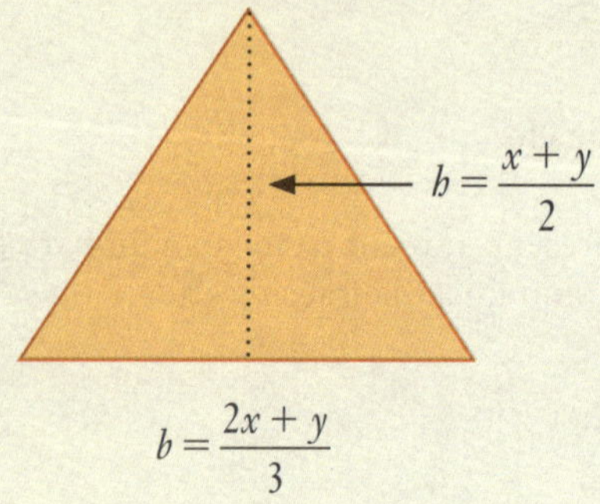

$$\frac{x + 2y}{5}$$

$$2x + \frac{y}{2}$$

b) Calcula el área del triángulo.

c) Calcula la medida de la base del rectángulo y su perímetro.

$$h = \frac{x - y}{2}$$

$$A = \frac{2x^2 - xy - y^2}{4}$$

Claudio Ptolomeo (100-175). Como empirista, investigó y analizó una gran cantidad de datos sobre el movimiento de los planetas para elaborar un modelo geométrico que explicara y predijera sus posiciones. Este sistema geocéntrico dominó la astronomía durante 14 siglos, hasta la aparición de los trabajos de Copérnico. Aunque Ptolomeo es más conocido por sus trabajos astronómicos, fue también uno de los fundadores de la trigonometría. Su obra principal, el *Almagesto*, es el catálogo estelar más completo de la Antigüedad. Para su elaboración, se cree que Ptolomeo se basó en uno similar realizado por Hiparco de Nicea. El *Almagesto* se utilizó en las universidades hasta el siglo XVIII.

Las ecuaciones lineales tienen aplicaciones en física, administración, biología, economía, entre muchas otras disciplinas.

Ejemplo

Después de tres años, una cuenta de ahorro genera, por concepto de intereses, \$5 130. Si la tasa de interés simple de la cuenta es de 5 %, ¿a cuánto asciende el capital de dicha cuenta?

El interés simple (I) que produce un capital es directamente proporcional al capital inicial (C), al tiempo (t) y a la tasa de interés (i); la ecuación que los relaciona es:

$$I = C \cdot i \cdot t \Rightarrow C = \frac{I}{i \cdot t}$$

Sustituimos los datos del problema en la fórmula:

$$C = \frac{5130}{0.05 \cdot 3} = 34\,200$$

Entonces, el capital de esta cuenta asciende a \$34 200.

SABER >>> > Ecuaciones

Una ecuación es una igualdad entre dos expresiones algebraicas que puede tener más de una variable, llamada incógnita. La ecuación se verifica sólo para determinados valores de las incógnitas, las cuales usualmente se representan con las últimas letras del alfabeto: u, v, w, x, y, z.

Por ejemplo, la expresión $5y + 2 = 11 + 2y$ es una ecuación, porque constituye una igualdad entre dos expresiones algebraicas en la que hay una incógnita (y). En este caso, la igualdad sólo se verifica cuando y es igual a 3.

Se llama primer miembro de una ecuación a la expresión que está a la izquierda del signo de igualdad y segundo miembro, a la expresión que está a la derecha.

Así, en la ecuación $3x - 5 = 2x - 3$, el primer miembro es $3x - 5$ y el segundo, $2x - 3$.

Definiciones

Una ecuación numérica contiene números y una sola literal que representa a la incógnita. Por ejemplo, $4z - 5 = z + 4$ es una ecuación numérica porque la única literal es z.

El grado de una ecuación con una sola incógnita es el mayor exponente que tiene la incógnita en la ecuación. Así,

$$4u - 6 = 3u - 1 \qquad y \qquad au + b = b^2u + c$$

son ecuaciones de primer grado porque el mayor exponente de la incógnita, u, es 1.

Resolver una ecuación significa hallar sus raíces, o sea, encontrar el valor o los valores de las incógnitas que satisfacen la ecuación.

Las ecuaciones de primer grado con una incógnita tienen una sola raíz o solución, es decir, la variable x sólo toma un valor que satisface la ecuación.

La trasposición de términos consiste en cambiar o "pasar" los términos que están en un miembro de la ecuación al otro miembro cambiándoles el signo.

Propiedades de la igualdad

1. Si a los dos miembros de una ecuación se les suma una misma cantidad positiva o negativa, la igualdad se conserva.
2. Si a los dos miembros de una ecuación se les resta una misma cantidad positiva o negativa, la igualdad se conserva.
3. Si los dos miembros de una ecuación se multiplican por una misma cantidad positiva o negativa, la igualdad se conserva.
4. Si los dos miembros de una ecuación se dividen entre una misma cantidad positiva o negativa, la igualdad se conserva.
5. Si los dos miembros de una ecuación se elevan a una misma potencia o si a los dos miembros se les extrae una misma raíz, la igualdad se conserva.

HACER > Resolución de ecuaciones enteras de primer grado con una incógnita

Revisemos el algoritmo para la resolución de ecuaciones de este tipo.

Algoritmo de resolución de ecuaciones de primer grado con una incógnita

1. Se efectúan las operaciones indicadas, si las hay.
2. Se hace la trasposición de términos agrupando en un miembro los que contengan la incógnita y en el otro, las cantidades conocidas.
3. Se reducen los términos semejantes en cada miembro.
4. Se despeja la incógnita dividiendo ambos miembros de la ecuación entre el coeficiente de la incógnita.

Ejemplos

1. Resolvamos la ecuación $3x - 5 = x + 3$.

   Pasamos x al primer miembro y 5 al segundo, y cambiamos el signo de cada término. Así, tenemos:

   $$3x - x = 3 + 5$$

   Hacemos la reducción de los términos semejantes: $2x = 8$

Para despejar x, dividimos los dos miembros de la ecuación entre 2:

$$\frac{2x}{2} = \frac{8}{2}$$

Simplificamos y tenemos: $x = 4$ **R.**

Si queremos verificar una ecuación, debemos probar que el valor obtenido de la incógnita es correcto. Para ello, sustituimos, en la ecuación original, el valor encontrado de la variable; si éste es correcto, la ecuación se convierte en identidad.

Así, en este caso, sustituimos x en la ecuación original, es decir, hacemos que x sea igual a 4:

$$3(4) - 5 = (4) + 3$$
$$12 - 5 = 4 + 3$$
$$7 = 7$$

2. Resolvamos la ecuación $3x - (2x - 1) = 7x - (3 - 5x) + (-x + 24)$.

   Suprimimos los signos de agrupación: $3x - 2x + 1 = 7x - 3 + 5x - x + 24$

   Trasponemos: $\qquad\qquad 3x - 2x - 7x - 5x + x = -3 + 24 - 1$

   Reducimos: $\qquad\qquad\qquad\qquad -10x = 20$

   Despejamos x: $\qquad\qquad\qquad x = -\dfrac{20}{10} = -2$ **R.**

SABER HACER  → TU CUENTA

Resuelve las siguientes ecuaciones.

1. $4x + 1 = 2$	
2. $y - 5 = 3y - 25$	
3. $5x + 6 = 10x + 5$	
4. $9y - 11 = -10 + 2y$	
5. $21 - 6x = 27 - 8x$	
6. $11x + 5x - 1 = 65x - 36$	
7. $8x + 9 - 12x = 4x - 13 - 5x$	
8. $5y + 6y - 81 = 7y + 102 + 65y$	
9. $16 + 7x - 5 + x = 11x - 3 - x$	
10. $3x + 101 - 4x - 33 = 108 - 16x - 100$	
11. $14 - 12x + 39x - 18x = 256 - 60x - 657x$	
12. $8x - 15x - 30x - 51x = 53x + 31x - 172$	
13. $x - (2x + 1) = 8 - (3x + 3)$	
14. $15x - 10 = 6x - (x + 2) + (-x + 3)$	
15. $(5 - 3x) - (-4x + 6) = (8x + 11) - (3x - 6)$	
16. $30x - (-x + 6) + (-5x + 4) = -(5 + 6) - (-8x + 3x)$	
17. $15x + (-6x + 5) - 2 - (-x + 3) = -(7x + 23) - x + (3 - 2x)$	

SABER >>> › Ecuaciones numéricas fraccionarias de primer grado con una incógnita

Cuando en una ecuación uno o todos sus términos tienen denominadores se dice que es una ecuación fraccionaria; por ejemplo: $\dfrac{x}{2} = 3x - \dfrac{3}{4}$.

Para convertir una ecuación fraccionaria en una equivalente entera, se suprimen los denominadores utilizando una de las propiedades de la igualdad: "Si los dos miembros de una ecuación se dividen entre una misma cantidad positiva o negativa, la igualdad se conserva".

Para suprimir los denominadores en una ecuación fraccionaria, hacemos lo siguiente:

1. Se halla el mínimo común múltiplo (mcm) de los denominadores.

2. Se multiplica el mcm por cada uno de los términos.

HACER › Supresión de denominadores en ecuaciones fraccionarias

Veamos cómo suprimir los denominadores en diferentes tipos de ecuaciones fraccionarias.

Ejemplos

1. Suprimamos los denominadores en la ecuación $\dfrac{x}{2} = \dfrac{x}{6} - \dfrac{1}{4}$.

   El mcm de los denominadores 2, 6 y 4 es 12. Entonces, multiplicamos todos los términos por 12 y tenemos:

   $$\frac{12x}{2} = \frac{12}{x} - \frac{12}{4}$$

   Simplificamos estas fracciones, y así queda:

   $$6x = 2x - 3 \qquad \textbf{R.}$$

2. Suprimamos los denominadores en la ecuación $2 - \dfrac{x-1}{40} = \dfrac{2x-1}{4} - \dfrac{4x-5}{8}$.

   El mcm de 4, 8 y 40 es 40. Entonces, multiplicamos cada uno de los términos por 40. Así, tenemos:

   $$2(40) - (x - 1) = 10(2x - 1) - 5(4x - 5)$$

   Realizamos las multiplicaciones indicadas y quitamos los paréntesis: $80 - x + 1 = 20x - 10 - 20x + 2 \qquad \textbf{R.}$

   Como podemos ver, se trata de una ecuación entera.

   Nota:

   Cuando el numerador de una fracción es un polinomio y la fracción está precedida del signo $-$ (como en $-\dfrac{x-1}{40}$ y $-\dfrac{4x-5}{8}$ de la ecuación anterior), hay que tener cuidado con el signo de cada uno de los términos de su numerador al suprimir el denominador. Por eso, en este caso hemos puesto $x - 1$ entre paréntesis precedido del signo $-$, o sea, $-(x - 1)$; al quitar el paréntesis queda $-x + 1$. En la última fracción, al efectuar el producto $-5(4x - 5)$ multiplicamos primero $(-5)(4x) = -20x$ y luego $(-5)(-5) = +25$; el resultado es: $-20x + 25$.

3. Resolvamos $\dfrac{3}{2x+1} - \dfrac{2}{2x-1} - \dfrac{x+3}{4x^2-1} = 0$.

   El mcm de los denominadores es $4x^2 - 1$. Entonces, multiplicamos cada término de la ecuación por $4x^2 - 1$, que podemos expresar como $(2x + 1)(2x - 1)$, y obtenemos:

   $$3(2x - 1) - 2(2x + 1) - (x + 3) = 0$$

   Realizamos las operaciones indicadas para quitar los paréntesis: $6x - 3 - 4x - 2 - x - 3 = 0$

   Hacemos la trasposición de términos, agrupando en un miembro los que contengan la incógnita y en el otro las cantidades conocidas: $6x - 4x - x = 3 + 2 + 3$

   Se reducen los términos semejantes: $x = 8 \qquad \textbf{R.}$

SABER HACER ⊗→TU CUENTA

Resuelve las ecuaciones.

1. $\dfrac{x}{6} + 5 = \dfrac{1}{3} - x$

2. $\dfrac{3x}{5} - \dfrac{2x}{3} + \dfrac{1}{5} = 0$

3. $\dfrac{1}{2x} + \dfrac{1}{4} - \dfrac{1}{10x} = \dfrac{1}{5}$

4. $\dfrac{x}{2} + 2 - \dfrac{x}{12} = \dfrac{x}{6} - \dfrac{5}{4}$

5. $\dfrac{3x}{4} - \dfrac{1}{5} + 2x = \dfrac{5}{4} - \dfrac{3x}{20}$

6. $\dfrac{2}{3x} - \dfrac{5}{x} = \dfrac{7}{10} - \dfrac{3}{2x} + 1$

7. $\dfrac{x-4}{3} - 5 = 0$

8. $x - \dfrac{x+2}{12} = \dfrac{5x}{2}$

9. $x - \dfrac{5x-1}{3} = 4x - \dfrac{3}{5}$

10. $10x - \dfrac{8x-3}{4} = 2(x-3)$

11. $\dfrac{x-2}{3} - \dfrac{x-3}{4} = \dfrac{x-4}{5}$

12. $\dfrac{x-1}{2} - \dfrac{x-2}{3} - \dfrac{x-3}{4} = -\dfrac{x-5}{5}$

13. $x - (5x-1) - \dfrac{7-5x}{10} = 1$

14. $2x - \dfrac{5x-6}{4} + \dfrac{1}{3}(x-5) = -5x$

15. $\dfrac{3}{5} + \dfrac{3}{2x-1} = 0$

16. $\dfrac{2}{4x-1} = \dfrac{3}{4x+1}$

17. $\dfrac{5}{x^2-1} = \dfrac{1}{x-1}$

18. $\dfrac{3}{x+1} - \dfrac{1}{x^2-1} = 0$

19. $\dfrac{5x+8}{3x+4} = \dfrac{5x+2}{3x-4}$

20. $\dfrac{10x^2-5x+8}{5x^2+9x-19} = 2$

21. $\dfrac{1}{3x-3} + \dfrac{1}{4x+4} = \dfrac{1}{12x-12}$

SABER >>> › Ecuaciones literales de primer grado con una incógnita

Las ecuaciones literales son aquellas en las que uno o todos los coeficientes de las incógnitas o de las cantidades conocidas que aparecen en la ecuación están representados por literales, que por lo común suelen ser las letras a, b, c, d, m o n.

Las ecuaciones literales de primer grado con una incógnita se resuelven aplicando las mismas reglas que para las ecuaciones numéricas.

HACER › Resolución de ecuaciones literales de primer grado con una incógnita

Veamos algunos ejemplos para la resolución de ecuaciones literales.

1. Resolvamos la siguiente ecuación $a(x + a) - x = a(a + 1) + 1$.

   Efectuamos las operaciones indicadas y quitamos paréntesis: $\quad ax + a^2 - x = a^2 + a + 1$

   Trasponemos: $\quad ax - x = a^2 + a + 1 - a^2$

   Reducimos los términos semejantes: $\quad ax - x = a + 1$

   Expresamos el miembro de la izquierda como: $\quad x(a - 1) = a + 1$

   Despejamos x: $\quad x = \dfrac{a + 1}{a - 1}$ **R.**

2. Resolvamos la ecuación $\dfrac{x}{2m} - \dfrac{3 - 3mx}{m^2} - \dfrac{2x}{m} = 0$

   Para suprimir los denominadores, multiplicamos cada una de las fracciones por el mcm de los denominadores, que es $2m^2$: $\quad mx - 2(3 - 3mx) - 2m(2x) = 0$

   Efectuamos las operaciones indicadas y quitamos paréntesis: $\quad mx - 6 + 6mx - 4mx = 0$

   Trasponemos: $\quad mx + 6mx - 4mx = 6$

   Reducimos los términos semejantes: $\quad 3mx = 6$

   Despejamos x: $\quad x = \dfrac{2}{m}$ **R.**

SABER HACER ⊗→TU CUENTA

Resuelve las ecuaciones. Anota tus respuestas.

Ecuación	Respuesta
1. $a(x + 1) = 1$	
2. $ax - 4 = bx - 2$	
3. $ax + b^2 = a^2 - bx$	
4. $3(2a - x) + ax = a^2 + 9$	
5. $a(x + b) + x(b - a) = 2b(2a - x)$	
6. $\dfrac{m}{x} - \dfrac{1}{m} = \dfrac{2}{m}$	
7. $\dfrac{a}{x} + \dfrac{b}{2} = \dfrac{4a}{x}$	
8. $\dfrac{2}{2a} - \dfrac{1 - x}{a^2} = \dfrac{1}{2a}$	
9. $\dfrac{m}{x} + \dfrac{n}{m} = \dfrac{n}{x} + 1$	
10. $\dfrac{a - 1}{a} + \dfrac{1}{2} = \dfrac{3a - 2}{x}$	
11. $\dfrac{a - x}{a} - \dfrac{b - x}{b} = \dfrac{2(a - b)}{ab}$	

HACER > Problemas que pueden resolverse con ecuaciones enteras de primer grado con una incógnita

Veamos cómo modelar algebraicamente algunos problemas y resolvámoslos por medio de ecuaciones enteras de primer grado con una incógnita.

Ejemplos

1. La suma de las edades de A y B es 84 años, y B tiene ocho años menos que A. Hallemos ambas edades.

Sea x la edad de A.

Como B tiene ocho años menos que A, la edad de B se expresa como $x - 8$.

La suma de ambas edades es 84 años; por tanto, la ecuación con la que puede modelarse la situación es:

$$x + x - 8 = 84$$

Resolvamos la ecuación $x + x - 8 = 84$.

Agrupamos y trasponemos: $\qquad 2x = 92$

Despejamos x: $\qquad x = \dfrac{92}{2} = 46$ años, que es la edad de A.

La edad de B es: $\qquad x - 8 = 46 - 8 = 38$ años $\qquad$ **R.**

Verificar la respuesta de un problema consiste en comprobar que los resultados obtenidos satisfagan las condiciones planteadas. Ahora, sabemos que la edad de B es 38 años y la de A, 46 años. Atendiendo las condiciones dadas en el problema: *i)* se cumple que B tiene ocho años menos que A, y *ii)* que ambas edades suman 84 (46 años + 38 años = 84 años).

2. La edad de A es el doble que la de B, y ambas edades suman 36 años. Hallemos las edades de A y de B.

Sea x la edad de B.

De acuerdo con las condiciones del problema, la edad de A es el doble que la de B, lo que puede expresarse como: $2x = $ edad de A.

Como la suma de ambas edades es 36 años, se tiene la ecuación: $\quad x + 2x = 36$

Agrupamos y despejamos x: $\qquad 3x = 36$

$$x = \dfrac{36}{3}$$

$$x = 12 \text{ años es la edad de B.}$$

$$2x = 24 \text{ años es la edad de A.} \qquad \textbf{R.}$$

3. El número 85 se divide en dos partes de manera que el triple de la parte menor equivale al doble de la mayor.

Sea x la parte menor y $85 - x$, la parte mayor.

El problema establece que el triple de la parte menor, $3x$, equivale al doble de la parte mayor, $2(85 - x)$. Esta situación puede modelarse algebraicamente con la ecuación $3x = 2(85 - x)$.

Resolvamos la ecuación $3x = 2(85 - x)$.

Realizamos las operaciones y agrupamos: $\qquad 3x + 2x = 170$

Reducimos los términos semejantes: $\qquad 5x = 170$

Despejamos x: $\qquad x = \dfrac{170}{5} = 34$ es la parte menor.

$$85 - x = 85 - 34 = 51 \text{ es la parte mayor.} \qquad \textbf{R.}$$

SABER HACER →TU CUENTA

Resuelve los siguientes problemas en tu cuaderno y anota aquí los resultados.

1. La suma de dos números es 106 y el mayor excede en ocho al menor. Halla los números.

2. La suma de dos números es 540 y su diferencia es 32. ¿Cuáles son esos números?

3. Entre A y B tienen $1 154. Si B tiene $506 menos que A, ¿cuánto tiene cada uno?

4. Divide el número 106 en dos partes tales que la mayor exceda a la menor en 24.

5. A tiene 14 años menos que B y ambas edades suman 56 años. ¿Qué edad tiene cada uno?

6. La edad de Pedro es el triple que la de Juan y ambas edades suman 40 años. Determina ambas edades.

7. El precio de un caballo junto con sus arreos fue de 600 dólares. Si el caballo costó cuatro veces más que los arreos, ¿cuánto costó el caballo y cuánto los arreos?

8. En un hotel de dos pisos hay 48 habitaciones. Si las habitaciones del segundo piso son la mitad de las del primero, ¿cuántas habitaciones hay en cada piso?

9. Se reparten $300 entre A, B y C, de modo que la parte de B sea doble que la de A y la de C el triple que la de A.

10. La suma de dos números es 100 y el doble del mayor equivale al triple del menor. Halla los números.

11. Las edades de un padre y su hijo suman 60 años. Si la edad del padre se disminuyera en 15 años se tendría el doble de la edad del hijo. Encuentra ambas edades.

12. Divide 1 080 en dos partes tales que la mayor disminuida en 132 equivalga a la menor aumentada en 100.

HACER   > Problemas que pueden resolverse con ecuaciones lineales fraccionarias

Veamos cómo se pueden modelar algebraicamente algunos problemas y cómo resolverlos con el uso de ecuaciones lineales fraccionarias.

1. La suma de la tercera y la cuarta partes de un número equivale al doble del número disminuido en 17. ¿Cuál es el número?

Sea x el número.

La tercera parte del número se representa algebraicamente como $\dfrac{x}{3}$ y la cuarta parte como $\dfrac{x}{4}$.

El doble del número disminuido en 17 se traduce como $2x - 17$.

De acuerdo con las condiciones del problema, podemos modelarlo con la ecuación:

$$\frac{x}{3} + \frac{x}{4} = 2x - 17$$

Resolvamos la ecuación $\dfrac{x}{3} + \dfrac{x}{4} = 2x - 17$.

Multiplicamos cada uno de los términos por el mcm de los denominadores (12):

$$12\left(\frac{x}{3}\right) + 12\left(\frac{x}{4}\right) = 12(2x) - 12(17) = 4x + 3x = 24x - 204$$

Trasponemos: $4x + 3x - 24x = -204$

Agrupamos términos semejantes: $-17x = -204$

Despejamos x: $x = -\dfrac{204}{-17} = $ 12 es el número buscado.   **R.**

2. La suma de dos números es 77. Si el mayor se divide entre el menor, el cociente es 2 y el residuo 8. Halla los números.

Sea x el número mayor; por tanto, $77 - x$ es el número menor.

Según las condiciones del problema, al dividir el número mayor entre el menor el cociente es 2 y el residuo 8. Si al dividendo (x) le restamos el residuo (8), entonces la división de $x - 8$ entre $77 - x$ es exacta y su cociente es 2. Por tanto, la ecuación con que puede modelarse algebraicamente este problema es:

$$\frac{x-8}{77-x} - 2$$

Resolvamos la ecuación $\dfrac{x-8}{77-x} - 2$.

Multiplicamos ambos miembros de la ecuación por $77 - x$: $x - 8 = 2(77 - x)$

Hacemos las operaciones indicadas: $x - 8 = 154 - 2x$

Trasponemos y simplificamos: $3x = 162$

Despejamos x: $x = \dfrac{162}{3} = $ 54 es el número mayor.

$77 - (54) = $ 23 es el número menor.   **R.**

3. Hace 10 años, la edad de A era $\dfrac{3}{5}$ de la edad que tendría dentro de 20 años. ¿Cuál es la edad actual de A?

Sea x la edad actual de A. Entonces, hace 10 años la edad de A era $x - 10$ y dentro de 20 años sería $x + 20$.

De acuerdo con las condiciones del problema, la edad de A hace 10 años ($x - 10$) era $\dfrac{3}{5}$ de la edad que tendría dentro de 20 años; es decir, $\dfrac{3}{5}$ de $x + 20$. La ecuación que modela esta situación es:

$$x - 10 = \frac{3}{5}(x + 20)$$

Resolvamos la ecuación $x - 10 = \dfrac{3}{5}(x + 20)$.

Multiplicamos por 5 ambos miembros de la ecuación para eliminar el denominador:

$$5x - 50 = 3x + 60$$

Trasponemos y simplificamos: $2x = 110$

Despejamos x: $x = \dfrac{110}{2} = 55$ años es la edad actual de A.   **R.**

SABER HACER  →TU CUENTA

Resuelve los problemas.

1. Al disminuir un número en $\dfrac{3}{8}$ de su valor equivale al doble de dicho número disminuido en 11. ¿De qué número se trata?

2. Halla el número que, aumentado en $\dfrac{5}{6}$ de su valor, equivale al triple de dicho número disminuido en 14.

3. ¿Qué número hay que restarle a 22 para que la diferencia equivalga a la mitad de 22 aumentada en $\dfrac{6}{5}$ del número que se resta?

4. La diferencia entre $\dfrac{5}{4}$ de un número y $\dfrac{7}{8}$ del mismo número es 30. ¿Cuál es el número?

5. La suma de dos números es 59. Si el mayor se divide entre el menor, el cociente es 2 y el residuo 5. ¿Cuáles son los números?

6. La suma de dos números es 436. Si el mayor se divide entre el menor, el cociente es 2 y el residuo 73. ¿Cuáles son los números?

7. La diferencia entre dos números es 44. Si el mayor se divide entre el menor, el cociente es 3 y el residuo 2. ¿Cuáles son los números?

8. Un número excede a otro en 56. Si el mayor se divide entre el menor, el cociente es 3 y el residuo 8. Halla los números.

9. La edad de A es $\dfrac{1}{3}$ de la de B y hace 15 años la edad de A era $\dfrac{1}{6}$ de la de B. ¿Cuál es la edad actual de A y cuál la de B?

10. La edad de A es el triple de la de B y dentro de 20 años será el doble. Halla las edades actuales.

11. La edad de A hace 5 años era $\dfrac{9}{11}$ de la edad que tendrá dentro de 5 años. Encuentra la edad actual de A.

12. Hace 6 años la edad de A era la mitad de la edad que tendrá dentro de 24 años. ¿Cuál es su edad actual?

SABER >>> > Ecuaciones indeterminadas

Las ecuaciones indeterminadas son aquellas que tienen un conjunto infinito de soluciones. Este tipo de ecuaciones poseen más de una variable y al despejar una de las variables siempre queda en función de las otras.

Ecuaciones de primer grado con dos variables

Consideremos la ecuación $2x + 3y = 12$, que tiene dos variables. Al despejar y tenemos:

$$3y = 12 - 2x \Rightarrow y = \frac{12 - 2x}{3}$$

De este modo, para cada valor que se asigne a x se obtiene un valor de y. Por ejemplo:

$$\text{Si } x = 0, \quad y = 4 \qquad \text{Si } x = 2, \quad y = 2\frac{2}{3}$$

$$\text{Si } x = 1, \quad y = 3\frac{1}{3} \qquad \text{Si } x = 3, \quad y = 2$$

Y al sustituir estos pares de valores en la ecuación original, la convierten en una identidad. Al dar valores a x podemos obtener un número infinito de pares de valores que satisfacen la ecuación. Por tanto, entonces, se puede decir que toda ecuación de primer grado con dos variables es una ecuación indeterminada.

HACER > Resolución de una ecuación de primer grado con dos incógnitas. Soluciones enteras y positivas

Hemos visto que toda ecuación de primer grado con dos incógnitas es indeterminada y tiene un conjunto infinito de soluciones. Sin embargo, si fijamos la condición de que las soluciones sean enteras y positivas, el conjunto de soluciones puede ser limitado. Veamos el siguiente ejemplo:

Resolvamos $x + y = 4$, para valores enteros y positivos.

Al despejar y, tenemos: $y = 4 - x$

El valor de y depende del valor de x; además, x tiene que ser un número entero y positivo según la condición fijada. Para que y sea entera y positiva, el mayor valor que podemos dar a x es 3, porque si $x = 4$, entonces $y = 4 - x = 4 - 4 = 0$, y si x es 5 ya se tendría $y = 4 - 5 = -1$. Por tanto, el conjunto de soluciones enteras y positivas de la ecuación son:

$$x = 1 \qquad y = 3$$
$$x = 2 \qquad y = 2$$
$$x = 3 \qquad y = 1 \qquad \textbf{R.}$$

Problemas que pueden resolverse con ecuaciones indeterminadas

Ejemplo

Se tienen $64 para comprar lápices de $3 cada uno y bolígrafos de $5 cada uno. ¿Cuántos lápices y bolígrafos se pueden comprar?

Sea x el número de lápices y y el número de bolígrafos.

Como cada lápiz cuesta $3, x lápices costarán $3x$, análogamente, y bolígrafos costarán $5y$. La ecuación indeterminada que modela el gasto en lápices y bolígrafos es: $3x + 5y = 64$

Al resolver la ecuación $3x + 5y = 64$ para valores enteros y positivos, se obtiene el siguiente conjunto de soluciones:

$$\text{Si } x = 18, y = 2 \qquad \text{Si } x = 8, y = 8$$
$$\text{Si } x = 13, y = 5 \qquad \text{Si } x = 3, y = 11$$

Entonces, con $64 se pueden comprar 18 lápices y 2 bolígrafos, 13 lápices y 5 bolígrafos, 8 lápices y 8 bolígrafos, o bien 3 lápices y 11 bolígrafos.   **R.**

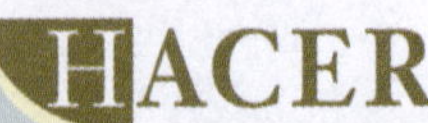 HACER › Representación gráfica de una ecuación lineal

Las ecuaciones de primer grado con dos variables se llaman ecuaciones lineales porque representan rectas.

Ejemplo

Si en $2x - 3y = 0$ despejamos y, tenemos:

$$-3y = -2x, \text{ o sea, } 3y = 2x \Rightarrow y = \frac{2}{3}x \qquad \textbf{R.}$$

En este caso, es una función de primer grado de x sin término independiente. Las funciones de primer grado sin término independiente representan rectas que pasan por el origen.

Si en $4x - 5y = 10$ despejamos y, tenemos:

$$-5y = 10 - 4x, \text{ o sea, } -5y = -4x + 10 \Rightarrow y = \frac{4}{5}x - 2 \qquad \textbf{R.}$$

En este caso, es una función de primer grado de x con término independiente. Las funciones de primer grado con término independiente representan rectas que no pasan por el origen. Por tanto, puede concluirse que:

1. Las ecuaciones de primer grado con dos variables representan rectas.

2. Si la ecuación no tiene término independiente, la recta pasa por el origen.

3. Si la ecuación tiene término independiente, la recta no pasa por el origen.

Representemos gráficamente la ecuación $5x - 3y = 0$.

Como la ecuación no tiene término independiente, el origen es un punto de la recta. Basta con hallar otro punto cualquiera y unirlo con el origen.

Al despejar y, tenemos:

$$-3y = -5x, \text{ o sea } 3y = 5x \Rightarrow y = \frac{5}{3}x \qquad \textbf{R.}$$

Para hallar el valor de y asignamos un valor a x; por ejemplo, si $x = 3, y = 5$.

Los puntos con coordenadas $(3, 5)$ y $(0, 0)$ determinan la recta $5x - 3y = 0$.

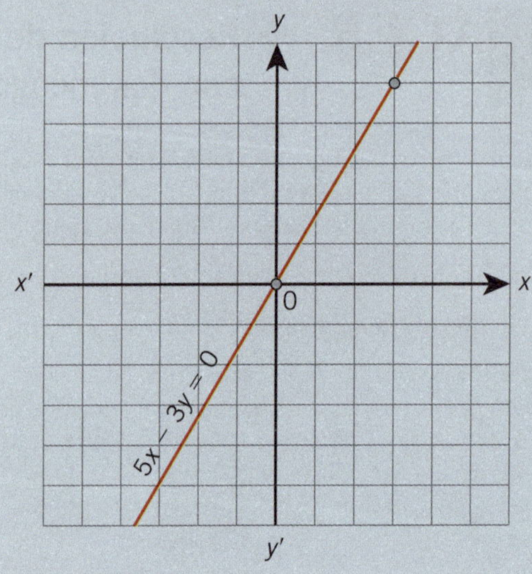

SABER HACER ⊗→TU CUENTA

Resuelve en tu cuaderno las ecuaciones para valores de x enteros y positivos. Anota tus resultados en el espacio en blanco.

1. $x + y = 5$	
2. $2x + 2y = 37$	
3. $3x + 5y = 43$	
4. $x + 3y = 9$	
5. $7x + 8y = 115$	

Resuelve en tu cuaderno los problemas. Anota tus respuestas en el espacio en blanco.

1. Halla las combinaciones posibles de monedas de $2 y $5 con las que se puede tener $42.

2. Determina las combinaciones posibles de monedas de $5 y $10 con las que se puede pagar $45.

3. Halla todos los pares de números enteros y positivos tales que, si uno se multiplica por 5 y el otro por 3, la suma de sus productos sea 62.

Representa gráficamente.

1. $x + y = 0$

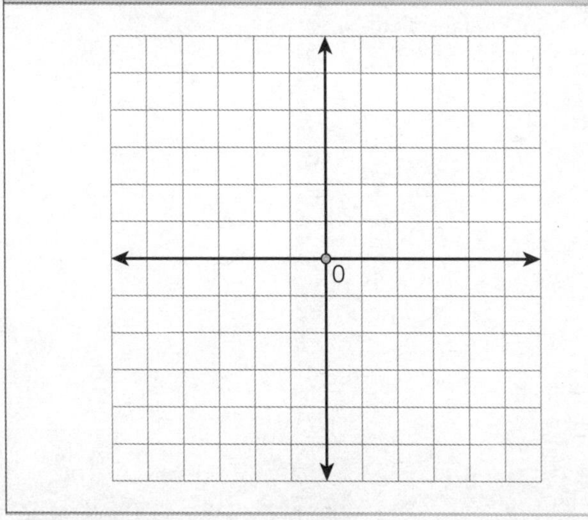

3. $x - 1 = 0$

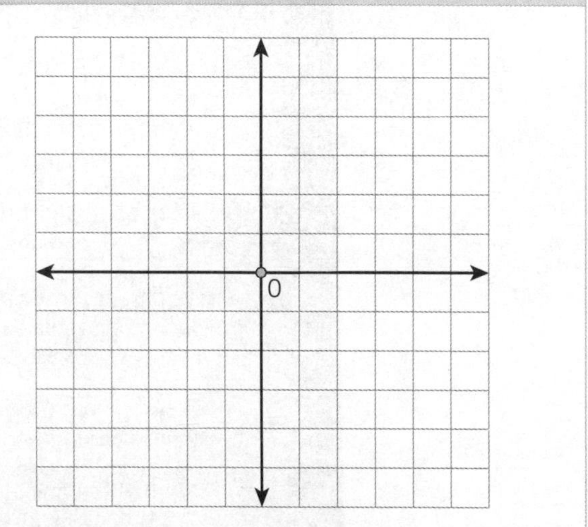

2. $x + y = 5$

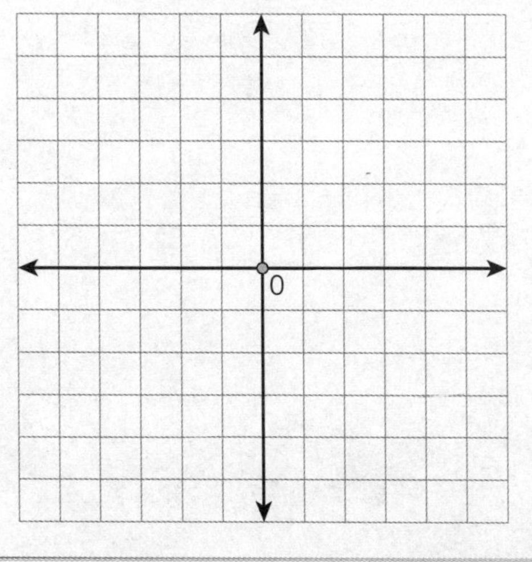

4. $x + 5 = 0$

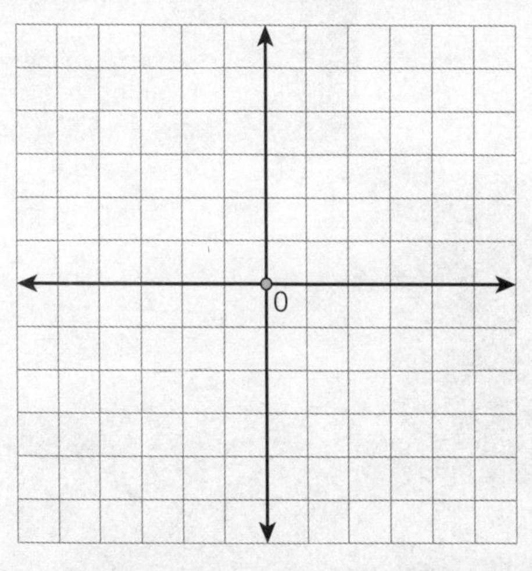

CONEXIONES

Aplicaciones de las ecuaciones lineales

Diofanto de Alejandría (325-409)

Famoso matemático griego perteneciente a la Escuela de Alejandría. Hasta hace poco, se le consideraba fundador del álgebra; pero, hoy se sabe que los babilonios y los caldeos ya conocían los problemas que abordó Diofanto. Sin embargo, fue el primero en enunciar una teoría clara sobre las ecuaciones de primer grado y en desarrollar la fórmula para la resolución de las ecuaciones de segundo grado. Sus obras influyeron de manera importante en el trabajo del matemático francés François Viète.

Todo lo que se conoce de la vida de Diofanto se ha tomado de su epitafio, redactado en forma de ejercicio matemático. Enseguida puedes verlo. Léelo con cuidado y escribe en lenguaje algebraico lo que se describe en lenguaje común.

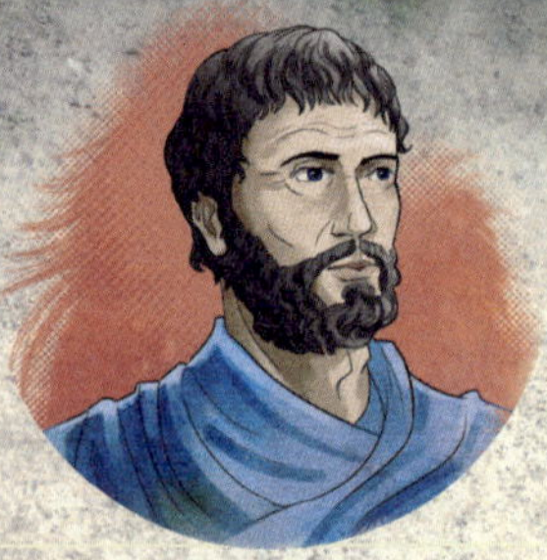

En lenguaje común	En lenguaje algebraico
¡Caminante! Aquí fueron sepultados los restos de Diofanto. Y los números pueden mostrar, ¡oh milagro!, qué tan larga fue su vida.	
Cuya sexta parte constituyó su hermosa infancia.	
Había transcurrido además una duodécima parte de su vida, cuando el vello le cubrió la barbilla.	
Y la séptima parte de su existencia transcurrió en un matrimonio estéril.	
Pasó un quinquenio más y lo hizo dichoso el nacimiento de su precioso primogénito.	
Que entregó su cuerpo, su hermosa existencia, a la tierra, que duró tan sólo la mitad de la de su padre.	
Y en profunda pena, descendió a la sepultura habiendo sobrevivido cuatro años al deceso de su hijo.	

¿Cuántos años vivió Diofanto?

____

René Descartes (1596–1650). Filósofo, científico y matemático francés. Es considerado uno de los fundadores del pensamiento moderno. En las matemáticas, su principal aportación fue la sistematización de la geometría analítica. También contribuyó a la elaboración de la teoría de las ecuaciones y fue el primero en utilizar la notación de los exponentes para indicar potencias de números. Además, formuló la regla de los signos que permite encontrar el número de raíces negativas y positivas de un polinomio.

Distancia (km)	100	200	300	10	50	1 000	45
Gasolina consumida (ℓ)	6						

$$x\,\frac{6}{10}\,\ell/km$$

Las funciones lineales son el tipo de funciones que encontramos con mayor frecuencia en la vida cotidiana. Esto se debe a que permiten representar fácilmente situaciones de proporcionalidad entre dos cantidades. Por ejemplo, el consumo de gasolina de un automóvil en función de la distancia recorrida.

Supongamos que un coche consume 6 ℓ de gasolina por cada 100 km que recorre. Una tabla y una gráfica nos permite visualizar con facilidad esta relación.

Si durante el recorrido no existe variación en la velocidad del automóvil, el consumo será constante, por tanto, los datos de la tabla y los puntos localizados en la gráfica, serán fieles representaciones de la relación entre las variables implicadas en esta situación.

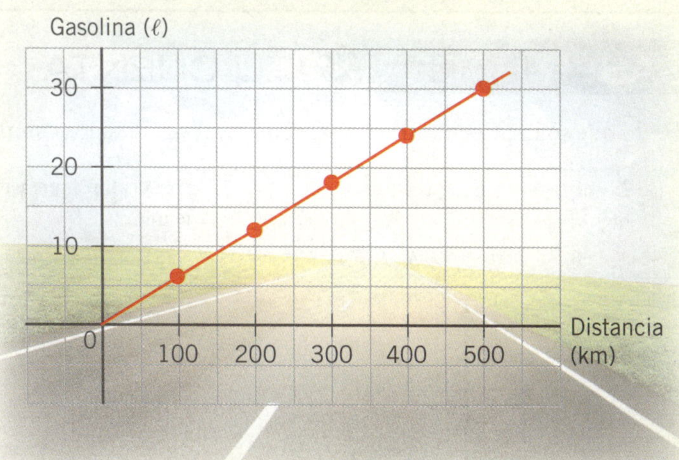

SABER >>> > Sistema rectangular de coordenadas cartesianas

Un sistema de ejes coordenados rectangulares está constituido por dos líneas perpendiculares que se cortan.

La línea horizontal que pasa por el punto O se llama eje de las x o de las abscisas; la línea vertical, eje de las y o de las ordenadas, y el punto O recibe el nombre de origen de coordenadas.

Los ejes dividen el plano en cuatro partes que llamamos cuadrantes, denotados como cuadrante I, II, III y IV.

Cualquier distancia medida sobre el eje de las x a partir de O, es positiva hacia la derecha y negativa hacia la izquierda. De igual manera, cualquier distancia medida sobre el eje de las y a partir de O, hacia arriba es positiva y negativa hacia abajo.

Las coordenadas de cualquier punto en el plano tienen dos componentes: la abscisa y la ordenada; la abscisa es la distancia medida sobre el eje horizontal, a partir de O, y la ordenada, es la distancia medida sobre el eje vertical, también a partir de O.

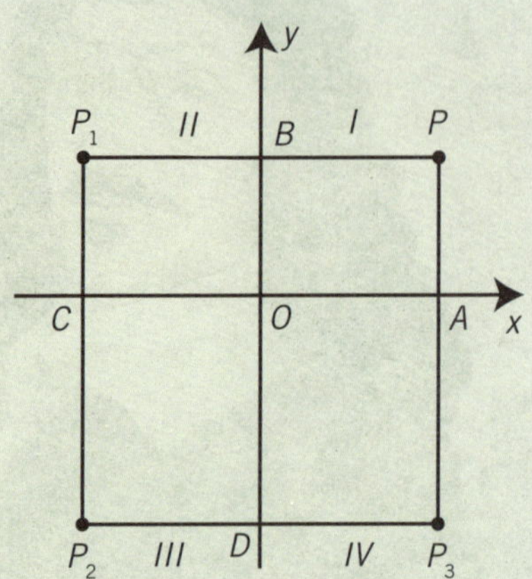

HACER > Regla para determinar las coordenadas cartesianas

Determinemos un punto en el plano a partir de sus coordenadas.

Ejemplos

1. Localicemos el punto $(-3, 4)$ en el plano.

   Como la abscisa -3 es negativa, consideramos tres unidades sobre el eje horizontal a partir de 0, hacia su izquierda; como la ordenada 4 es positiva, a esa altura, levantamos una perpendicular al eje x y sobre ella consideramos hacia arriba cuatro veces la unidad elegida. Así, las coordenadas $(-3, 4)$ corresponden al punto P_1 en el segundo cuadrante de nuestro plano.

2. Localicemos el punto $(-2, -4)$ en el plano.

   Como la abscisa -2 es negativa, consideramos dos unidades sobre el eje horizontal a partir de 0, hacia su izquierda; como la ordenada -4 también es negativa, a esa altura, trazamos una perpendicular al eje x y sobre ella consideramos hacia abajo cuatro veces la unidad elegida. Así, las coordenadas $(-2, -4)$ corresponden al punto P_2 en el tercer cuadrante de nuestro plano.

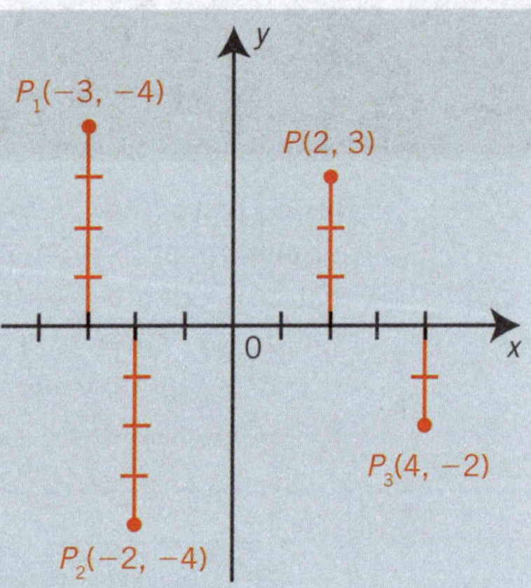

SABER HACER ⊗→TU CUENTA

Haz lo que se indica en cada caso. Comparte tus resultados con tus compañeros.

1. Localiza los siguientes puntos en el plano.	2. Traza la línea que pasa por cada pareja de puntos.	3. Dibuja el triángulo que tiene vértices en estos puntos.
$(1, 2)$; $(-1, 2)$; $(-2, -1)$; $(2, -3)$	$(-2, 1)$ y $(-4, 4)$; $(2, -4)$ y $(5, -2)$	$(0, -5)$, $(-4, 3)$ y $(4, 3)$

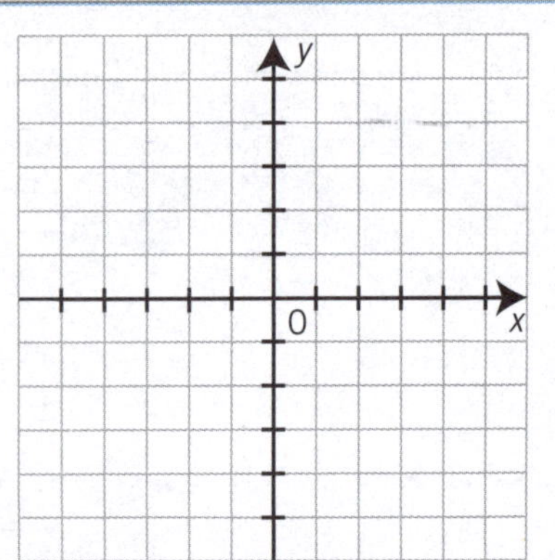

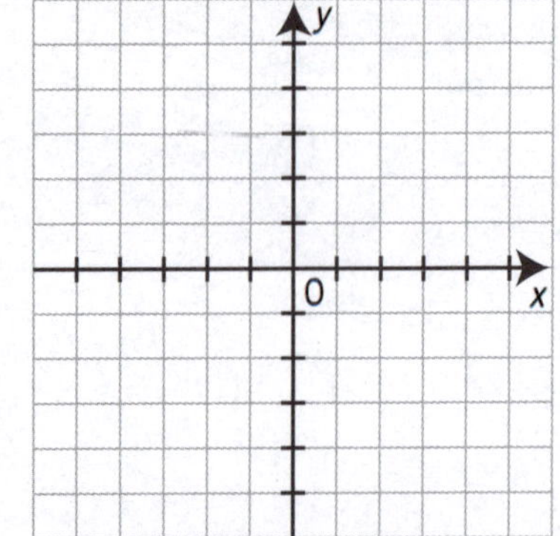

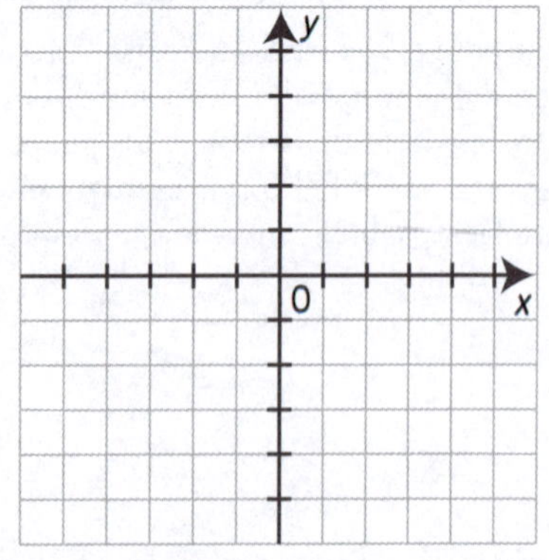

SABER >>> › Función algebraica

Una función algebraica es una regla de correspondencia que relaciona dos variables, de modo que los valores que adopta una dependen de los que tenga la otra.

La definición moderna de función se le atribuye al matemático alemán Johann Peter Gustav Lejeune Dirichlet: "Se dice que y es función de x cuando a cada valor de la variable x corresponde un valor único de la variable y".

De esta definición podemos decir que una función es un caso especial de relación, esto es cualquier conjunto de parejas ordenadas de números (x, y). Para expresar que y es función de x se usa la siguiente notación:

$$y = f(x)$$

Ley de dependencia

Siempre que los valores de una variable y dependen de los valores de otra variable x, se dice que y es función de x; es decir, la palabra *función* indica dependencia. De este modo, la relación que liga a las variables es llamada ley de dependencia entre las variables.

Funciones analíticas

Una función analítica es la expresión clara y precisa, mediante una fórmula o ecuación, de la relación que une dos variables. Una ecuación permite determinar el valor correspondiente de la función para cualquier valor de la variable independiente.

Ejemplos

1. El costo de una pieza de tela en función del número de metros de la pieza; esto es, si conocemos el costo de un metro de tela podemos calcular el costo de cualquier cantidad de metros de tela.

2. El tiempo empleado en concluir una obra en función del número de obreros; esto es, si conocemos el tiempo que cierta cantidad de obreros tarda en efectuar la obra podemos calcular el tiempo que tardaría cualquier otra cantidad de obreros en efectuarla.

Variación directa

Existe una variación directa entre dos variables cuando una de ellas varía directamente en función de la otra o cuando una es directamente proporcional a la otra; por ejemplo, si tenemos dos variables A y B, al multiplicar o dividir A por cierta cantidad B, queda multiplicada o dividida por la misma cantidad.

Ecuación de una función

Para expresar la relación que liga a la variable dependiente con la variable independiente en una función, se usan fórmulas o ecuaciones. Esto es, una ecuación es la expresión analítica de la función que relaciona y con x.

Ejemplos: $y = 2x + 1$, $y = 2x^2$, $y = x^3 + 2x - 1$. Se dice que éstas son funciones de la variable x porque a cada valor de x corresponde un valor determinado de la función.

Para la función $y = 2x + 1$, veamos qué valores adquiere la variable dependiente y, de acuerdo con la variable independiente x.

$$\text{Cuando:} \quad x = 0 \qquad y = 2(0) + 1 = 1$$
$$x = 1 \qquad y = 2(1) + 1 = 3$$
$$x = 2 \qquad y = 2(2) + 1 = 5$$
$$x = -1 \qquad y = 2(-1) + 1 = -1$$
$$x = -2 \qquad y = 2(+2) + 1 = -3, \text{ etcétera.}$$

Como observamos, a cada valor de y corresponde un solo valor de x.

HACER  › **Regla para determinar la ecuación de una función**

Analicemos algunas situaciones y determinemos la ecuación que relaciona las variables en esas funciones.

Ejemplos

1. Determinemos la ecuación de la función costo. Una pieza de tela que mide 10 m cuesta \$30; su costo es proporcional a su medida.

   Usemos el término x para representar la cantidad de metros, que es la variable independiente, y el término y para representar el costo, que es la variable dependiente; así:

   $$y = kx$$

   La constante k es un factor de proporcionalidad que sirve para relacionar las variables. Para determinar su valor sustituimos los datos conocidos en la ecuación dada: $y = 30$, $x = 10$.

   Así, $\qquad\qquad (30) = k(10) = 3(10) \therefore k = 3$

   Al sustituir el valor de k en la ecuación dada, obtenemos su versión final:

   $$y = 3x \qquad \textbf{R.}$$

2. Determinemos otra ecuación. En una función, para cada valor de la variable dependiente corresponde el triple del valor de la variable independiente aumentado en 5.

   Nombramos y a la función y x a la variable independiente, así tenemos:

   $$y = 3x + 5 \qquad \textbf{R.}$$

SABER HACER ⊗→TU CUENTA

Determina la ecuación correspondiente para cada situación y resuélvela.

1. La variable A es proporcional a B. En este caso, $A = 10$ cuando $B = 5$.	
2. El espacio e que recorre un objeto con movimiento uniforme es proporcional al producto de la velocidad v por el tiempo t.	
3. El área A de un rombo es proporcional a la mitad del producto de sus diagonales, D y D'. Cuando $D = 8$ cm y $D' = 6$ cm, el área mide 24 cm^2.	
4. Se sabe que A es proporcional a B e inversamente proporcional a C. Considera que $k = 3$.	
5. La longitud C de una circunferencia es proporcional al radio. Cuando $r = 21$ cm, $C = 132$ cm.	
6. El espacio e recorrido por un cuerpo que cae desde cierta altura es proporcional al cuadrado del tiempo t que tarda en caer. Considera que un cuerpo tardó 2 s en llegar al suelo al caer desde 19.6 m de altura.	
7. La fuerza centrífuga F es proporcional al producto de la masa m por el cuadrado de la velocidad v de un cuerpo, si el radio r del círculo que describe es constante; además, es inversamente proporcional al radio, si la masa y la velocidad son constantes.	
8. Para cada valor de la variable dependiente y corresponde el doble del valor de la variable independiente x aumentado en 3.	

SABER　　>>> > Función lineal

Una función lineal o de primer grado es aquella que se expresa con un polinomio de grado 1 y su forma característica es $y = mx + b$. Tomemos en cuenta las siguientes consideraciones.

1. Toda función de primer grado representa una línea recta. Su fórmula se conoce como ecuación lineal.

2. Si la función carece de término independiente, tiene la forma $y = mx$, donde m es constante. Representa una línea recta que pasa por el origen.

3. Si la función tiene término independiente, tiene la forma $y = mx + b$, donde m y b son constantes. Representa una línea recta que no pasa por el origen y su intersección con el eje de las y está determinada por el término b.

HACER　　> Representación gráfica de una función lineal

Representemos algunas funciones lineales en el plano.

Ejemplos

1. Representemos gráficamente la función $y = 2x$.

   Asignamos valores a x y obtenemos los correspondientes para y:

   Para $x = 0$　　　　$y = 0$

   $x = 1$　　　　$y = 2$

   $x = 2$　　　　$y = 4$

   $x = 3$　　　　$y = 6$, etcétera.

   Para $x = -1$　　　　$y = -2$

   $x = -2$　　　　$y = -4$

   $x = -3$　　　　$y = -6$, etcétera.

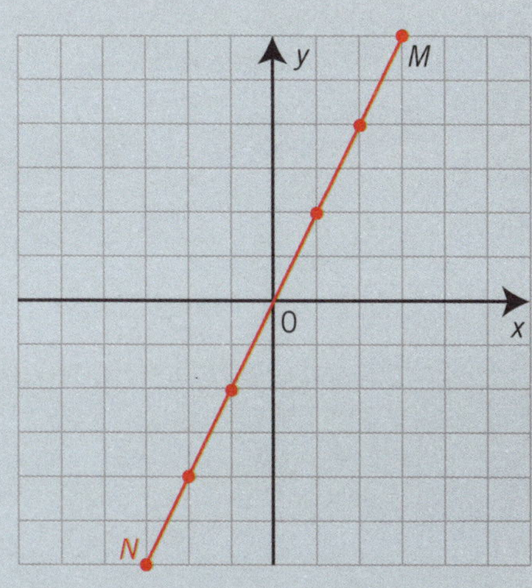

Por tanto, la recta MN representa la función $y = 2x$. Pasa por el origen porque no tiene término independiente.

2. Representemos gráficamente la función $y = x - 2$.

   Llenamos una tabla con los valores para x y los correspondientes para y:

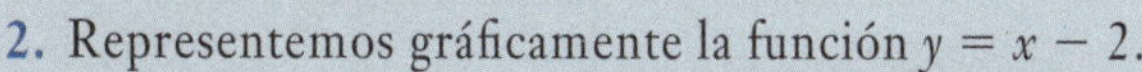

x	-3	-2	-1	0	1	2	3	...
y	-1	0	1	2	3	4	5	...

Por tanto, la recta MN es la gráfica que representa la función $y = x + 2$. No pasa por el origen.

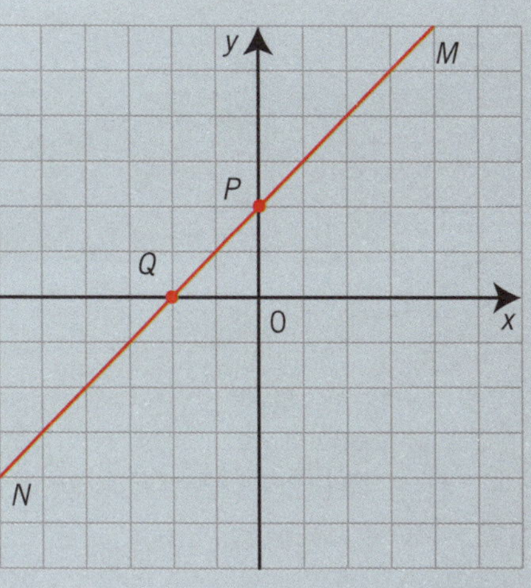

Observamos que la recta corta al eje y en el punto P, cuando $x = 0$, y al eje x en el punto Q, cuando $y = 0$. Las distancias OP y OQ se llaman ordenada al origen y abscisa al origen, respectivamente. Además, $OP = 2$; este valor está determinado por el término independiente de la función.

SABER HACER ⊗→TU CUENTA

Representa gráficamente las funciones.

1. $y = x$

x	-3	-2	-1	0	1	2	3
y							

2. $y = -2x$

x	-3	-2	-1	0	1	2	3
y							

3. $y = x + 2$

x	-3	-2	-1	0	1	2	3
y							

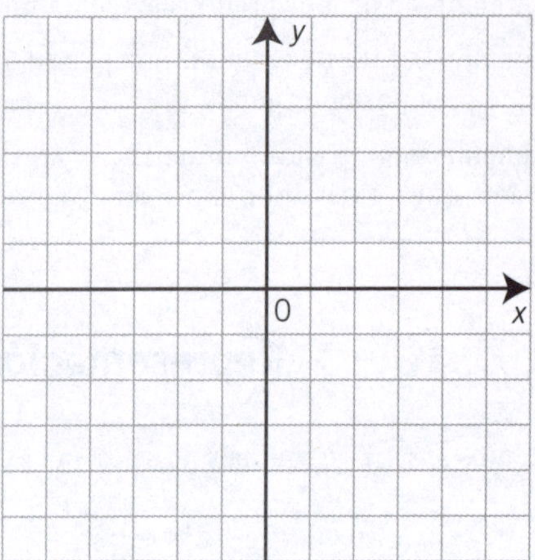

4. $y = x + 4$

x	-3	-2	-1	0	1	2	3
y							

5. $y = 3x + 3$

x	-3	-2	-1	0	1	2	3
y							

6. $y = -2x - 4$

x	-3	-2	-1	0	1	2	3
y							

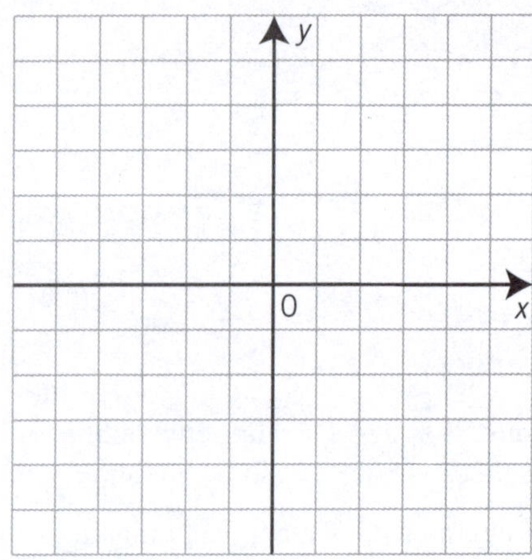

7. $y = 8 - 3x$

x	-3	-2	-1	0	1	2	3
y							

8. $y = \dfrac{5x}{4}$

x	-3	-2	-1	0	1	2	3
y							

9. $y = \dfrac{x + 6}{2}$

x	-3	-2	-1	0	1	2	3
y							

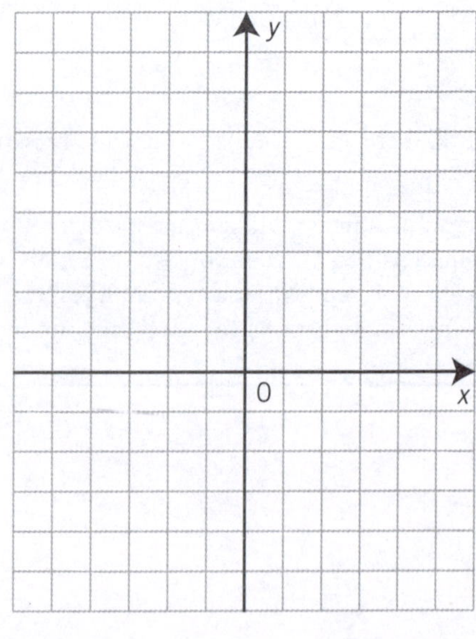

SABER >>> > Dos puntos determinan una recta

Para trazar la gráfica de una función lineal basta obtener dos puntos cualesquiera que pertenezcan a la misma y unirlos con una línea recta.

Si la función carece de término independiente, como ésta pasa por el punto $(0, 0)$, sólo se requiere obtener un punto cualquiera y unirlo con el origen.

Si la función tiene término independiente, sólo es necesario encontrar sus intersecciones con los ejes haciendo $x = 0$ y $y = 0$, y unir los dos puntos.

HACER > Representación gráfica de una recta por medio de dos puntos

Encontremos la gráfica de una función determinando sólo dos de sus puntos.

Representemos gráficamente la función $2x - y = 5$.

Primero, despejamos la variable y:

$$y = 2x - 5$$

Sustituimos $x = 0$ y $y = 0$ en la función para hallar las intersecciones de la recta con los ejes:

Cuando $x = 0$ Cuando $y = 0$

$$y = 2(0) - 5 \qquad 0 = 2x - 5$$

$$y = -5 \qquad\qquad 5 = 2x$$

$$x = 2.5$$

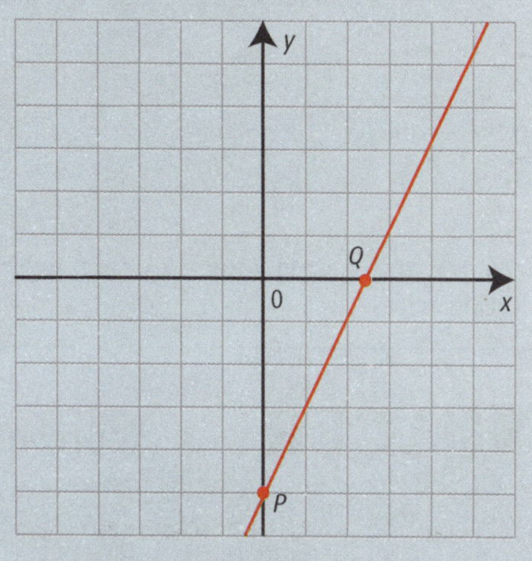

Trazamos en el plano los puntos $P(0, -5)$ y $Q(2.5, 0)$, que corresponden a las intersecciones de la recta con los ejes. Entonces, así vemos que la gráfica de $y = 2x - 5$ es la línea recta que pasa por esos puntos.

SABER HACER (X)→TU CUENTA

Completa las tablas y representa gráficamente las funciones.

Considera que y es la variable dependiente.

	Para $x = 0$	Para $y = 0$
1. $x + y = 0$		
2. $2x = 3y$		
3. $2x + y = 10$		
4. $3y = 4x + 5$		

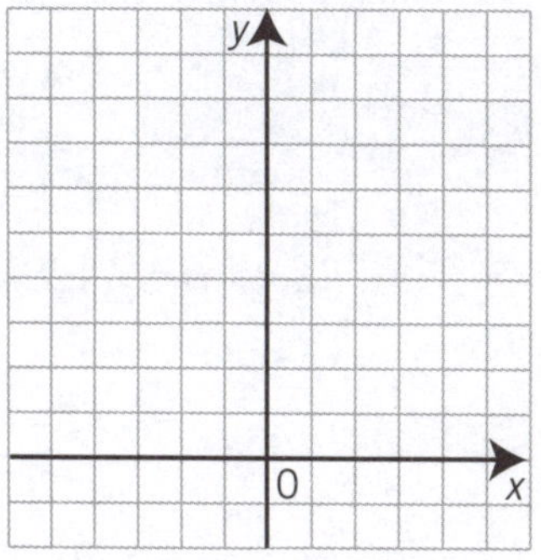

	Para $x = 0$	Para $y = 0$
5. $4x + y = 8$		
6. $y + 5 = x$		
7. $5x - y = 2$		
8. $2x + y = -1$		

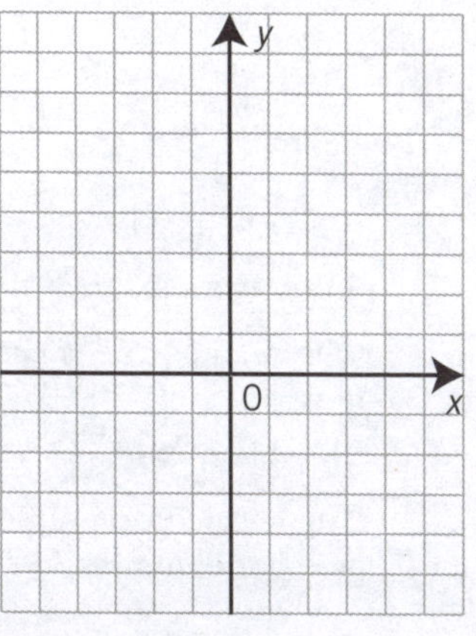

SABER >>> > Función implícita y función explícita

Existen funciones en las que la variable dependiente no está despejada en la ecuación, éstas se conocen con el nombre de funciones implícitas; por el contrario, cuando la variable dependiente sí está despejada, se dice que es una función explícita.

Para llevar una función implícita a su forma explícita basta con despejar la variable dependiente.

Ejemplos

1. Despejemos la variable y en la ecuación implícita $2x - 3y = 0$.

$$-3y = -2x$$
$$3y = 2x$$
$$y = \frac{2}{3}x$$

2. Despejemos la variable y en la ecuación implícita $-5y = 10 - 4x$.

$$5y = 4x - 10$$
$$y = \frac{4x - 10}{5}$$
$$y = \frac{4}{5}x - 2$$

Ahora, ambas ecuaciones ya tienen la forma de función explícita, lo que permitirá asignarles valores más fácilmente para graficarlas.

HACER > Representación gráfica de una función implícita

Tracemos la gráfica de funciones en las que es necesario despejar primero la variable dependiente.

Ejemplos

1. Grafiquemos $3x + 4y = 15$.

Despejamos y en la ecuación, así:

$$4y = 15 - 3x$$
$$y = \frac{15 - 3x}{4}$$

Encontramos las intersecciones con los ejes:

Cuando $x = 0$ Cuando $y = 0$

$$y = \frac{15 - 3(0)}{4} \qquad\qquad 0 = \frac{15 - 3x}{4}$$

$$y = \frac{15}{4} = 3\frac{3}{4} = 3.75 \qquad 3x = 15$$

$$x = 5 \qquad \textbf{R.}$$

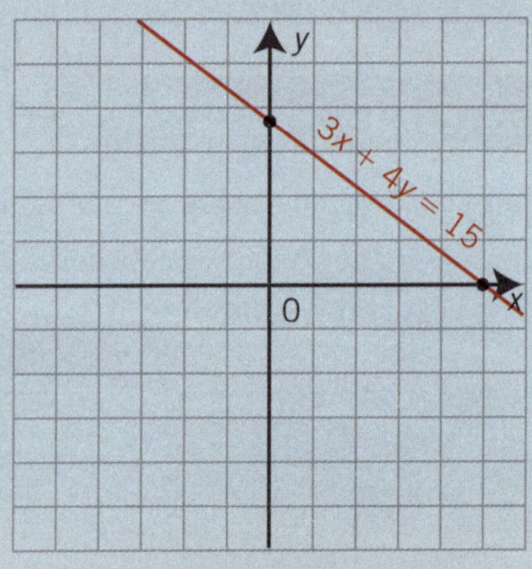

Localizamos en el plano los puntos $(5, 0)$ y $\left(0, 3\frac{3}{4}\right)$ y los unimos; la recta que resulta es la representación gráfica de la función $3x + 4y = 15$.

2. Grafiquemos $x - 3 = 0$.

Observamos que la ecuación no tiene términos en y; así que sólo despejamos x:

$$x = 3 \qquad \textbf{R.}$$

Esta ecuación representa todos los puntos de la recta paralela al eje y que pasa por el punto $(3, 0)$.

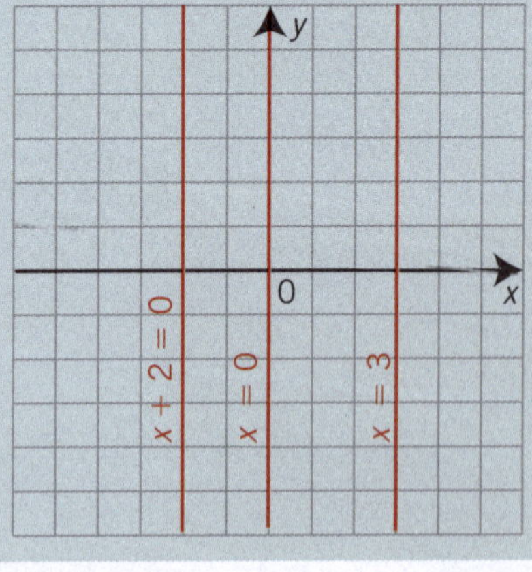

Extendamos un poco el ejemplo. Para la función $x + 2 = 0$, tenemos que $x = -2$; por tanto, su representación gráfica es la recta paralela al eje y que pasa por el punto $(-2, 0)$.

Un caso más es la ecuación $x = 0$, cuya representación gráfica es una recta trazada sobre el eje y, es decir, que pase por el punto $(0, 0)$.

Por último, trazamos en el plano las rectas encontradas.

SABER HACER 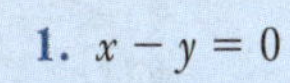→TU CUENTA

Despeja la variable indicada en cada caso, completa las tablas y traza la recta correspondiente.

1. Variable y.

1. $x - y = 0$	
2. $x + y = 5$	
3. $x - 1 = 0$	
4. $y + 5 = 0$	

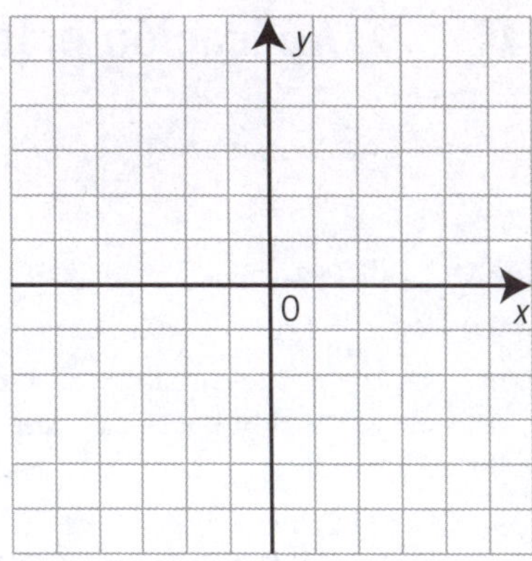

2. Variable y.

5. $2x + 3y = -20$	
6. $5x - 4y = 8$	
7. $2x + 5y = 30$	

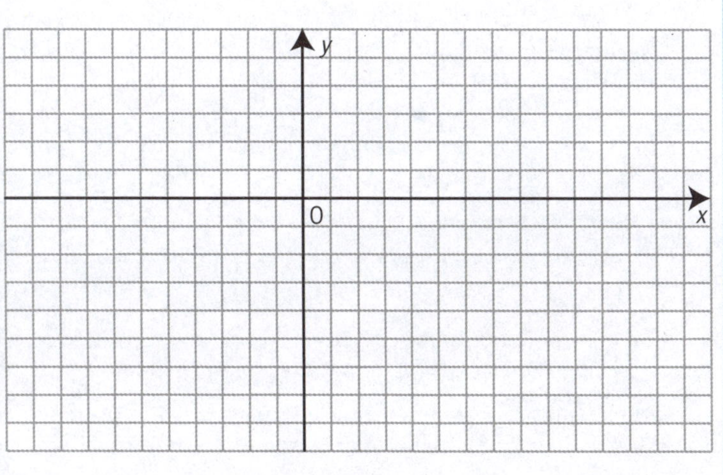

3. Variable y; si no existe, variable x.

8. $8x = 3y$	
9. $x - y = -4$	
10. $x - 6 = 0$	
11. $y - 7 = 0$	

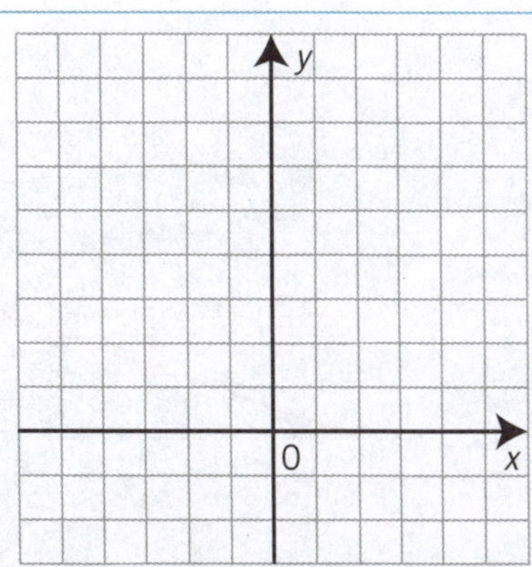

SABER >>> > Aplicación de las funciones lineales

Las funciones lineales tienen una gama muy amplia de aplicaciones en la industria, matemáticas, física, estadística, economía y comercio, entre otras disciplinas. Se usan en forma de algoritmo y en su representación gráfica.

Su uso se basa en la proporcionalidad que representan. Esto es, que una cantidad es proporcional a otra, cuando al ser multiplicada la primera por una constante se obtiene la segunda, proporcionalmente mayor.

Este tipo de variaciones se representan con una línea recta que pasa por el origen, que es la gráfica de una función lineal de la forma $y = mx$. Ejemplos son el salario proporcional al tiempo de trabajo, el costo proporcional al número de cosas u objetos comprados, el espacio proporcional al tiempo, si la velocidad es constante, etcétera.

HACER > Aplicación práctica de las funciones lineales

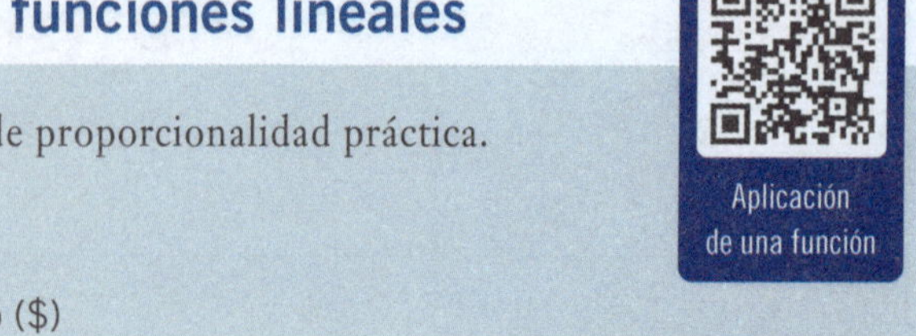

Grafiquemos funciones lineales para resolver algunas situaciones de proporcionalidad práctica.

Ejemplos

1. Un obrero gana $200 por hora. Grafiquemos su salario en función del tiempo.

   En el plano, graficamos el tiempo sobre el eje x y el salario sobre el eje y. En el punto A señalamos el salario de $200 en una hora, y como éste es proporcional al tiempo, la gráfica debe ser una recta que pase por el origen, así que unimos A con O. Esta recta es la gráfica de la función, por lo que nos permite conocer el monto del salario para cualquier cantidad de horas trabajadas.

   Al interpretar la gráfica, vemos que en dos horas, el salario es $400; en dos horas y cuarto, $450; en tres horas, $600, y en tres horas y tres cuartos, $750, lo que es representado por el punto M, etcétera.

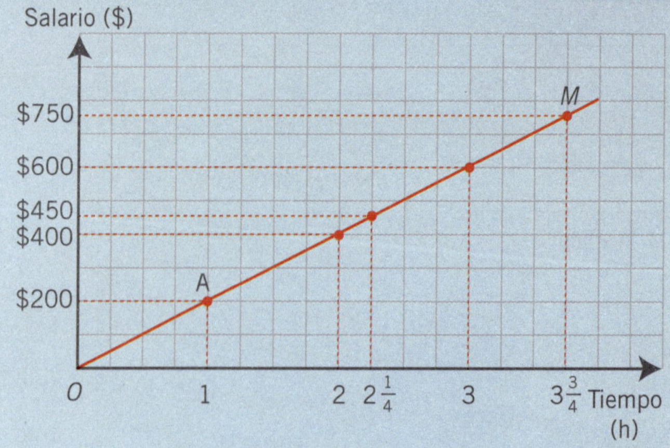

2. Un tren parte del punto O a las 7 a.m. y se desplaza a razón de 40 km/h.

   Grafiquemos la función para conocer la distancia recorrida en cualquier momento y la hora en que se encontrará a 140 km de O.

   En el plano, graficamos el tiempo sobre el eje x y la distancia sobre el eje y. Marcamos el punto A, correspondiente a una distancia de 40 km. Si unimos A con O, obtenemos la recta OM, que es la gráfica de la función.

   Al interpretar la gráfica, vemos que a las 8:20 a.m. el tren se encuentra a 53.3 km del punto de partida; a las 9:15, a 90 km; finalmente, vemos que el tren se encontrará a 140 km del punto de partida cuando sean las 10:30 a.m.

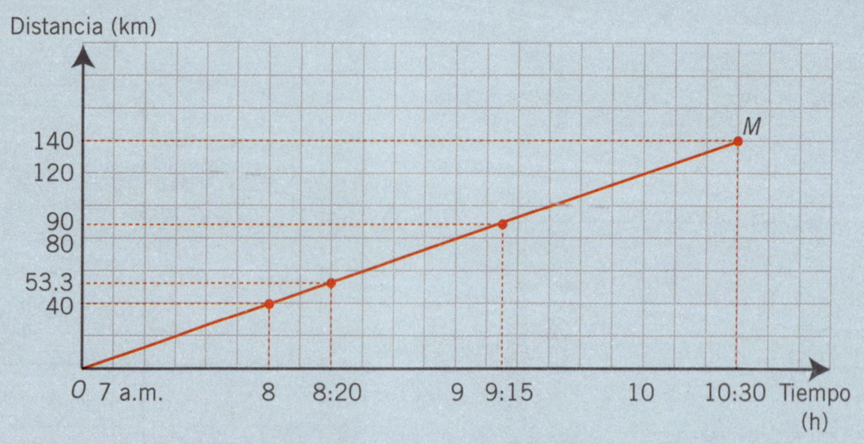

SABER HACER ⊗→TU CUENTA

Determina la función que permite resolver cada situación y traza su gráfica. En cada plano escribe las unidades de medida correspondientes.

1. Un trozo de tela que mide 3 m cuesta $40. ¿Cuál es el costo para cualquier cantidad de tela?

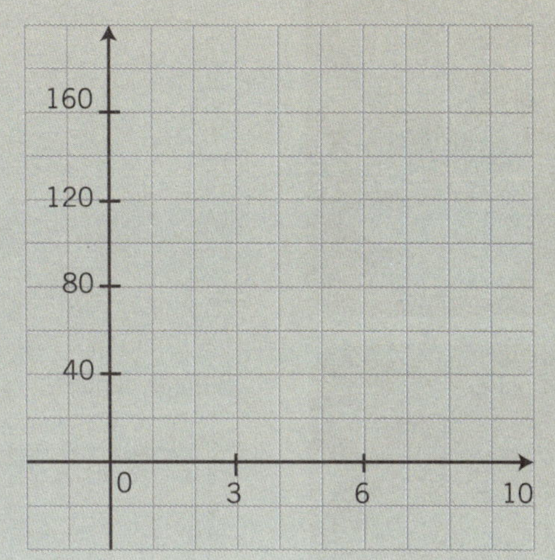

2. Un trozo de tela que mide 5 m cuesta $60. ¿Cuánto cuestan 8, 9 y 12 m? ¿Qué cantidad de tela se puede comprar con $200?

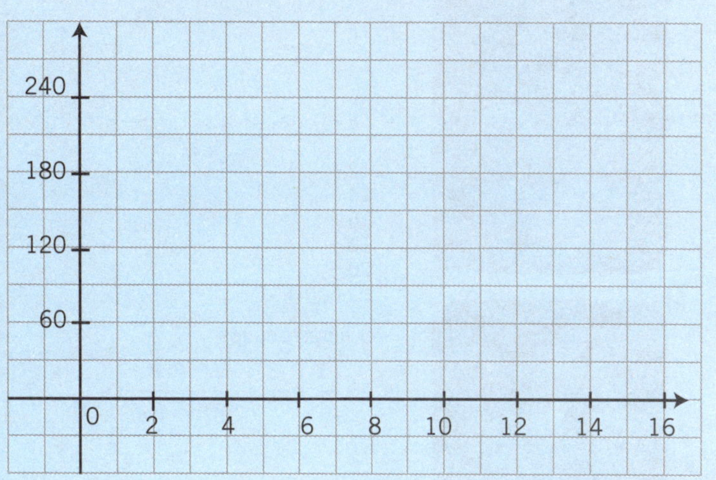

3. Un tren se desplaza a razón de 60 km/h. ¿Qué distancia recorrerá en 1 hora y 20 minutos, en 2 horas y cuarto, y en 3 horas y media?

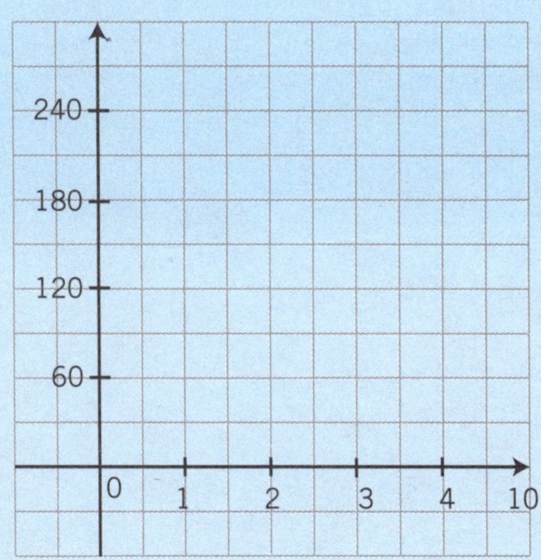

4. Un móvil se desplaza con movimiento uniforme a razón de 8 m/s durante 10 s. ¿Cuál será la distancia recorrida después de $5\frac{1}{4}$ s? ¿Y después de $7\frac{3}{4}$ s?

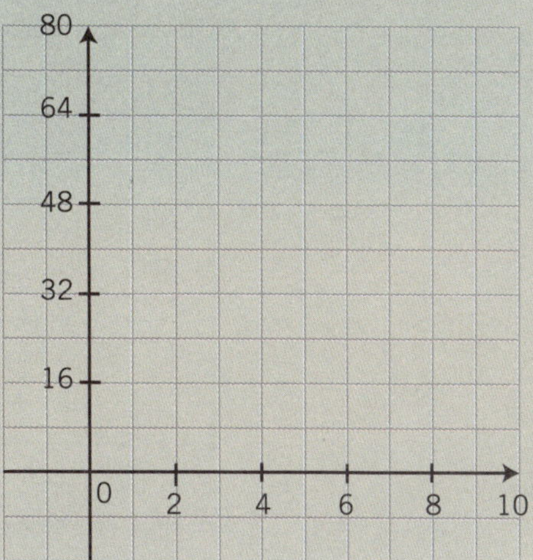

CONEXIONES   › **Aplicaciones de las funciones lineales**

a) Encuentra la función que modela el experimento que se describe a continuación. Una vela se consume en función del tiempo; de tal manera que en 3 h se ha consumido 6 cm. Analiza las siguientes gráficas para ayudarte.

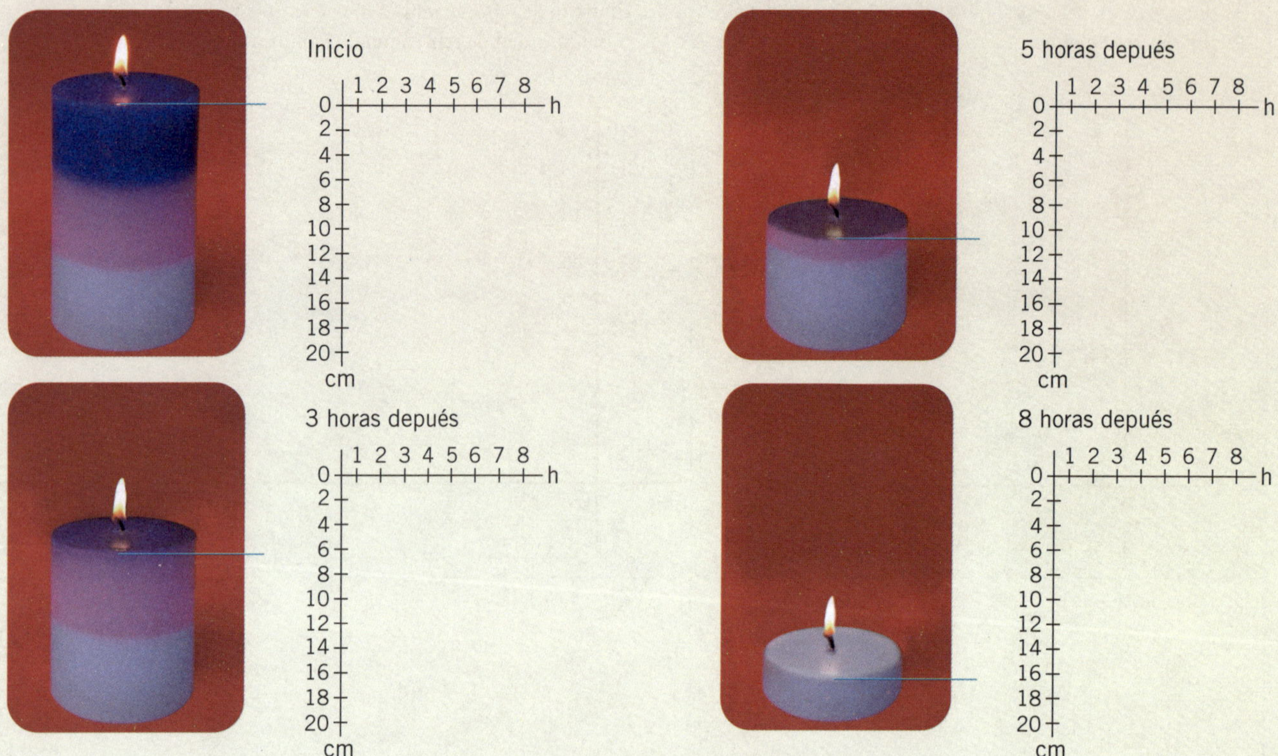

b) Traza la gráfica correspondiente a la función que plantea el experimento.

$$by - ay = b^2 - ab$$

Brook Taylor (1685–1731). Matemático inglés reconocido por plantear y desarrollar el cálculo de las diferencias finitas en su obra *Los métodos de incrementación directa e inversa*, en la que también expuso el célebre teorema de Taylor, cuya importancia fue fundamental para el desarrollo del cálculo. Asimismo, Taylor encontró una solución para el problema del centro de oscilación. Su obra también se caracteriza por tener importantes aportaciones a otras ciencias; en física, sus trabajos se usaron para determinar la forma del movimiento de una cuerda vibrante.

Los sistemas de ecuaciones son de gran utilidad en la vida cotidiana para modelar situaciones auténticas. Por ejemplo, una fábrica pequeña que tiene $1 200 de gastos fijos mensuales, más $20 por cada artículo que fabrica, vende sus productos a $32 cada uno.

La fórmula de la función del costo mensual de la fábrica es:

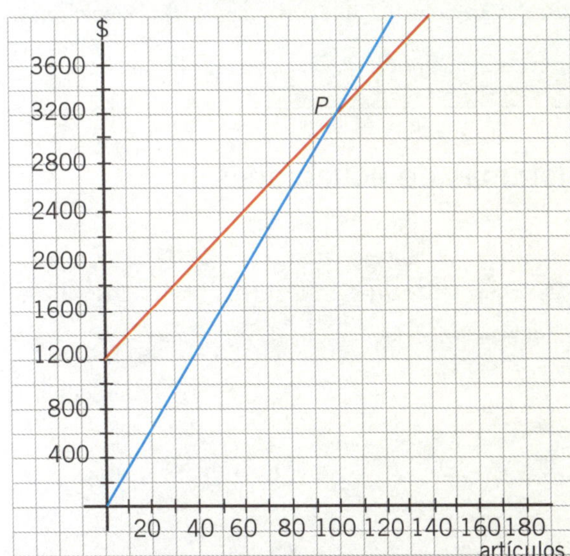

$$c = 1200 + 20x$$
$$i = 32x$$

El dueño de la fábrica sabe que si vende pocos artículos perderá dinero, pues sus gastos fijos superarán los ingresos. Si quiere saber cuántos artículos debe vender como mínimo para no incurrir en pérdidas, debe observar dónde se intersecan las dos rectas de la gráfica; esto es, en $x = 100$.

SABER >>> > Sistema de ecuaciones

Ecuaciones simultáneas

Un sistema de ecuaciones está formado por dos o más ecuaciones con dos o más incógnitas. En estos casos, se escribe un signo de llave para indicar cuáles son las ecuaciones del sistema y se les asigna un número a cada una, que se escribe entre paréntesis. Por ejemplo, en un sistema de ecuaciones 2×2 se tienen dos ecuaciones y dos incógnitas:

$$\begin{cases} 3x + 2y = 13 & (1) \\ x - 5y = -7 & (2) \end{cases}$$

La solución de un sistema de ecuaciones 2×2 es un par de números x_1 y y_1, tales que al sustituir x por x_1 y y por y_1 se satisfacen ambas ecuaciones a la vez. En el sistema anterior la solución es $x = 3$ y $y = 2$, ya que estos valores hacen válidas las dos ecuaciones de manera simultánea.

Dos ecuaciones son equivalentes si una de ellas se puede obtener a partir de la otra. Por ejemplo:

$$\begin{cases} x + 2y = 4 & (1) \\ 5x - 10y = 20 & (2) \end{cases}$$

Estas ecuaciones son equivalentes porque al dividir la ecuación (2) entre 5 se obtiene la ecuación (1).

Tipos de sistemas de ecuaciones

De acuerdo con el número de soluciones, los sistemas de ecuaciones se clasifican en incompatibles y compatibles.

- Incompatibles: no tienen solución; al resolver el sistema de ecuaciones se llega a una contradicción.

  Ejemplo

$$\begin{cases} 3x + 2y = 7 & (1) \\ 3x + 2y = 5 & (2) \end{cases}$$

  En este caso, si a la ecuación (1) le restamos la (2), tenemos que $0 = 2$, lo que evidentemente es una contradicción.

- Compatibles: tienen alguna solución. Éstos, a su vez, se subdividen en:
  ◇ Indeterminados: tienen un número finito de soluciones.

  Ejemplo

$$\begin{cases} 4x - 3y = -55 & (1) \\ -3x + 2y = 53 & (2) \end{cases}$$

  Al resolver este sistema encontramos que la única pareja de números que satisface ambas ecuaciones es $x = -7$ y $y = 9$.
  ◇ Indeterminado: tienen un conjunto infinito de soluciones.

$$\begin{cases} x + 2y = 4 & (1) \\ 3x + 6y = 12 & (2) \end{cases}$$

  Al intentar resolver este sistema, observamos que para cada x existe una y asociada, que satisfacen ambas ecuaciones; es decir, hay un conjunto infinito de parejas de x y y que resuelven las ecuaciones: $(0, 2)$, $\left(1, \dfrac{3}{2}\right)$, $(2, 1)$, etcétera.

HACER > Métodos de resolución de sistemas de ecuaciones de primer grado

Los métodos de resolución de los sistemas de ecuaciones lineales son procedimientos de cálculo para hallar los valores que cumplen las condiciones especificadas en las igualdades.

Método de igualación

Este método busca, a partir de ambas ecuaciones, llegar a una sola ecuación con una sola incógnita.

Resolvamos el siguiente sistema con el método de igualación:

$$\begin{cases} 7x + 4y = 13 & (1) \\ 5x - 2y = 19 & (2) \end{cases}$$

Primero, despejamos cualquiera de las incógnitas —por ejemplo, x— en ambas ecuaciones.

De (1) tenemos: $7x = 13 - 4y \Rightarrow x = \dfrac{13 - 4y}{7}$ $\qquad$ De (2) tenemos: $5x = 19 + 2y \Rightarrow x = \dfrac{19 + 2y}{5}$

E igualamos los dos valores de x: $\dfrac{13 - 4y}{7} = \dfrac{19 + 2y}{5}$

Así, ahora tenemos una sola ecuación con una sola incógnita, que se resuelve del siguiente modo:

$$5(13 - 4y) = 7(19 + 2y)$$
$$65 - 20y = 133 + 14y$$
$$-20y - 14y = 133 - 65$$
$$-34y = 68$$
$$y = -2$$

$$\begin{cases} x = 3 \\ y = -2 \end{cases} \quad \textbf{R.}$$

Sustituimos el valor de y en cualquiera de las ecuaciones originales; por ejemplo en (1):

$$7x + 4(-2) = 13$$
$$7x - 8 = 13$$
$$7x = 21$$
$$x = 3$$

Para verificar el resultado, sustituimos los valores de x y y en el sistema original y comprobamos que hagan válidas ambas ecuaciones de manera simultánea.

$$7(3) + 4(-2) = 13 \ \checkmark \qquad (1)$$
$$5(3) - 2(-2) = 19 \ \checkmark \qquad (2)$$

SABER HACER $\otimes\!\rightarrow$ TU CUENTA

Resuelve los siguientes sistemas de ecuaciones con el uso del método de igualación.

1. $\begin{cases} x + 6y = 27 \\ 7x - 3y = 9 \end{cases}$	
2. $\begin{cases} 3x - 2y = -2 \\ 5x + 8y = -60 \end{cases}$	
3. $\begin{cases} 3x + 5y = 7 \\ 2x - y = -4 \end{cases}$	
4. $\begin{cases} \dfrac{3x}{2} + y = 11 \\ x + \dfrac{y}{2} = 7 \end{cases}$	
5. $\begin{cases} \dfrac{5x}{12} - y = 9 \\ x - \dfrac{3y}{4} = 15 \end{cases}$	

SABER   >>> > Método de resolución por sustitución

El primer paso de este método consiste en despejar una de las incógnitas en cualquiera de las ecuaciones. Después, el valor encontrado se sustituye en la otra ecuación, a fin de tener una sola ecuación con una sola incógnita, y se resuelve para la variable elegida. Por último, se sustituye el valor de la incógnita encontrada en alguna de las ecuaciones originales para obtener el valor de la otra incógnita.

HACER > Método de sustitución

Resolvamos el sistema de ecuaciones por el método de sustitución.

$$\begin{cases} 2x + 5y = -24 & (1) \\ 8x - 3y = 19 & (2) \end{cases}$$

Sistema de ecuaciones lineales

Despejamos x de la ecuación (1) y tenemos: $2x = -24 - 5y \Rightarrow x = \dfrac{-24 - 5y}{2}$

Sustituimos el valor de x en la ecuación (2): $8\left(\dfrac{-24 - 5y}{2}\right) - 3y = 19$

Así, tenemos una sola ecuación con una sola incógnita. Entonces, resolvemos para y:

$$8\left(\frac{-24 - 5y}{2}\right) - 3y = 19$$
$$4(-24 - 5y) - 3y = 19$$
$$-96 - 20y - 3y = 19$$
$$-20y - 3y = 19 + 96$$
$$-23y = 115$$
$$y = -5$$

Sustituimos $y = -5$ en cualquiera de las ecuaciones originales, por ejemplo en (1) y tenemos:

$$2x + 5(-5) = -24$$
$$2x - 25 = -24$$
$$2x = 1$$
$$x = \frac{1}{2}$$

$$\begin{cases} x = \dfrac{1}{2} \\ y = -5 \end{cases} \quad \textbf{R.}$$

SABER HACER ⊗→TU CUENTA

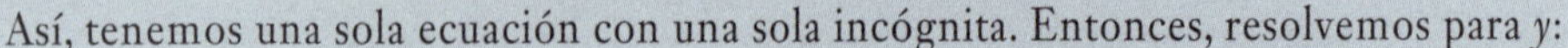

Resuelve los siguientes sistemas de ecuaciones con el uso del método de sustitución.

1. $\begin{cases} x + 3y = 6 \\ 5x - 2y = 13 \end{cases}$	
2. $\begin{cases} 5x + 7y = -1 \\ -3y + 4y = -24 \end{cases}$	
3. $\begin{cases} 4y + 3x = 8 \\ 8x - 9y = -77 \end{cases}$	

4.
$$\begin{cases} \dfrac{x}{5} = \dfrac{y}{4} \\[2mm] \dfrac{y}{3} = \dfrac{x}{3} - 1 \end{cases}$$

SABER ›› › Método de resolución por suma y resta

En este método —llamado también de reducción—, primero se intenta igualar los coeficientes de una de las incógnitas en ambas ecuaciones. Acto seguido, se suman o se restan las ecuaciones del sistema, dependiendo del signo que tengan.

HACER › Método de suma y resta

Resolvamos un sistema de ecuaciones por el método de suma y resta.

Consideremos el sistema de ecuaciones:
$$\begin{cases} 5x + 6y = 20 & \quad (1) \\ 4x - 3y = -23 & \quad (2) \end{cases}$$

En este caso, multiplicamos la ecuación (2) por 2, para igualar los coeficientes de la incógnita y en ambas ecuaciones; así, tenemos un sistema equivalente:
$$\begin{cases} 5x + 6y = 20 & \quad (1) \\ 8x - 6y = -46 & \quad (2^*) \end{cases}$$

Como los coeficientes de y tienen signos distintos, conviene que sumemos las ecuaciones (1) y (2*), a fin de obtener una sola ecuación con una sola variable:

$$\begin{array}{r} 5x + 6y = 20 \\ +\quad 8x - 6y = -46 \\ \hline 13x = -26 \end{array}$$

$$x = -\frac{26}{13} = -2$$

Por último, sustituimos $x = -2$ en cualquiera de las ecuaciones originales, por ejemplo en (1), para obtener el valor de y:

$$\begin{aligned} 5(-2) + 6y &= 20 \\ -10 + 6y &= 20 \\ 6y &= 30 \\ y &= 5 \end{aligned} \qquad \begin{cases} x = -2 \\ y = 5 \end{cases} \quad \textbf{R.}$$

SABER HACER ⊗→TU CUENTA

Resuelve los sistemas de ecuaciones utilizando el método de suma y resta.

1.
$$\begin{cases} 6x - 5y = -9 \\ 4x + 3y = 13 \end{cases}$$

2.
$$\begin{cases} 7x - 15y = 1 \\ -x - 6y = 8 \end{cases}$$

3.
$$\begin{cases} 3x - 4y = 41 \\ 11x + 6y = 47 \end{cases}$$

4.
$$\begin{cases} \dfrac{x}{8} - \dfrac{y}{5} = -1\dfrac{1}{10} \\[2mm] \dfrac{x}{5} + \dfrac{y}{4} = -1\dfrac{19}{40} \end{cases}$$

5.
$$\begin{cases} \dfrac{x}{7} + \dfrac{y}{8} = 0 \\[2mm] \dfrac{1}{7}x - \dfrac{3}{4}y = 7 \end{cases}$$

SABER ⟫⟫ › Sistemas de ecuaciones de 2 × 2 en los que los coeficientes de las incógnitas son literales. Ecuaciones simultáneas con incógnitas en los denominadores

Los sistemas de ecuaciones de 2 × 2 en que los coeficientes de las incógnitas son literales pueden resolverse por medio de cualquiera de los métodos estudiados en las páginas 112 a 115.

Para las ecuaciones simultáneas, en ciertos casos, específicamente cuando las incógnitas están en los denominadores, el sistema puede resolverse por un método especial, en que no se suprimen los denominadores.

HACER › Resolución de sistemas de ecuaciones de 2 × 2 y de sistemas con incógnitas en los denominadores

1. Resolvamos el sistema de ecuaciones con el método de igualación de los coeficientes de x.

$$\begin{cases} ax + by = a^2 + b^2 & (1) \\ bx + ay = 2ab & (2) \end{cases}$$

Para igualar los coeficientes de x, multiplicamos la ecuación (1) por b y la (2) por a:

$$\begin{cases} abx + b^2 y = a^2 b + b^3 & (1^*) \\ abx + a^2 y = 2a^2 b & (2^*) \end{cases}$$

A la ecuación (1^*) le restamos (2^*):

$$\begin{array}{r} abx + b^2 y = a^2 b + b^3 \\ -abx - a^2 y = -2a^2 b \\ \hline b^2 y - a^2 y = a^2 b + b^3 - 2a^2 b \end{array}$$

Reducimos los términos semejantes y tenemos: $b^2 y - a^2 y = b^3 - a^2 b$.

Factorizamos y en el primer miembro de la ecuación y b en el segundo miembro: $y(b^2 - a^2) = b(b^2 - a^2)$

Si dividimos ambos miembros de la ecuación entre $(b^2 - a^2)$, tenemos que $y = b$.

Al sustituir y por b en (2), tenemos:
$$bx + ay = 2ab$$
$$bx + a(b) = 2ab$$

Trasponemos:
$$bx = ab$$
Dividimos entre b:
$$x = a$$

$$\begin{cases} x = a \\ y = b \end{cases} \quad \textbf{R.}$$

2. Resolvamos el sistema de ecuaciones.

$$\begin{cases} \dfrac{x}{a} - \dfrac{y}{b} = \dfrac{b}{a} & (1) \\[2mm] x - y = a & (2) \end{cases}$$

Para quitar los denominadores en (1), multiplicamos cada uno de los términos de esta ecuación por ab:

$$\begin{cases} bx - ay = b^2 & (1^*) \\ x - y = a & (2^*) \end{cases}$$

Multiplicamos por b la ecuación (2^*) y cambiamos el signo:

$$\begin{cases} bx - ay = b^2 \\ -bx + by = -ab \end{cases}$$
$$bx - ay = b^2 - ab$$

Factorizamos y en el primer miembro de la ecuación y b en el segundo miembro:

$$y(b - a) = b(b - a)$$

Dividimos entre $(b - a)$: $\qquad y = b$

Sustituimos el valor de y en (2^*):
$$x - y = a$$
$$x - (b) = a$$
$$x = a + b$$

$$\begin{cases} x = a + b \\ y = b \end{cases} \qquad \textbf{R.}$$

3. Resolvamos el sistema de ecuaciones de 2×2 con incógnitas en los denominadores.

$$\begin{cases} \dfrac{10}{x} + \dfrac{9}{y} = 2 & \qquad (1) \\[2ex] \dfrac{7}{x} - \dfrac{6}{y} = \dfrac{11}{2} & \qquad (2) \end{cases}$$

Para eliminar y, primero multiplicamos por 2 la ecuación (1) y por 3 la ecuación (2), y después sumamos:

$$+ \quad \begin{aligned} \dfrac{20}{x} + \dfrac{18}{y} &= 4 \\[1ex] \dfrac{21}{x} - \dfrac{18}{y} &= \dfrac{33}{2} \\[1ex] \hline \dfrac{41}{x} \qquad &= \dfrac{41}{2} \end{aligned}$$

Quitamos denominadores y despejamos x: $\qquad 82 = 41x$
$$x = \dfrac{82}{41} = 2$$

Sustituimos $x = 2$ en (1) y despejamos y:
$$\dfrac{10}{(2)} + \dfrac{9}{y} = 2$$
$$10y + 18 = 4y$$
$$6y = -18$$
$$y = -3$$

$$\begin{cases} x = 2 \\ y = -3 \end{cases} \qquad \textbf{R.}$$

SABER HACER  TU CUENTA

Resuelve los siguientes sistemas de ecuaciones por el método de suma y resta.

1. $\begin{cases} x + y = a + b \\ x - y = a - b \end{cases}$	
2. $\begin{cases} 2x + y = b + 2 \\ bx - y = 0 \end{cases}$	
3. $\begin{cases} \dfrac{x}{a} + \dfrac{y}{b} = 0 \\[2ex] \dfrac{x}{b} + \dfrac{2y}{a} = \dfrac{2b^2 - a^2}{ab} \end{cases}$	

<table>
<tr><td>

4. $\begin{cases} x + y = 2c \\ a^2(x - y) = 2a^3 \end{cases}$

</td><td></td></tr>
<tr><td>

5. $\begin{cases} \dfrac{1}{x} + \dfrac{2}{y} = \dfrac{7}{6} \\[2mm] \dfrac{2}{x} + \dfrac{1}{y} = \dfrac{4}{3} \end{cases}$

</td><td></td></tr>
<tr><td>

6. $\begin{cases} \dfrac{3}{x} - \dfrac{2}{y} = \dfrac{1}{2} \\[2mm] \dfrac{2}{x} + \dfrac{5}{y} = \dfrac{23}{12} \end{cases}$

</td><td></td></tr>
</table>

SABER ❯❯❯ ❯ Matrices y determinantes

Una matriz es un arreglo rectangular de elementos dispuestos en filas y columnas comprendidos entre paréntesis; por ejemplo:

$$A = \begin{pmatrix} 3 & 4 & -4 & 5 \\ 0 & 4 & 8 & -7 \\ 6 & -1 & -2 & 9 \end{pmatrix}$$

Cada uno de los números que forman la matriz se denomina elemento, que se distingue de otro por la fila y la columna a la que pertenece. Si en una matriz el número de filas es igual al número de columnas, se dice que es una matriz cuadrada.   Por ejemplo: $B = \begin{pmatrix} 1 & 2 & -5 \\ 2 & 1 & 1 \\ 3 & 2 & 1 \end{pmatrix}$

La matriz $A = \begin{pmatrix} a & d \\ c & b \end{pmatrix}$ es cuadrada de tamaño 2×2 o de orden 2. El determinante de esta matriz es un número que se denota como $\det(A)$ o $|A|$ y se define así:

$$|A| = \begin{vmatrix} a & d \\ c & b \end{vmatrix} = ab - cd.$$

En la siguiente sección, se estudia cómo utilizar determinantes de 2×2 para resolver sistemas de dos ecuaciones con dos incógnitas (regla de Kramer).

HACER ❯ Resolución de sistemas de ecuaciones de 2×2 mediante el uso de determinantes

Dado el sistema de ecuaciones 2×2, veamos cómo se plantean los cocientes de determinantes para hallar el valor de las incógnitas.

$$\begin{cases} a_1 x + b_1 y = c_1 \qquad (1) \\ a_2 x + b_2 y = c_2 \qquad (2) \end{cases}$$

$$x = \frac{\begin{vmatrix} c_1 & b_1 \\ c_2 & b_2 \end{vmatrix}}{\begin{vmatrix} a_1 & b_1 \\ a_2 & b_2 \end{vmatrix}} \qquad\qquad y = \frac{\begin{vmatrix} a_1 & c_1 \\ a_2 & c_2 \end{vmatrix}}{\begin{vmatrix} a_1 & b_1 \\ a_2 & b_2 \end{vmatrix}}$$

El determinante $\begin{vmatrix} a_1 & b_1 \\ a_2 & b_2 \end{vmatrix}$ es el determinante del sistema, que se forma a partir de los coeficientes de las incógnitas.

Resolvamos el sistema de ecuaciones por medio de determinantes:

$$\begin{cases} 5x + 3y = 5 & (1) \\ 4x + 7y = 27 & (2) \end{cases}$$

De acuerdo con la regla de Kramer, planteamos los cocientes de determinantes:

$$x = \frac{\begin{vmatrix} 5 & 3 \\ 27 & 7 \end{vmatrix}}{\begin{vmatrix} 5 & 3 \\ 4 & 7 \end{vmatrix}} = \frac{35 - 81}{35 - 12} = \frac{-46}{23} = -2$$

$$y = \frac{\begin{vmatrix} 5 & 5 \\ 4 & 27 \end{vmatrix}}{\begin{vmatrix} 5 & 3 \\ 4 & 7 \end{vmatrix}} = \frac{135 - 20}{35 - 12} = \frac{115}{23} = 5 \qquad \begin{cases} x = -2 \\ y = 5 \end{cases} \quad \textbf{R.}$$

SABER HACER ⊗→TU CUENTA

Resuelve los sistemas de ecuaciones de 2×2 con el uso de determinantes.

1. $\begin{cases} 7x + 8y = 29 \\ 5x + 11y = 26 \end{cases}$	
2. $\begin{cases} 8x = -9y \\ 2x + 5 + 3y = 3\frac{1}{2} \end{cases}$	
3. $\begin{cases} ax - by = -1 \\ ax + by = 7 \end{cases}$	

SABER >>> > Resolución gráfica de un sistema de ecuaciones de 2 × 2

Cuando una recta pasa por un punto, las coordenadas de dicho punto satisfacen la ecuación de la recta. Para saber si la recta $2x + 5y = 19$ pasa por el punto $(2, 3)$, se sustituyen los valores de x y y en la ecuación de la recta: $2(2) + 5(3) = 19$, y se verifica la identidad $19 = 19$.

En efecto, la recta $2x + 5y = 19$ pasa por el punto $(2, 3)$.

De manera recíproca, si las coordenadas de un punto satisfacen la ecuación de una recta, este punto pertenece a la recta.

Consideremos el sistema de ecuaciones:

$$\begin{cases} 2x + 3y = 18 & \quad (1) \\ 3x + 4y = 25 & \quad (2) \end{cases}$$

Al resolver el sistema, encontramos que $x = 3$ y $y = 4$ son los valores que satisfacen ambas ecuaciones y representan un punto del plano cartesiano: $(3, 4)$.

Como el punto $(3, 4)$ pertenece a ambas rectas $(2x + 3y = 18$ y $3x + 4y = 25)$, necesariamente este punto constituye la intersección de las dos rectas.

La solución de un sistema de ecuaciones de 2 × 2 representa, gráficamente, las coordenadas del punto donde se intersecan las dos rectas. Por tanto, resolver de manera gráfica un sistema de dos ecuaciones de 2 × 2 consiste en hallar el punto de intersección de las dos rectas.

HACER > Intersección de las rectas en un sistema de ecuaciones

Resolvamos de manera gráfica el sistema de ecuaciones:

$$\begin{cases} x + y = 6 & \quad (1) \\ 5x - 4y = 12 & \quad (2) \end{cases}$$

Para trazar cada una de las rectas del sistema, damos valores a una de las variables y calculamos la otra. En $x + y = 6$:

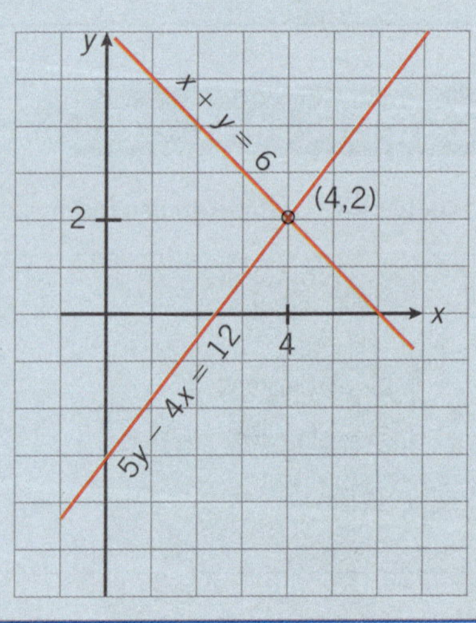

Si $x = 0$, entonces $y = 6$; si $y = 0$, entonces $x = 6$.

En $5x - 4y = 12$:

Si $x = 0$, entonces $y = -3$; si $y = 0$, entonces $x = 2\dfrac{2}{5}$.

Como la intersección de las rectas es el punto $(4, 2)$, la solución del sistema es:

$x = 4$ y $y = 2$.   **R.**

SABER HACER ⊗→TU CUENTA

Resuelve gráficamente los sistemas de ecuaciones.

1.

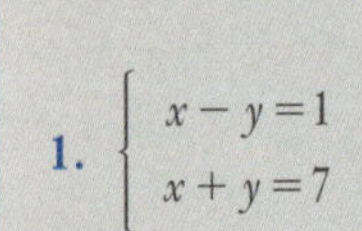

1. $\begin{cases} x - y = 1 \\ x + y = 7 \end{cases}$

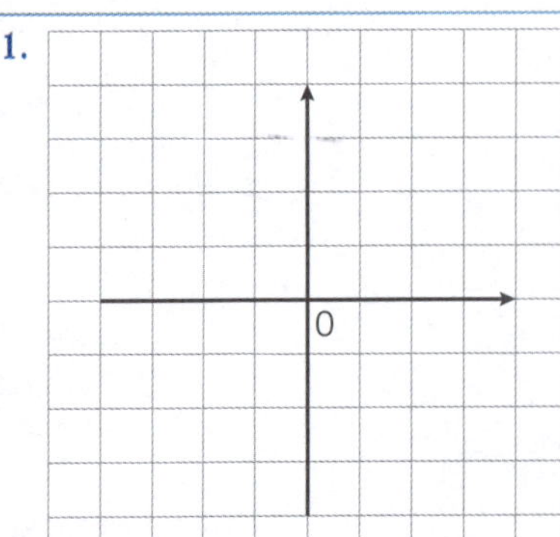

2.

2. $\begin{cases} x - 2y = 10 \\ 2x + 3y = -8 \end{cases}$

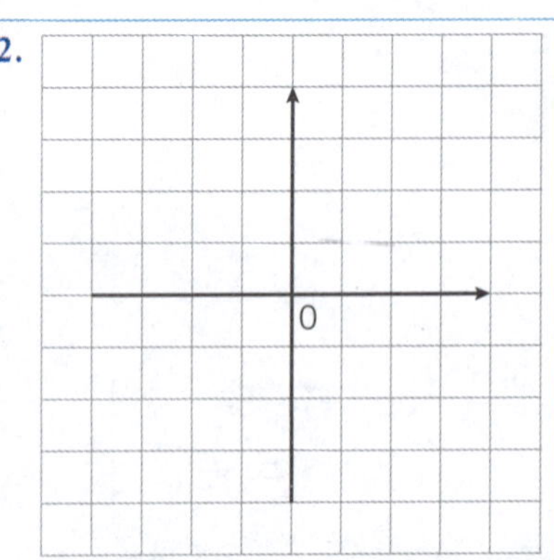

SABER >>> > Sistemas de ecuaciones lineales de 3 × 3

Ahora, vamos a resolver sistemas de ecuaciones simultáneas de primer grado con tres incógnitas. En general, para resolver este tipo de sistemas, se combinan los mismos métodos que en los sistemas de ecuaciones de 2 × 2.

HACER > Resolución de un sistema de ecuaciones lineales de 3 × 3

Para resolver un sistema de tres ecuaciones con tres incógnitas, puede seguirse este procedimiento:

1. Combinar dos de las ecuaciones dadas y eliminar una de las incógnitas (por ejemplo, con el método de suma y resta), con el fin de obtener una ecuación con dos incógnitas.

2. Combinar la tercera ecuación con cualquiera de las otras dos ecuaciones dadas y eliminar entre ellas la misma incógnita que se eliminó antes, con lo que se obtiene otra ecuación con dos incógnitas.

3. Resolver el sistema formado por dos ecuaciones con dos incógnitas.

4. Sustituir los valores obtenidos de las incógnitas en una de las ecuaciones originales del sistema, con lo que se halla la tercera incógnita.

Ejemplo

Resolvamos el sistema de ecuaciones de 3 × 3:

$$\begin{cases} x + 4y - z = 6 & (1) \\ 2x + 5y - 7z = -9 & (2) \\ 3x - 2y + z = 2 & (3) \end{cases}$$

Para eliminar x, multiplicamos la ecuación (1) por 2 y obtenemos $2x + 8y - 2z = 12$.

Esta nueva ecuación se suma con (2):

$$\begin{cases} 2x + 8y - 2z = 12 \\ -2x - 5y + 7z = 9 \end{cases}$$
$$3y + 5z = 21 \qquad (4)$$

Combinamos la ecuación (3) con cualquiera de las otras dos ecuaciones originales. En este caso, combinamos con (1) para eliminar x. Multiplicamos por 3 la ecuación (1) y tenemos: $3x + 12y - 3z = 18$, que sumamos con la ecuación (3):

$$\begin{cases} 3x + 12y - 3z = 18 \\ -3x + 2y - z = -2 \end{cases}$$
$$14y - 4z = 16$$

Dividimos entre 2 la ecuación resultante y tenemos:

$$7y - 2z = 8 \qquad (5)$$

Tomamos las ecuaciones (4) y (5), con lo que se forma un sistema de 2 × 2, que ya sabemos resolver:

$$\begin{cases} 3y + 5z = 21 & (1) \\ 7y - 2z = 8 & (2) \end{cases}$$

Para eliminar z, multiplicamos la ecuación (4) por 2 y la ecuación (5) por 5:

$$6y + 10z = 42$$
$$35y - 10z = 40$$
$$41y \qquad = 82 \qquad y = 2$$

Sustituimos $y = 2$ en (5), y tenemos:

$$7(2) - 2z = 8$$
$$14 - 2z = 8$$
$$-2z = -6 \qquad z = 3$$

Ahora, sustituimos $y = 2$ y $z = 3$ en cualquiera de las ecuaciones originales, por ejemplo en (1), así tenemos:

$$x + 4y - z = 6$$
$$x + 4(2) - (3) = 6$$
$$x + 8 - 3 = 6$$
$$x = 1$$

$$\begin{cases} x = 1 \\ y = 2 \\ z = 3 \end{cases} \quad \textbf{R.}$$

SABER HACER →TU CUENTA

Resuelve los sistemas de ecuaciones lineales de 3×3.

1. $\begin{cases} x + y + z = 6 \\ x - y + 2z = 5 \\ x - y - 3z = -10 \end{cases}$	
2. $\begin{cases} x + y + z = 12 \\ 2x - y + z = 7 \\ x + 2y - z = 6 \end{cases}$	
3. $\begin{cases} x - y + z = 2 \\ x + y + z = 4 \\ 2x + 2y - z = -4 \end{cases}$	

SABER ≫≫≫ › Sistemas de ecuaciones lineales de 3 × 3 y el método de determinantes

Con base en las reglas de Sarrus y de Kramer, que se exponen a continuación, es posible resolver sistemas de ecuaciones con tres incógnitas por el método de determinantes.

HACER › Valor de un determinante de orden 3

La regla de Sarrus permite encontrar el valor de un determinante de orden 3 de manera sencilla.

Resolvamos el determinante por la regla de Sarrus.
$$\begin{vmatrix} 1 & -2 & -3 \\ -4 & 2 & 1 \\ 5 & -1 & 3 \end{vmatrix}$$

Primero, debajo de la tercera fila repetimos las dos primeras filas y el siguiente determinante:

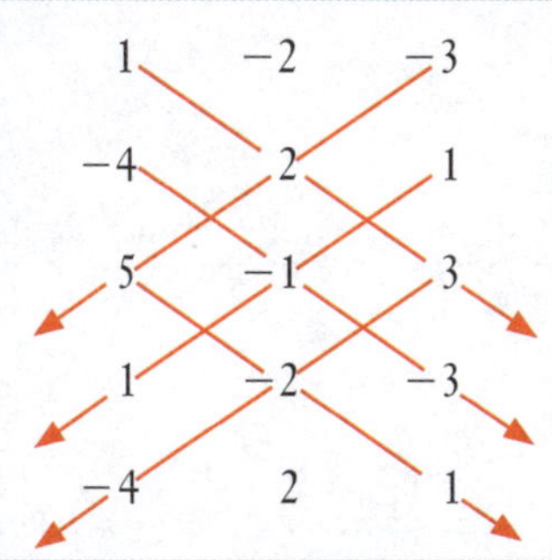

$$\begin{vmatrix} 1 & -2 & -3 \\ -4 & 2 & 1 \\ 5 & -1 & 3 \\ 1 & -2 & -3 \\ -4 & 2 & 1 \end{vmatrix}$$

Enseguida, trazamos tres diagonales de derecha a izquierda y tres de izquierda a derecha, como se indica en el esquema de la derecha.

Multiplicamos entre sí los tres números por los que pasa cada diagonal. Los productos de los números que hay en las diagonales trazadas de izquierda a derecha los escribimos con su propio signo y los productos de los números que hay en las diagonales trazadas de derecha a izquierda los escribimos con signo distinto. En este caso tenemos:

$$6 - 12 - 10 + 30 + 1 - 24 = -9$$

Detalle de los productos

De izquierda a derecha:

$$1 \times 2 \times 3 = 6 \qquad (-4) \times (-1) \times (-3) = -12 \qquad 5 \times (-2) \times 1 = -10$$

De derecha a izquierda:

$$(-3) \times 2 \times 5 = -30, \text{ y con signo distinto: } +30$$
$$1 \times (-1) \times 1 = -1, \text{ y con signo distinto: } +1$$
$$3 \times (-2) \times (-4) = 24, \text{ y con signo distinto: } -24$$

Resolución de sistemas de ecuaciones de 3 × 3 con el método de determinantes

Para resolver un sistema de ecuaciones lineales de 3×3 por el método de determinantes, se aplica la regla de Kramer, que establece que: "El valor de cada incógnita es una fracción cuyo denominador es el determinante que se forma con los coeficientes de las incógnitas (determinante del sistema) y cuyo numerador es el determinante que se obtiene al sustituir en el determinante del sistema la columna de los términos independientes de las ecuaciones dadas".

Resolvamos el sistema de ecuaciones por determinantes.

$$\begin{cases} x + y + z = 4 \\ 2x - 3y + 5z = -5 \\ 3x + 4y + 7z = 10 \end{cases}$$

Para calcular el valor de x, empleamos la regla de Kramer:

$$x = \dfrac{\begin{vmatrix} 4 & 1 & 1 \\ -5 & -3 & 5 \\ 10 & 4 & 7 \end{vmatrix}}{\begin{vmatrix} 1 & 1 & 1 \\ 2 & -3 & 5 \\ 3 & 4 & 7 \end{vmatrix}} = \dfrac{-69}{-23} = 3$$

El numerador de x se forma sustituyendo en el determinante del sistema la columna $\begin{matrix}1\\2\\3\end{matrix}$ (coeficientes de x) por la columna $\begin{matrix}4\\-5\\10\end{matrix}$ (términos independientes de las ecuaciones originales).

Para hallar y, planteamos este cociente de determinantes:

$$y = \dfrac{\begin{vmatrix} 1 & 4 & 1 \\ 2 & -5 & 5 \\ 3 & 10 & 7 \end{vmatrix}}{\begin{vmatrix} 1 & 1 & 1 \\ 2 & -3 & 5 \\ 3 & 4 & 7 \end{vmatrix}} = \dfrac{-46}{-23} = 2$$

El denominador es el determinante del sistema. El numerador se obtiene sustituyendo en el determinante del sistema la columna $\begin{matrix}1\\2\\3\end{matrix}$ (coeficientes de y) por la columna $\begin{matrix}4\\-5\\10\end{matrix}$ (términos independientes de las ecuaciones originales).

Para hallar z, planteamos el cociente de determinantes: $z = \dfrac{\begin{vmatrix} 1 & 1 & 4 \\ 2 & -3 & -5 \\ 3 & 4 & 10 \end{vmatrix}}{\begin{vmatrix} 1 & 1 & 1 \\ 2 & -3 & 5 \\ 3 & 4 & -7 \end{vmatrix}} = \dfrac{23}{-23} = -1$

El denominador es el determinante del sistema. El numerador se obtiene sustituyendo en el determinante del sistema la columna $\begin{matrix} 1 \\ 5 \\ 7 \end{matrix}$ (coeficientes de z) por la columna $\begin{matrix} 4 \\ -5 \\ 10 \end{matrix}$ (términos independientes de las ecuaciones originales).

La solución del sistema es: $x = 3, y = 2, z = -1$. **R.**

SABER HACER ⊗→TU CUENTA

Resuelve los sistemas de ecuaciones de 3×3 utilizando determinantes.

1. $\begin{cases} x + y + z = 11 \\ x - y + 3z = 13 \\ 2x + 2y - z = 7 \end{cases}$

2. $\begin{cases} x + y + z = -6 \\ 2x + y - z = -1 \\ x - 2y + 3z = -6 \end{cases}$

3. $\begin{cases} 2x + 3y + 4z = 3 \\ 2x + 6y + 8z = 5 \\ 4x + 9y - 4z = 4 \end{cases}$

SABER >>> **> Problemas que pueden modelarse y resolverse con ecuaciones simultáneas**

Existen problemas que pueden modelarse por medio de ecuaciones simultáneas y resolverse con los métodos que se han estudiado hasta aquí.

HACER **> Modelación y resolución de problemas que implican ecuaciones simultáneas**

Modelemos los problemas y resolvamos las ecuaciones que se plantean.

1. La diferencia entre dos números es 14 y $\dfrac{1}{4}$ de su suma es 13. ¿Qué números son?

Sea x el número mayor y y el número menor.

De acuerdo con las condiciones del problema, tenemos el sistema:

$$\begin{cases} x - y = 14 & (1) \\ \dfrac{x + y}{4} = 13 & (2) \end{cases}$$

Quitamos denominadores en (2) y sumamos ambas ecuaciones:

$$\begin{aligned} x - y &= 14 \\ x + y &= 52 \\ \hline 2x &= 66 \\ x &= 33 \end{aligned}$$

Sustituimos $x = 33$ en (**1**):

$$\begin{aligned} x - y &= 14 \\ (33) - y &= 14 \\ y &= 19 \end{aligned}$$

Los números buscados son 33 y 19.   **R.**

2. Hace ocho años, la edad de A era el triple que la de B, y dentro de cuatro años la edad de B será $\dfrac{5}{9}$ de la de A. ¿Cuáles son las edades actuales de A y B?

Sea x la edad actual de A y y la edad actual de B.

Hace 8 años, A tenía $x - 8$ años y B tenía -8 años; según las condiciones:

$$x - 8 = 3(y - 8) \qquad (1)$$

Dentro de 4 años, A tendrá $x + 4$ y B tendrá $y + 4$; de acuerdo con las condiciones:

$$y + 4 = \frac{5}{9}(x + 4) \qquad (2)$$

Agrupamos (1) y (2), y se forma el sistema:

$$\begin{cases} x - 8 = 3(y - 8) & (1) \\ y + 4 = \dfrac{5}{9}(x + 4) & (2) \end{cases}$$

Al resolver el sistema hallamos que $x = 32$ y $y = 16$; esto es: A tiene 32 años y B 16 años.   **R.**

3. La suma de tres números diferentes es 160. Un cuarto de la suma del mayor y el mediano equivale al menor disminuido en 20, y si a $\dfrac{1}{2}$ de la diferencia entre el mayor y el menor se suma el número de en medio, el resultado es 57. ¿Cuáles son los números?

Sean x = número mayor, y = número mediano, z = número menor.

Según las condiciones del problema, el sistema de ecuaciones de 3 × 3 es:

$$\begin{cases} x + y + z = 160 \\ \dfrac{x + y}{4} = z - 20 \\ \dfrac{x - z}{2} + y = 57 \end{cases}$$

Al resolver el sistema, tenemos que $x = 62, y = 50, z = 48$.   **R.**

SABER HACER  →TU CUENTA

Resuelve los problemas con los sistemas de ecuaciones que los modelan.

1. La diferencia entre dos números es 40 y $\frac{1}{8}$ de su suma es 11. Halla los números.

$$\begin{cases} x - y = 40 & (1) \\ \dfrac{x + y}{8} = 11 & (2) \end{cases}$$

2. La suma de dos números es 190 y $\frac{1}{9}$ de su diferencia es 2. ¿Qué números son?

$$\begin{cases} x + y = 190 & (1) \\ \dfrac{x - y}{9} = 2 & (2) \end{cases}$$

3. Hace 10 años, la edad de A era el doble que la de B; dentro de 10 años, la edad de B será $\frac{3}{4}$ de la de A. Encuentra las edades actuales de A y B.

$$\begin{cases} x - 10 = 2(y - 10) & (1) \\ y + 10 = \dfrac{3}{4}(x + 10) & (2) \end{cases}$$

4. Hace seis años, la edad de A era el doble que la de B; dentro de seis años será $\frac{8}{5}$ de la edad de B. Halla las edades actuales de A y B.

$$\begin{cases} x - 6 = 2(y - 6) & (1) \\ y + 6 = \dfrac{5}{8}(x + 6) & (2) \end{cases}$$

5. La suma de tres números distintos es 37. El menor disminuido en 1 equivale a $\frac{1}{3}$ de la suma del mayor y el mediano; la diferencia entre el mediano y el menor equivale al mayor disminuido en 13. ¿De qué números se trata?

$$\begin{cases} x + y + z = 37 & (1) \\ z - 1 = \dfrac{1}{3}(x + y) & (2) \\ y - z = x - 13 & (3) \end{cases}$$

› Sistema de ecuaciones

Determina las coordenadas de la cúspide de la pirámide de Kefrén, en Egipto, a partir de las ecuaciones de las rectas. Después, calcula la longitud real de la base y de la altura de la pirámide, considerando que cada unidad del plano corresponde a 12 metros.

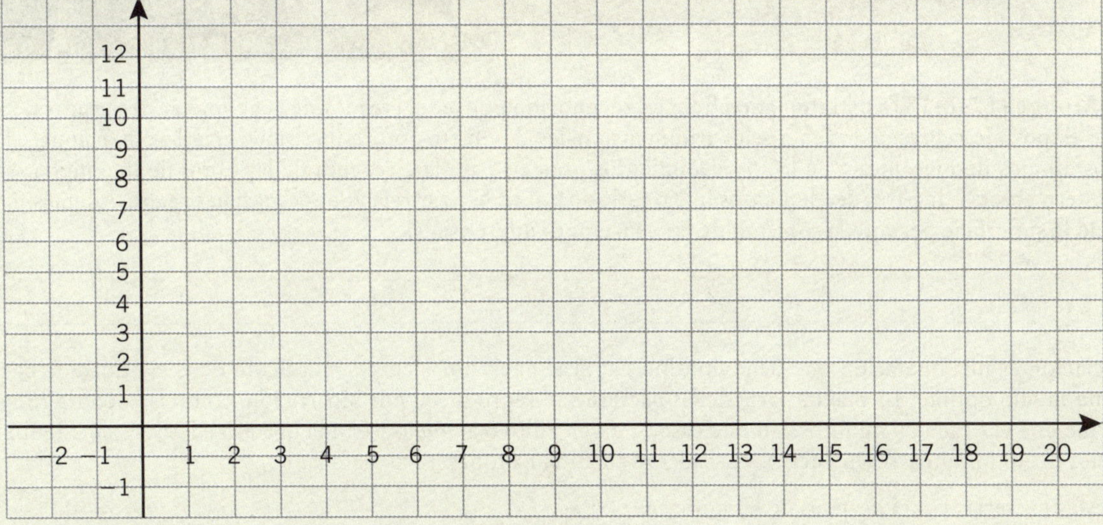

Capítulo 10. Potenciación y radicación

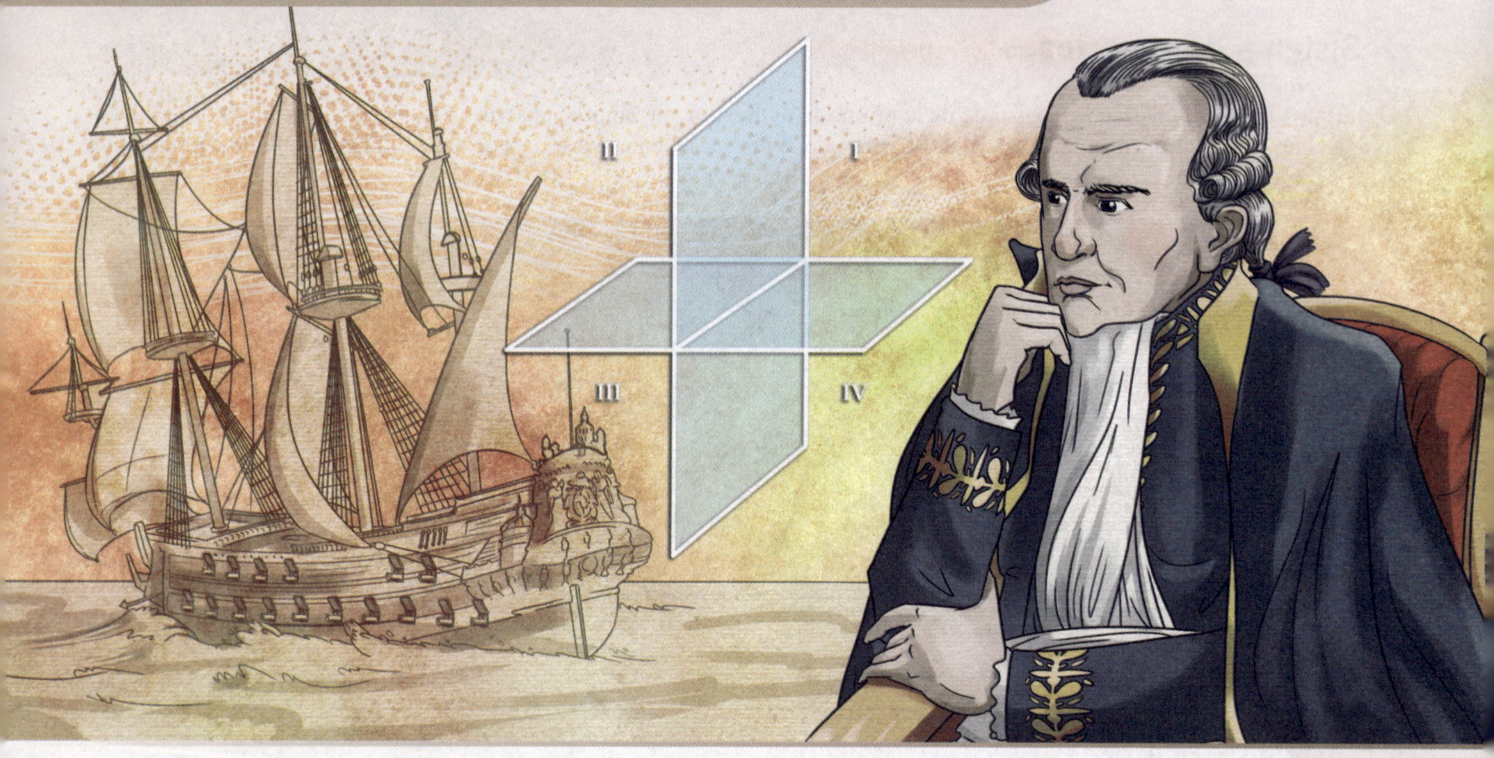

Gaspard Monge (1746-1818). Matemático francés, reconocido por ser el creador de la geometría descriptiva, por la que es posible representar superficies tridimensionales de objetos sobre una superficie bidimensional, base de los dibujos de mecánica y de los procedimientos gráficos para la ejecución de las obras de ingeniería. Fue el primero en utilizar pares de elementos imaginarios para simbolizar relaciones espaciales reales. Además, su teoría de la superficie permite la solución de las ecuaciones diferenciales.

La potenciación es una operación que tiene múltiples aplicaciones, por ejemplo, el cálculo de la cantidad de bacterias que habrá en un medio óptimo. La mayor parte de las bacterias se reproducen por bipartición, como la bacteria *Escherichia coli*, que se divide una vez cada 20 minutos. En este caso, si en un cultivo al inicio hay una bacteria, después de 20 minutos habrá dos; después de 40 minutos, serán cuatro, y así sucesivamente. Entonces:

a) ¿Cuántas bacterias habrá después de 80 minutos?

b) ¿Y después de 100 minutos?

Si al principio hay dos bacterias *Escherichia coli* y se quiere saber cuántas habrá después de 100 minutos, la potenciación nos permite expresar esa cantidad como potencias de base 2.

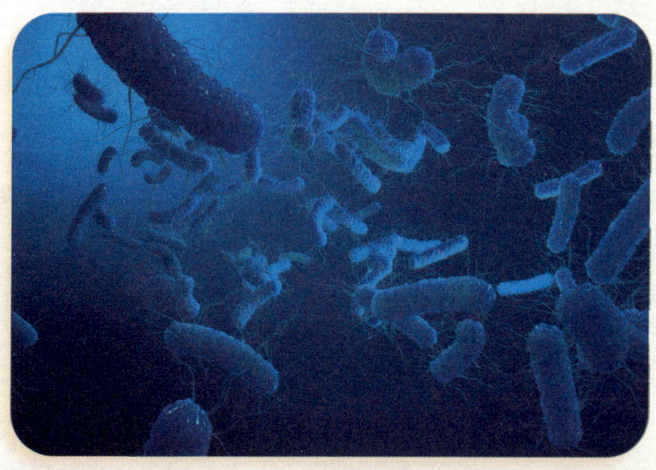

SABER   >>>   > Potenciación

La potenciación es una operación que permite escribir de manera abreviada un producto de factores iguales. Esta notación relaciona dos términos: uno que se llama base y otro llamado exponente; así que para elevar un término a una potencia, hay que multiplicar la base por sí misma tantas veces como indique el exponente.

La primera potencia de una expresión es la misma expresión. Ejemplo: $(2a)^1 = 2a$.

La segunda potencia o cuadrado de una expresión es el resultado de tomarla como factor dos veces. Ejemplo:

$$(2a)^2 = 2a \times 2a = 4a^2.$$

La tercera potencia o cubo de una expresión es el resultado de tomarla como factor tres veces. Ejemplo:

$$(2a)^3 = 2a \times 2a \times 2a = 8a^3.$$

En general, tenemos que $(2a)^n = 2a \times 2a \times 2a \dots n$ veces.

Signo de las potencias

Cualquier potencia de una cantidad positiva evidentemente es positiva, porque equivale a un producto en el que todos los factores son positivos.

Respecto a las potencias de una cantidad negativa, tenemos las siguientes consideraciones:

1. Toda potencia par de una cantidad negativa es positiva.
2. Toda potencia impar de una cantidad negativa es negativa.

Ejemplos

$$(-2a)^2 = (-2a) \times (-2a) = 4a^2$$
$$(-2a)^3 = (-2a) \times (-2a) \times (-2a) = -8a^3$$
$$(-2a)^4 = (-2a) \times (-2a) \times (-2a) \times (-2a) = 16a^4, \text{ etcétera.}$$

HACER   > Potencia de un monomio

Para elevar un monomio a una potencia, se eleva su coeficiente a esa potencia y se multiplica el exponente de cada letra por el exponente que indica la potencia.

Si el monomio es negativo y el exponente es par, el signo de la potencia es positivo; y si el monomio es negativo y el exponente es impar, el signo de la potencia es negativo.

Veamos cómo desarrollar algunas potencias.

Ejemplos

1. Desarrollemos la potencia $(3ab^2)^3$.

$$(3ab^2)^3 = 3^3 \times a^{1 \times 3} \times b^{2 \times 3} = 27a^3b^6 \qquad \textbf{R.}$$

2. Desarrollemos la potencia $(-3a^2b^3)^2$.

$$(-3a^2b^3)^2 = -3^2 \times a^{2 \times 2} \times b^{3 \times 2} = 9a^4b^6 \qquad \textbf{R.}$$

SABER HACER ⊗→TU CUENTA

Desarrolla las potencias.

1. $(4a^2)^2 =$	6. $(4a^2b^3c^4)^3 =$	11. $(-3m^3n)^3 =$	16. $\left(-\dfrac{x}{2y}\right)^2 =$
2. $(-5a)^3 =$	7. $(-6x^4y^5)^2 =$	12. $(a^2b^3c)^m =$	17. $\left(-\dfrac{2m}{n^2}\right)^3 =$
3. $(3xy)^3 =$	8. $(-7ab^3c^4)^3 =$	13. $(-m^2nx^3)^4 =$	18. $\left(\dfrac{ab^2}{5}\right)^3 =$
4. $(-6a^2b)^2 =$	9. $(a^mb^n)^x =$	14. $(-3a^2b)^5 =$	19. $\left(-\dfrac{3x^2}{4y}\right)^2 =$
5. $(-2x^2y^3)^3 =$	10. $(-2x^3y^5z^6)^4 =$	15. $(7x^5y^6z^8)^2 =$	20. $\left(-\dfrac{2ab^2}{3m^3}\right)^4 =$

SABER >>> > Radicación

La radicación es la operación inversa de la potenciación y consiste en calcular la raíz de una expresión algebraica. Recibe este nombre debido a que el signo de la raíz, que es $\sqrt{\ }$, se llama radical. En la radicación, el subradical o radicando, que es la cantidad a la cual se le extrae la raíz, se escribe dentro del radical, el cual lleva un índice que indica la potencia a la que hay que elevar la raíz para obtener la cantidad subradical; por convención, cuando el índice es 2, no se escribe en el radical, en otros casos, sí se indica.

El grado de un radical lo indica su índice; por ejemplo, $\sqrt{2a}$ es un radical de segundo grado, $\sqrt[3]{5a^2}$ es de tercer grado y $\sqrt[4]{3x}$, es de cuarto grado.

Si la raíz indicada es exacta, se dice que es racional; por el contrario, si no es exacta, es irracional. Por ejemplo, $\sqrt{4}$, $\sqrt[3]{9a^3}$ y $\sqrt[4]{16a^3}$ son expresiones racionales, mientras que $\sqrt{2}$ y $\sqrt[3]{3a^2}$ son irracionales.

Ejemplos

1. La expresión $2a$ es raíz cuadrada de $4a^2$, porque $(2a)^2 = 4a$.

2. La expresión $3x$ es raíz cúbica de $27x^3$, porque $(3x)^3 = 27x^3$.

Signo de una raíz

Veamos algunos casos en los que las raíces tienen signos.

Ejemplos

1. Las raíces impares de una cantidad tienen el mismo signo que la cantidad subradical. Por ejemplo:

$$\sqrt[3]{27a^3} = 3a \quad \text{porque} \quad (3a)^3 = 27a^3$$

$$\sqrt[3]{-27a^3} = -3a \quad \text{porque} \quad (-3a)^3 = 27a^3$$

$$\sqrt[5]{x^{10}} = x^2 \quad \text{porque} \quad (x^2)^5 = x^{10}$$

$$\sqrt[5]{-x^{10}} = -x^2 \quad \text{porque} \quad (-x^2)^5 = -x^{10}$$

2. Las raíces pares de una cantidad positiva tienen signo positivo.

Así, $\sqrt{25x^2} = 5x$, porque $(5x)^2 = 25x^2$

Del mismo modo, $\sqrt[4]{16a^4} = 2a$, porque $(2a)^4 = 16a^4$.

Raíz de una potencia

Para calcular la raíz de una potencia, se divide el exponente de la potencia entre el índice de la raíz. Por ejemplo:

$$\sqrt[n]{a^m} = a^{\frac{m}{n}}$$

$$\left(a^{\frac{m}{n}}\right)^n = a^{\frac{m}{n} \times n} = a^m$$

$$\sqrt{a^4} = a^{\frac{4}{2}} = a^2$$

$$\sqrt[3]{x^9} = x^{\frac{9}{3}} = x^3$$

Si el exponente de la potencia no es divisible por el índice de la raíz, basta con indicar la división, con lo que se tendrá un exponente fraccionario. Por ejemplo:

$$\sqrt{a} = a^{\frac{1}{2}}$$

$$\sqrt[3]{x^2} = x^{\frac{2}{3}}$$

Raíz del producto de varios factores

Para calcular la raíz de un producto con varios factores se extrae la raíz de cada uno de los factores. Por ejemplo:

$$\sqrt[n]{abc} = \sqrt[n]{a} \times \sqrt[n]{b} \times \sqrt[n]{c}$$

Esto, porque $\left(\sqrt[n]{a} \times \sqrt[n]{b} \times \sqrt[n]{c}\right)^n = \left(\sqrt[n]{a}\right)^n \times \left(\sqrt[n]{b}\right)^n \times \left(\sqrt[n]{c}\right)^n = abc$.

HACER > **Raíz de un monomio**

Calculemos la raíz de varios monomios.

Ejemplos

1. Raíz cuadrada de $9a^2b^4$.

$$\sqrt{9a^2b^4} = \pm\, 3ab^2 \qquad \textbf{R.}$$

2. Raíz cúbica de $-8a^3x^6y^9$.

$$\sqrt[3]{-8a^3x^6y^9} = -2ax^2y^3 \qquad \textbf{R.}$$

3. Raíz cuarta de $16a^4m^8x^{4m}$.

$$\sqrt[4]{16a^4m^8x^{4m}} = \pm\, 2am^2x^m \qquad \textbf{R.}$$

4. Raíz quinta de $-243m^{15}n^{10x}$.

$$\sqrt[5]{-243m^{15}n^{10x}} = -3m^3n^{2x} \qquad \textbf{R.}$$

5. Raíz cuadrada de $\dfrac{4a^2}{9b^4}$.

En este caso, como el monomio es una fracción, la raíz del numerador y la del denominador se calculan así:

$$\sqrt{\frac{4a^2}{9b^4}} = \frac{\sqrt{4a^2}}{\sqrt{9b^4}} = \frac{2a}{3b^2} \qquad \textbf{R.}$$

SABER HACER ⊗→TU CUENTA

Encuentra las raíces.

1. $\sqrt{4a^2b^4} =$		11. $\sqrt[3]{1000x^9y^{18}} =$
2. $\sqrt{25x^6y^8} =$		12. $\sqrt[4]{81a^{12}b^{24}} =$
3. $\sqrt[3]{27a^3b^9} =$		13. $\sqrt[6]{64a^{12}b^{18}c^{30}} =$
4. $\sqrt[3]{-8a^3b^6x^{12}} =$		14. $\sqrt{49a^{2n}b^{4n}} =$
5. $\sqrt{64x^8y^{10}} =$		15. $\sqrt[5]{-x^{5n}y^{10x}} =$
6. $\sqrt[4]{16a^8b^{16}} =$		16. $\sqrt{\dfrac{9a^2}{25x^4}} =$
7. $\sqrt[5]{x^{15}y^{20}z^{25}} =$		17. $\sqrt[3]{-\dfrac{27a^3}{64x^9}} =$
8. $\sqrt[3]{-64a^3x^6y^{18}} =$		18. $\sqrt[5]{-\dfrac{a^5b^{10}}{32x^{15}}} =$
9. $\sqrt[5]{-243m^5n^{15}} =$		19. $\sqrt[4]{\dfrac{a^8}{81b^4c^{12}}} =$
10. $\sqrt{81x^6y^8z^{20}} =$		20. $\sqrt[6]{\dfrac{64x^6y^{18}}{x^{12}y^{12}}} =$

SABER $\rangle\rangle\rangle$ > Potencia con exponente cero

De acuerdo con las leyes de la división y de los exponentes $a^n \div a^n = a^{n-n} = a^0$; además, como toda cantidad dividida por sí misma equivale a 1, se tiene que $a^n \div a^n = 1$. Por tanto, a manera de regla, se tiene que "toda cantidad elevada a la potencia cero equivale a 1"; lo que se expresa así:

$$a^0 = 1$$

Potencia con exponente fraccionario

Una potencia con exponente fraccionario se expresa así: $a^{\frac{m}{n}} = \sqrt[n]{a^m}$. Como se puede ver, el índice del radical es el denominador del exponente y la cantidad subradical queda elevada a la potencia indicada por el numerador. Por ejemplo: $a^{\frac{2}{3}} = \sqrt[3]{a^2}$

Potencia con exponente negativo

Una potencia con exponente negativo se expresa así: $a^{-n} = \dfrac{1}{a^n}$. Esto es, toda cantidad elevada a un exponente negativo equivale a una fracción cuyo numerador es 1, y su denominador, la misma cantidad con el exponente positivo. Por ejemplo:

$$\frac{a^m}{a^{m+n}} = a^{m-(m+n)} = a^{m-m-n} = a^{-n}$$

$$\frac{a^m}{a^{m+n}} = \frac{a^m}{a^m \times a^n} = \frac{1}{a^n}$$

Por tanto, como $\dfrac{a^m}{a^{m+n}} = a^{-n}$ y $\dfrac{a^m}{a^{m+n}} = \dfrac{1}{a^n}$, se tiene que $a^{-n} = \dfrac{1}{a^n}$.

 HACER > Potencias con diversos exponentes

Practiquemos el cálculo de potencias con distintos tipos de exponentes.

Ejemplos

1. Expresemos $x^{\frac{3}{5}}, 2a^{\frac{1}{2}}, x^{\frac{2}{3}}y^{\frac{1}{4}}$ con signo radical.

$$x^{\frac{3}{5}} = \sqrt[5]{x^3} \qquad\qquad 2a^{\frac{1}{2}} = 2\sqrt{a} \qquad\qquad x^{\frac{2}{3}}y^{\frac{1}{4}} = \sqrt[3]{x^2}\sqrt[4]{y} \qquad \textbf{R.}$$

2. Expresemos $\sqrt[3]{a}, 2\sqrt[4]{a^3}, \sqrt{x^3}\sqrt[5]{y^4}$ con exponente fraccionario.

$$\sqrt[3]{a} = a^{\frac{1}{3}} \qquad\qquad 2\sqrt[4]{a^3} = 2a^{\frac{3}{4}} \qquad\qquad \sqrt{x^3}\sqrt[5]{y^4} = x^{\frac{3}{2}}y^{\frac{4}{5}} \qquad \textbf{R.}$$

3. Expresemos $\dfrac{2}{a^{-2}b^{-3}}$ y $\dfrac{x}{2x^{-\frac{1}{2}}y^{-4}}$ con exponentes positivos.

$$\frac{2}{a^{-2}b^{-3}} = 2a^2b^3 \qquad\qquad \frac{x}{2x\frac{1}{2}y24} = \frac{(x)x^{\frac{1}{2}}y^4}{2} = \frac{x^{\frac{3}{2}}y^4}{2} \qquad \textbf{R.}$$

4. Expresemos $\dfrac{a^{\frac{3}{4}}}{x^{-\frac{1}{2}}}$ con exponentes positivos y signo radical.

$$\frac{a^{\frac{3}{4}}}{x^{-\frac{1}{2}}} = a^{\frac{3}{4}}x^{\frac{1}{2}} = \sqrt[4]{a^3}\sqrt{x} \qquad \textbf{R.}$$

5. Expresemos $\dfrac{\sqrt[3]{a^{-2}}}{3\sqrt{x^{-5}}}$ con exponentes fraccionarios positivos.

$$\frac{\sqrt[3]{a^{-2}}}{3\sqrt{x^{-5}}} = \frac{a^{-\frac{2}{3}}}{3x^{-\frac{5}{2}}} = \frac{x^{\frac{5}{2}}}{3a^{\frac{2}{3}}} \qquad \textbf{R.}$$

SABER HACER ⊗→TU CUENTA

Escribe las expresiones usando signo radical.

1. $x^{\frac{1}{3}} =$		3. $4a^{\frac{3}{4}} =$		5. $a^{\frac{4}{5}}b^{\frac{3}{2}} =$	
2. $m^{\frac{3}{5}}$		4. $xy^{\frac{1}{2}} =$		6. $x^{\frac{3}{2}}y^{\frac{1}{4}}z^{\frac{1}{5}} =$	

Escribe las expresiones usando exponente fraccionario.

1. $\sqrt{a^5} =$		3. $\sqrt{x} =$		5. $2\sqrt[4]{x^5} =$	
2. $\sqrt[3]{x^7} =$		4. $\sqrt[3]{m} =$		6. $\sqrt{a^3}\,\sqrt[3]{b^5} =$	

Escribe las expresiones usando signo radical y exponentes positivos.

1. $x^{-\frac{1}{2}} =$		9. $\dfrac{a^{-\frac{1}{2}}}{4a^2} =$	
2. $\dfrac{1}{a^{-\frac{1}{2}}b^{\frac{2}{3}}} =$		10. $x^{-\frac{2}{3}}y^{\frac{3}{5}}z^{-\frac{4}{7}} =$	
3. $5a^{\frac{5}{7}}b^{-\frac{1}{3}} =$		11. $x^{-2}m^{-3}n^{-\frac{2}{5}} =$	
4. $\dfrac{3x^{-1}}{x^{-\frac{1}{2}}} =$		12. $\left(a^{-\frac{1}{2}}\right)^3 =$	
5. $2m^{-\frac{2}{5}}n^{\frac{3}{4}} =$		13. $\left(x^{\frac{2}{3}}\right)^{-2} =$	
6. $\dfrac{1}{4x^{\frac{1}{3}}} =$		14. $\left(\dfrac{a}{b}\right)^{-\frac{3}{2}} =$	
7. $\dfrac{x^{\frac{3}{5}}}{y^{-\frac{2}{3}}} =$		15. $\left(x^{-\frac{1}{2}}\right)^{\frac{1}{3}} =$	
8. $\dfrac{3a^{-\frac{3}{2}}}{x^{\frac{1}{4}}} =$		16. $\left(x^{-\frac{3}{4}}\right)^{-\frac{2}{3}} =$	

SABER >>> ⟩ Producto de monomios con exponentes negativos o fraccionarios

Para multiplicar potencias cuya base sea el mismo monomio, se aplica la ley general de los exponentes; esto es, se suman los exponentes, ya sean negativos o fraccionarios.

HACER > Regla para el producto de monomios con exponentes negativos o fraccionarios

Multipliquemos algunos monomios con exponentes negativos o fraccionarios aplicando el algoritmo mencionado.

Ejemplos

1. $a^{-4} \times a = a^{-4+1} = a^{-3}$ **R.**

2. $a^3 \times a^{-5} = a^{3+(-5)} = a^{3-5} = a^{-2}$ **R.**

3. $a^{-1} \times a^{-2} = a^{-1-2} = a^{-3}$ **R.**

4. $a^3 \times a^{-3} = a^{3-3} = a^0 = 1$ **R.**

SABER > División de monomios con exponentes negativos o fraccionarios

Para dividir potencias cuya base sea el mismo monomio, se aplica la ley general de los exponentes; esto es, se restan los exponentes del dividendo menos el del divisor, ya sean negativos o fraccionarios.

HACER > Regla para dividir monomios con exponentes negativos o fraccionarios

Dividamos algunos monomios con exponentes negativos o fraccionarios aplicando el algoritmo mencionado. Ejemplos:

1. $a^{-1} \div a^2 = a^{-1-2} = a^{-3}$ **R.**

2. $a^2 \div a^{-1} = a^{2-(-1)} = a^{2+1} = a^3$ **R.**

3. $a^{-3} \div a^{-5} = a^{-3-(-5)} = a^{-3+5} = a^2$ **R.**

4. $a^{\frac{1}{2}} \div a^{\frac{3}{4}} = a^{\frac{1}{2}-\frac{3}{4}} = a^{-\frac{1}{4}}$ **R.**

SABER > Potencias de monomios con exponentes negativos o fraccionarios

Para elevar un monomio a una potencia, también se aplica la ley general de los exponentes; esto es, se multiplica el exponente, ya sea negativo o fraccionario, por la potencia dada.

HACER > Desarrollo de potencias con exponentes negativos o fraccionarios

Apliquemos el algoritmo mencionado para desarrollar las potencias de algunos monomios con exponentes negativos o fraccionarios.

Ejemplos

1. $(a^{-2})^3 = a^{-2\times3} = a^{-6}$ **R.**

2. $\left(a^{-\frac{1}{2}}\right)^2 = a^{-\frac{1}{2}\times2} = a^{-\frac{2}{2}} = a$ **R.**

3. $\left(a^{-\frac{3}{4}}\right)^2 = a^{-\frac{3}{4}\times2} = a^{-\frac{6}{4}} = a^{-\frac{3}{2}}$ **R.**

4. $\left(2a^{-1}b^{-\frac{1}{3}}\right)^3 = 8a^{-1\times3}b^{-\frac{1}{3}\times3} = 8a^{-3}b$ **R.**

SABER HACER ⊗→TU CUENTA

Desarrolla los productos y las divisiones.

1. $3m^{\frac{2}{5}}$ por $m^{-\frac{3}{5}}$		2. $2a^{\frac{3}{4}}$ por $a^{-\frac{1}{2}}$	

3. x^{-2} por $x^{\frac{1}{3}}$		**6.** $m^{-\frac{3}{4}}$ entre $m^{\frac{1}{2}}$	
4. $3n^2$ por $n^{-\frac{2}{3}}$		**7.** $a^{\frac{1}{3}}$ entre a	
5. $a^{\frac{2}{5}}$ entre $a^{-\frac{1}{5}}$		**8.** $4x^{\frac{2}{5}}$ entre $2x^{\frac{1}{5}}$	

Desarrolla las potencias.

1. $(a^{-1})^2 =$		**5.** $\left(x^{-4}y^{\frac{1}{4}}\right)^2 =$	
2. $(a^{-2}b^{-1})^3 =$		**6.** $\left(2a^{\frac{1}{2}}b^{\frac{1}{3}}\right)^2 =$	
3. $\left(x^{\frac{3}{4}}\right)^3 =$		**7.** $\left(x^{\frac{2}{3}}y^{-\frac{1}{2}}\right)^6 =$	
4. $\left(m^{\frac{3}{4}}\right)^2 =$		**8.** $\left(3a^{\frac{2}{5}}b^{-3}\right)^5 =$	

Simplifica las raíces.

1. $\sqrt{\dfrac{1}{5}} =$		**12.** $\sqrt[9]{27} =$	
2. $\sqrt{\dfrac{3}{8}} =$		**13.** $\sqrt[8]{16} =$	
3. $2\sqrt{\dfrac{1}{2}} =$		**14.** $3\sqrt[12]{64} =$	
4. $3\sqrt{\dfrac{1}{6}} =$		**15.** $\sqrt[4]{25a^2b^2} =$	
5. $\dfrac{1}{2}\sqrt{\dfrac{2}{3}} =$		**16.** $5\sqrt[6]{49a^2b^4} =$	
6. $\sqrt{\dfrac{a^2}{8x}} =$		**17.** $\sqrt[8]{81x^4y^8} =$	
7. $\dfrac{3}{2}\sqrt{\dfrac{4a^2}{27y^3}} =$		**18.** $\sqrt[10]{32x^{10}y^{15}} =$	
8. $5\sqrt{\dfrac{9n}{5m^3}} =$		**19.** $\sqrt[12]{64m^6n^{18}} =$	
9. $6\sqrt{\dfrac{5a^3}{24x^2}} =$		**20.** $\sqrt[15]{m^{10}n^{15}x^{20}} =$	
10. $\sqrt[4]{9} =$		**21.** $\sqrt[6]{343a^9x^{12}} =$	
11. $\sqrt[6]{4} =$			

SABER >>> › Simplificación de radicales

Simplificar un radical es reducirlo a su más simple expresión. Para hacerlo, es necesario descomponer la cantidad subradical, o radicando, en factores enteros que tengan el menor grado posible, de modo que en el radical quede la menor cantidad de términos.

HACER › Desarrollo de la simplificación de radicales

Apliquemos el procedimiento para simplificar algunos radicales.

Ejemplos

Simplificación
de radicales

1. Simplifiquemos el radical $2\sqrt{75x^4y^5}$.

   Descomponemos el radicando en factores que puedan extraerse del radical; así:

   $$2\sqrt{75x^4y^5} = 2\sqrt{3 \times 25 \times x^4 \times y^4 \times y} = 2\sqrt{5^2} \times \sqrt{x^4} \times \sqrt{y^4} \times \sqrt{3y} = 2 \times 5 \times x^2 \times y^2 \times \sqrt{3y}$$

   De este modo, el radical simplificado es:

   $$2\sqrt{75x^4y^5} = 10x^2y^2\sqrt{3y} \qquad \textbf{R.}$$

   En la práctica, no se indican las raíces de cada factor, sólo se expresan fuera del radical.

2. Simplifiquemos el radical $\dfrac{1}{7}\sqrt{49x^3y^7}$.

   Descomponemos el radicando y extraemos los factores, así:

   $$\frac{1}{7}\sqrt{49x^3y^7} = \frac{1}{7}\sqrt{7^2 \times x^2 \times x \times y^6 \times y} = \frac{1}{7} \times 7xy^3\sqrt{xy}$$

   De este modo, el radical simplificado es: $\dfrac{1}{7}\sqrt{49x^3y^7} = xy^3\sqrt{xy}$ \qquad **R.**

3. Simplifiquemos $\sqrt{\dfrac{2}{3}}$.

   En este caso, como la cantidad subradical es una fracción y el denominador es irracional, debemos encontrar una fracción equivalente para que el denominador tenga raíz exacta:

   $$\sqrt{\frac{2}{3}} = \sqrt{\frac{2 \times 3}{3 \times 3}} = \sqrt{\frac{6}{3^2}}$$

   De este modo, el radical simplificado queda así: $\sqrt{\dfrac{2}{3}} = \dfrac{1}{3}\sqrt{6}$ \qquad **R.**

4. Simplifiquemos $\sqrt[6]{9a^2x^2}$. $\sqrt[6]{9a^2x^2} = \sqrt[6]{3^2 \times a^2x^2} = 3^{\frac{2}{6}} \times a^{\frac{2}{6}} \times x^{\frac{2}{6}} = 3^{\frac{1}{3}} \times a^{\frac{1}{3}} \times x^{\frac{1}{3}} = \sqrt[3]{3ax}$ \qquad **R.**

   En este caso, lo que hicimos fue primero reducir el índice 6 y luego dividir los exponentes de los factores entre 2.

SABER HACER ⊗→TU CUENTA

Escribe las expresiones como radicales enteros.

1. $\sqrt{18} =$		**4.** $\sqrt{50a^2b} =$	
2. $3\sqrt{48} =$		**5.** $\dfrac{3}{5}\sqrt{125mn^6} =$	
3. $2\sqrt[4]{243} =$		**6.** $2a\sqrt{44a^3b^7c^9} =$	

SABER >>> > Conversión de términos en expresiones radicales

El método para expresar términos exponenciales como radicales es la operación inversa de la simplificación de radicales. Para introducir un coeficiente bajo el signo radical, el coeficiente se eleva a la potencia que indique el índice del radical; al hacer esto, se dice que el radical es entero.

HACER > Introducir un coeficiente en el signo radical

Veamos algunos casos en los que podemos introducir un coeficiente bajo el signo radical.

Ejemplos

1. Introduzcamos el coeficiente de $2\sqrt{a}$ dentro del signo radical.

   Primero, elevamos el coeficiente a la potencia indicada por el índice del radical; en este caso, al cuadrado. Enseguida, lo introducimos en el radical, así:

   $$2\sqrt{a} = \sqrt{2^2 \times a}$$

   De este modo, tenemos que: $2\sqrt{a} = \sqrt{4a}$ **R.**

2. Transformemos en entero el radical $3a^2 \sqrt[3]{a^2 b}$.

   Elevamos los términos que están fuera del radical a la potencia indicada por el índice; en este caso, al cubo:

   $$3a^2 \sqrt[3]{a^2 b} = \sqrt[3]{(3a^2)^3 \times a^2 b}$$

   De este modo, el radical entero queda así: $3a^2 \sqrt[3]{a^2 b} = \sqrt[3]{27a^8 b}$ **R.**

3. Transformemos en entero $(1-a)\sqrt{\dfrac{1+a}{1-a}}$.

   Elevamos al cuadrado el binomio $1 - a$ para introducirlo en el radical, así:

   $$(1-a)\sqrt{\frac{1+a}{1-a}} = \sqrt{\frac{(1-a)^2(1+a)}{1-a}} = \sqrt{(1-a)(1+a)}$$

   Por tanto, tenemos que: $(1-a)\sqrt{\dfrac{1+a}{1-a}} = \sqrt{1-a^2}$ **R.**

SABER HACER ⊗→TU CUENTA

En cada caso, transforma los radicales en radicales enteros.

1. $2\sqrt{3} =$		**7.** $ab^2 \sqrt[3]{a^2 b} =$	
2. $3\sqrt{5} =$		**8.** $4m\sqrt[3]{2m^2} =$	
3. $5a\sqrt{b} =$		**9.** $2a\sqrt[4]{8ab^3} =$	
4. $\dfrac{1}{2}\sqrt{2} =$		**10.** $\sqrt{\dfrac{a}{a+b}(a+b)^2} =$	
5. $3a\sqrt{2a^2} =$		**11.** $(x+1)\sqrt{\dfrac{2x}{x+1}} =$	
6. $5x^2 y\sqrt{3} =$		**12.** $(x-1)\sqrt{\dfrac{x-2}{x-1}} =$	

SABER ⟩⟩⟩ ⟩ Radicales con el índice mínimo común

Para convertir varios radicales con índices diferentes en radicales con un índice común, se debe hallar el mínimo común múltiplo de esos índices y elevar cada cantidad subradical a la potencia del índice resultante.

HACER ⟩ Reducción de radicales al índice mínimo común

Transformemos radicales que tienen índices distintos en radicales con un índice común.

Ejemplos

1. Reduzcamos al mínimo común índice: $\sqrt{3}, \sqrt[3]{5}, \sqrt[4]{2}$.

   Primero, calculamos el m. c. m. de los índices 2, 3 y 4, que es 12; entonces, éste es el índice común.

   Enseguida, dividimos el índice común 12 entre cada uno de los índices:

   $$\sqrt{3}: 12 \div 2 = 6 \qquad \sqrt[3]{5}: 12 \div 3 = 4 \qquad \sqrt[4]{2}: 12 \div 4 = 3$$

   Elevamos cada cantidad subradical a la potencia que indique el cociente que le corresponde y lo expresamos dentro del radical con el índice común; así:

   $$\sqrt{3} = \sqrt[12]{3^6} = \sqrt[12]{729} \qquad \sqrt[3]{5} = \sqrt[12]{5^4} = \sqrt[12]{625} \qquad \sqrt[4]{2} = \sqrt[12]{2^3} = \sqrt[12]{8} \qquad \textbf{R.}$$

   Los radicales con índice común son equivalentes a los iniciales. Por otro lado, también podemos expresar los radicales obtenidos con exponentes fraccionarios que tengan un denominador común, así:

   $$\sqrt{3} = 3^{\frac{1}{2}} = 3^{\frac{6}{12}} = \sqrt[12]{3^6} = \sqrt[12]{729} \qquad \sqrt[3]{5} = 5^{\frac{1}{3}} = 5^{\frac{4}{12}} = \sqrt[12]{5^4} = \sqrt[12]{625} \qquad \sqrt[4]{2} = 2^{\frac{1}{4}} = 2^{\frac{3}{12}} = \sqrt[12]{2^3} = \sqrt[12]{8} \qquad \textbf{R.}$$

2. Reduzcamos al mínimo común índice: $\sqrt{2a}, \sqrt[3]{3a^2 b}$ y $\sqrt[6]{15a^3 x^2}$. El m. c. m. de los índices 2, 3 y 6 es 6; entonces, lo dividimos entre cada índice, elevamos cada cantidad subradical a la potencia que resulte de ese cociente y obtenemos:

   $$\sqrt{2a} = \sqrt[6]{(2a)^3} = \sqrt[6]{8a^3} \qquad \sqrt[3]{3a^2 b} = \sqrt[6]{(3a^2 b)^2} = \sqrt[6]{9a^4 b^2} \qquad \sqrt[6]{15a^3 x^2} = \sqrt[6]{15a^3 x^2} \qquad \textbf{R.}$$

3. Ordenemos $\sqrt[4]{7}, \sqrt{3}$ y $\sqrt[3]{5}$ en forma decreciente según las magnitudes. Reducimos al mínimo común índice y ordenamos las magnitudes de los radicales; así:

   $$\sqrt[4]{7} = \sqrt[12]{7^3} = \sqrt[12]{343} \qquad \sqrt{3} = \sqrt[12]{3^6} = \sqrt[12]{729} \qquad \sqrt[3]{5} = \sqrt[12]{5^4} = \sqrt[12]{625} \qquad \textbf{R.}$$

   Por tanto, según las magnitudes de los radicales, el orden decreciente para $\sqrt[4]{7}, \sqrt{3}$ y $\sqrt[3]{5}$ es $\sqrt{3}, \sqrt[3]{5}$ y $\sqrt[4]{7}$. **R.**

SABER HACER →TU CUENTA

Reduce al mínimo común índice.

1. $\sqrt{5}, \sqrt[3]{2}$		6. $\sqrt[4]{8a^2 x^3}, \sqrt[6]{3a^5 m^4}$	
2. $\sqrt{2}, \sqrt[4]{3}$		7. $\sqrt[4]{3a}, \sqrt[5]{2b^2}, \sqrt[10]{7x^3}$	
3. $\sqrt{3}, \sqrt[3]{4}, \sqrt[4]{8}$		8. $2\sqrt[3]{a}, 3\sqrt{2b}, 4\sqrt[4]{5x^2}$	
4. $\sqrt{5x}, \sqrt[3]{4x^2 y}, \sqrt[6]{7a^3 b}$		9. $3\sqrt[3]{a^2}, \frac{1}{2}\sqrt[6]{b^3}, 4\sqrt[9]{x^5}$	
5. $\sqrt[3]{2ab}, \sqrt[5]{3a^2 x}, \sqrt[15]{5a^3 x^2}$			

Escribe en orden decreciente las magnitudes.

1. $\sqrt{5}, \sqrt[3]{2}$		3. $\sqrt{11}, \sqrt[3]{43}$		5. $\sqrt[4]{3}, \sqrt[5]{4}, \sqrt[10]{15}$	
2. $\sqrt[6]{15}, \sqrt[4]{7}$		4. $\sqrt{3}, \sqrt[3]{5}, \sqrt[6]{32}$		6. $\sqrt[3]{2}, \sqrt[6]{3}, \sqrt[9]{9}$	

SABER ⟫⟫ › Radicales semejantes

Los radicales semejantes son aquellos que tienen el mismo grado e igual cantidad subradical. Éstos se pueden reducir calculando la suma algebraica de sus coeficientes, expresándola como coeficiente de la parte radical común.

HACER › Reducción de radicales semejantes

Apliquemos el procedimiento para reducir radicales semejantes.

Ejemplos

1. $3\sqrt{2} + 5\sqrt{2} = (3+5)\sqrt{2} = 8\sqrt{2}$ R.

4. $\dfrac{2}{3}\sqrt{7} - \dfrac{3}{4}\sqrt{7} = \left(\dfrac{2}{3} - \dfrac{3}{4}\right)\sqrt{7}$ R.

2. $9\sqrt{3} - 11\sqrt{3} = (9-11)\sqrt{3} = -2\sqrt{3}$ R.

5. $7\sqrt[3]{2} - \dfrac{1}{2}\sqrt[3]{2} = \dfrac{13}{2}\sqrt[3]{2}$ R.

3. $4\sqrt{2} - 7\sqrt{2} + \sqrt{2} = (4-7+1)\sqrt{2} = -2\sqrt{2}$ R.

6. $3a\sqrt{5} - b\sqrt{5} + (2b-3a)\sqrt{5} = (3a - b + 2b - 3a)\sqrt{5} = b\sqrt{5}$ R.

SABER HACER ⊗→TU CUENTA

Reduce los radicales.

1. $7\sqrt{2} - 15\sqrt{2} =$	
2. $4\sqrt{3} - 20\sqrt{3} + 19\sqrt{3} =$	
3. $\sqrt{5} - 22\sqrt{5} - 8\sqrt{5} =$	
4. $\sqrt{2} - 9\sqrt{2} + 30\sqrt{2} - 40\sqrt{2} =$	
5. $\dfrac{3}{4}\sqrt{2} - \dfrac{1}{2}\sqrt{2} =$	
6. $\dfrac{3}{5}\sqrt{3} - \sqrt{3} =$	
7. $2\sqrt{5} - \dfrac{1}{2}\sqrt{5} + \dfrac{3}{4}\sqrt{5} =$	
8. $\dfrac{1}{4}\sqrt{3} + 5\sqrt{3} - \dfrac{1}{8}\sqrt{3} =$	
9. $a\sqrt{b} - 3a\sqrt{b} + 7a\sqrt{b} =$	
10. $3x\sqrt{y} + (a-x)\sqrt{y} - 2x\sqrt{y} =$	
11. $(x-1)\sqrt{3} + (x-3)\sqrt{3} + 4\sqrt{3} =$	

S A B E R   》》》 **> Suma y resta de radicales**

Para sumar o restar varios radicales, primero se reducen los que son semejantes y después se escriben con su propio signo los que no lo son. Recordemos que para reducir un radical, cada cantidad subradical puede descomponerse en un producto de factores primos.

HACER   **> Regla para sumar o restar radicales**

Practiquemos la suma y la resta de radicales. Ejemplos:

1. Simplifiquemos $2\sqrt{450} + 9\sqrt{12} - 7\sqrt{48} - 3\sqrt{98}$.

Reducimos cada uno de los radicales dados; así:

$$2\sqrt{450} = 2\sqrt{2\cdot 3^2 \cdot 5^2} = 30\sqrt{2}$$
$$9\sqrt{12} = 9\sqrt{2^2 \cdot 3} = 18\sqrt{3}$$
$$7\sqrt{48} = 7\sqrt{2^4 \cdot 3} = 28\sqrt{3}$$
$$3\sqrt{98} = 3\sqrt{2\cdot 7^2} = 21\sqrt{2}$$

Simplificamos mediante la suma y la resta:

$$2\sqrt{450} + 9\sqrt{12} - 7\sqrt{48} - 3\sqrt{98} = 30\sqrt{2} + 18\sqrt{3} - 28\sqrt{3} - 21\sqrt{2}$$
$$= (30-21)\sqrt{2} + (18-28)\sqrt{3}$$

Finalmente, tenemos que:

$$2\sqrt{450} + 9\sqrt{12} - 7\sqrt{48} - 3\sqrt{98} = 9\sqrt{2} - 10\sqrt{3} \qquad \textbf{R.}$$

2. Simplifiquemos $\dfrac{1}{4}\sqrt{80} - \dfrac{1}{6}\sqrt{63} - \dfrac{1}{9}\sqrt{180}$.

Reducimos cada uno de los radicales dados; así:

$$\frac{1}{4}\sqrt{80} = \frac{1}{4}\sqrt{2^4 \cdot 5} = \frac{1}{4} \times 4\sqrt{5} = \sqrt{5}$$
$$\frac{1}{6}\sqrt{63} = \frac{1}{6}\sqrt{3^2 \cdot 7}\,\frac{1}{6} \times 3\sqrt{7} = \frac{1}{2}\sqrt{7}$$
$$\frac{1}{9}\sqrt{180} = \frac{1}{9}\sqrt{2^2 \cdot 3^2 \cdot 5} = \frac{1}{9} \times 6\sqrt{5} = \frac{2}{3}\sqrt{5}$$

Simplificamos mediante la suma y la resta:

$$\frac{1}{4}\sqrt{80} - \frac{1}{6}\sqrt{63} - \frac{1}{9}\sqrt{180} = \sqrt{5} - \frac{1}{2}\sqrt{7} - \frac{2}{3}\sqrt{5}$$
$$= \left(1 - \frac{2}{3}\right)\sqrt{5} - \frac{1}{2}\sqrt{7} =$$

Finalmente, tenemos que:

$$\frac{1}{4}\sqrt{80} - \frac{1}{6}\sqrt{63} - \frac{1}{9}\sqrt{180} = \frac{1}{3}\sqrt{5} - \frac{1}{2}\sqrt{7} \qquad \textbf{R.}$$

3. Simplifiquemos $\sqrt{\dfrac{1}{3}} - \sqrt{\dfrac{4}{5}} + \sqrt{\dfrac{1}{12}}$. Para hacerlo, transformamos las fracciones dadas en otras que les sean equivalentes, pero exactas, lo que nos permitirá extraerlas del radical:

$$\sqrt{\frac{1}{3}} = \sqrt{\frac{3}{3^2}} = \frac{1}{3}\sqrt{3} \qquad \sqrt{\frac{1}{12}} = \sqrt{\frac{1}{2^2 \cdot 3}} = \sqrt{\frac{3}{2^2 \cdot 3^2}}$$
$$\sqrt{\frac{4}{5}} = \sqrt{\frac{4\cdot 5}{5^2}} = \frac{2}{5}\sqrt{5}$$

Por tanto, la simplificación queda así:

$$\sqrt{\frac{1}{3}} - \sqrt{\frac{4}{5}} + \sqrt{\frac{1}{12}} = \frac{1}{6}\sqrt{3} \qquad \textbf{R.}$$

SABER HACER ⓧ→TU CUENTA

Simplifica los radicales.

1. $\sqrt{45} - \sqrt{27} - \sqrt{20} =$			
2. $\sqrt{175} + \sqrt{243} - \sqrt{63} - 2\sqrt{75} =$			
3. $\sqrt{80} - 2\sqrt{252} + 3\sqrt{405} - 3\sqrt{500} =$		**7.** $\frac{1}{7}\sqrt{147} - \frac{1}{5}\sqrt{700} + \frac{1}{10}\sqrt{28} + \frac{1}{3}\sqrt{2187} =$	
4. $7\sqrt{450} - 4\sqrt{320} + 3\sqrt{80} - 5\sqrt{800} =$		**8.** $\sqrt{\frac{1}{3}} - \sqrt{\frac{1}{2}} + \sqrt{\frac{3}{4}} =$	
5. $\frac{1}{2}\sqrt{12} - \frac{1}{3}\sqrt{18} + \frac{3}{4}\sqrt{48} + \frac{1}{6}\sqrt{72} =$		**9.** $\sqrt{\frac{9}{5}} - \sqrt{\frac{1}{6}} - \sqrt{\frac{1}{20}} + \sqrt{6} =$	
6. $\frac{3}{4}\sqrt{176} - \frac{2}{3}\sqrt{45} + \frac{1}{8}\sqrt{320} + \frac{1}{5}\sqrt{275} =$		**10.** $\frac{5}{3}\sqrt{\frac{3}{5}} - \frac{1}{2}\sqrt{\frac{3}{4}} - 5\sqrt{\frac{1}{15}} + 3\sqrt{\frac{1}{12}} =$	

SABER >>> > Producto de radicales que tienen el mismo índice

Para efectuar el producto entre radicales que tienen el mismo índice, primero se multiplican los coeficientes entre sí y luego se colocan fuera del radical; asimismo, también se multiplican entre sí las cantidades subradicales y el producto se coloca dentro del signo radical común.

Ejemplos

1. Demostremos que $a\sqrt[n]{m} \times b\sqrt[n]{x} = ab\sqrt[n]{mx}$. Expresamos los radicales dados como términos con exponentes fraccionarios y simplificamos, así:

$$a\sqrt[n]{m} \times b\sqrt[n]{x} = am^{\frac{1}{n}} \times bx^{\frac{1}{n}} = abm^{\frac{1}{n}}x^{\frac{1}{n}} = ab(mx)^{\frac{1}{n}}$$

Por tanto, comprobamos que: $a\sqrt[n]{m} \times b\sqrt[n]{x} = ab\sqrt[n]{mx}$.

2. Multipliquemos $2\sqrt{15} \times 3\sqrt{10} = 2 \times 3\sqrt{15 \times 10} = 6\sqrt{150} = 6\sqrt{2 \times 3 \times 5^2} = 30\sqrt{6}$

HACER > Producto de radicales que tienen distinto índice

Para realizar el producto entre radicales que tienen índice diferente, primero se reducen los radicales al mínimo común índice y después se multiplican, como los radicales que tienen el mismo índice.

Ejemplo

Multipliquemos $5\sqrt{2a}$ por $\sqrt[3]{4a^2b}$.

Transformamos los radicales dados en otros equivalentes que tengan el mínimo común índice, así:

$$5\sqrt{2a} = 5\sqrt[6]{(2a)^3} = 5\sqrt[6]{8a^3}$$
$$\sqrt[3]{4a^2b} = \sqrt[6]{(4a^2b)^2} = \sqrt[6]{16a^4b^2}$$

Aplicamos los subradicales en factores y los extraemos del radical:

$$5\sqrt{2a} \times \sqrt[3]{4a^2b} = 5\sqrt[6]{8a^3} \times \sqrt[6]{16a^4b^2} = 5\sqrt[6]{128a^7b^2} = 5\sqrt[6]{2^6 \cdot 2 \cdot a^6 \cdot a \cdot b^2}$$

Por tanto, tenemos que: $\left(5\sqrt{2a}\right)\left(\sqrt[3]{4a^2b}\right) = 10a^6\sqrt{2ab^2}$ **R.**

SABER HACER ⊗→TU CUENTA

Multiplica los radicales y anota tu respuesta.

1. $\sqrt{3} \times \sqrt{6} =$		12. $\sqrt{2} - \sqrt{3} \times \sqrt{2} + 2\sqrt{3} =$	
2. $5\sqrt{21} \times 2\sqrt{3} =$		13. $\sqrt{5} + 5\sqrt{3} \times 2\sqrt{5} + 3\sqrt{3} =$	
3. $\frac{1}{2}\sqrt{14} \times \frac{2}{7}\sqrt{21} =$		14. $\sqrt[3]{7} - 2\sqrt{3} \times 5\sqrt{3} + 4\sqrt{7} =$	
4. $\sqrt[3]{12} \times \sqrt[3]{9} =$			
5. $\frac{5}{6}\sqrt[3]{15} \times 12\sqrt[3]{50} =$		15. $\frac{2}{3}\sqrt[3]{4m^2} \times \frac{3}{4}\sqrt[5]{16m^4n} =$	
6. $x\sqrt{2a} \times \frac{1}{a}\sqrt{5a} =$		16. $3\sqrt{2ab} \times 4\sqrt[4]{8x^3} =$	
7. $5\sqrt{12} \times 3\sqrt{75} =$		17. $\sqrt[3]{9x^2y} \times \sqrt[6]{81x^5} =$	
8. $\frac{3}{4}\sqrt[3]{9a^2} \times 8\sqrt[3]{3ab} =$		18. $\sqrt[3]{a^2b^2} \times 2\sqrt[4]{a^3b} =$	
9. $\sqrt{2} - \sqrt{3} \times \sqrt{2} =$		19. $\sqrt[4]{25x^2y^3} \times \sqrt[6]{125x^2} =$	
10. $7\sqrt{5} + 5\sqrt{3} \times 2\sqrt{3} =$		20. $\sqrt{x} \times \sqrt[3]{2x^2} =$	
11. $2\sqrt{3} + \sqrt{5} - 5\sqrt{2} \times 4\sqrt{15} =$			

SABER »»» > Cociente entre radicales que tienen el mismo índice

Para efectuar el cociente entre radicales que tienen el mismo índice, los coeficientes se dividen entre sí y el resultado se coloca fuera del radical. De igual modo, las cantidades subradicales se dividen entre sí y su cociente se coloca dentro del signo radical común.

Demostremos que $a\sqrt[n]{m} \div b\sqrt[n]{x} = \dfrac{a}{b}\sqrt[n]{\dfrac{m}{n}}$. Para hacerlo, multiplicamos el cociente por el divisor, de modo que obtengamos el dividendo; así:

$$\frac{a}{b}\sqrt[n]{\frac{m}{x}} \times b\sqrt[n]{x} = \frac{ab}{b}\sqrt[n]{\frac{mx}{x}} = a\sqrt[n]{m}$$

HACER   > Cociente entre radicales que tienen distinto índice

Para efectuar el cociente entre radicales que tienen índice diferente, primero se reducen los radicales al mínimo común índice y después se dividen, como los radicales que tienen el mismo índice. Ejemplos:

1. Dividamos $2\sqrt[3]{81x^7}$ entre $3\sqrt[3]{3x^2}$.

   En este caso, los radicales tienen el mismo índice, por lo que dividimos los coeficientes y simplificamos las cantidades subradicales, así:

   $$2\sqrt[3]{81x^7} \div 3\sqrt[3]{3x^2} = \frac{2}{3}\sqrt[3]{\frac{81x^7}{3x^2}} = \frac{2}{3}\sqrt[3]{27x^5} = \frac{2}{5}\sqrt[3]{3^3 \times x^3 \times x^2}$$

   Por tanto, tenemos que $2\sqrt[3]{81x^7} \div 3\sqrt[3]{3x^2} = 2x\sqrt[3]{x^2}$ **R.**

2. Dividamos $\sqrt[3]{4a^2}$ entre $\sqrt[4]{2a}$.

   Transformamos los radicales dados en otros equivalentes que tengan el mínimo común índice, así:

   $$\sqrt[3]{4a^2} = \sqrt[12]{(4a^2)^4} = \sqrt[12]{256a^8}$$
   $$\sqrt[4]{2a} = \sqrt[12]{(2a)^3} = \sqrt[12]{8a^3}$$

   Simplificamos las cantidades subradicales:

   $$\sqrt[3]{4a^2} \div \sqrt[4]{2a} = \sqrt[12]{256a^8} \div \sqrt[12]{8a^3} = \sqrt[12]{\frac{256a^8}{8a^3}}$$

   Por tanto, tenemos que $\sqrt[3]{4a^2} \div \sqrt[4]{2a} = \sqrt[12]{32a^5}$ **R.**

SABER HACER →TU CUENTA

Multiplica los radicales y anota tu respuesta.

1. $4\sqrt{6} + 2\sqrt{3} =$		9. $\dfrac{1}{3}\sqrt[3]{\dfrac{1}{2}} + \dfrac{1}{6}\sqrt[3]{\dfrac{1}{3}} =$		17. $\dfrac{4}{5}\sqrt[3]{4ab} + \dfrac{1}{10}\sqrt{2a^2} =$	
2. $2\sqrt{3a} + 10\sqrt{a} =$		10. $\sqrt[3]{2} + \sqrt{2} =$			
3. $\dfrac{1}{2}\sqrt{3xy} + \dfrac{3}{4}\sqrt{x} =$		11. $\sqrt{9x} + \sqrt[3]{3x^2} =$			
4. $\sqrt{75x^2y^3} + 5\sqrt{3xy} =$		12. $\sqrt[3]{8a^3b} + \sqrt[4]{4a^2} =$			
5. $3\sqrt[3]{16a^5} + 4\sqrt[3]{2a^2} =$		13. $\dfrac{1}{2}\sqrt{2x} + \dfrac{1}{4}\sqrt[6]{16x^4} =$			
6. $\dfrac{5}{6}\sqrt{\dfrac{1}{2}} + \dfrac{10}{3}\sqrt{\dfrac{2}{3}} =$		14. $\sqrt[3]{5m^2n} + \sqrt[5]{m^3n^2} =$			
7. $4x\sqrt{a^3x^2} + 2\sqrt{a^2x^3} =$		15. $\sqrt[6]{18x^3y^4z^5} + \sqrt[4]{3x^2y^2z^3} =$			
8. $\dfrac{2a}{3}\sqrt[3]{x^2} + \dfrac{a}{3x^2}\sqrt[3]{x^3} =$		16. $\sqrt[3]{3m^4} + \sqrt[9]{27m^2} =$			

SABER   ›››   › Potencia de un radical

Para elevar un radical a una potencia, primero, el coeficiente y la cantidad subradical se elevan a esa potencia; después, sólo se simplifican los términos.

Ejemplo Demostremos que $\left(a\sqrt[n]{b}\right)^m = a^m\sqrt[n]{b^m}$.

Escribimos el radical como un término con exponente fraccionario, elevamos a la potencia dada y simplificamos:

$$\left(a\sqrt[n]{b}\right)^m = \left(ab^{\frac{1}{n}}\right)^m = a^m b^{\frac{m}{n}} = a^m\sqrt[n]{b^m}$$

Raíz de un radical

Para calcular la raíz de un radical, el índice del radical se multiplica por el índice de la raíz; después, sólo se simplifican los términos.

Ejemplo Demostremos que $\sqrt[m]{\sqrt[n]{a}} = \sqrt[mn]{a}$.

Escribimos los radicales como términos con exponentes fraccionarios, multiplicamos los exponentes y simplificamos:

$$\sqrt[m]{\sqrt[n]{a}} = \sqrt[m]{a^{\frac{1}{n}}} = a^{\frac{1}{mn}} = \sqrt[mn]{a}$$

HACER   › Potencia o raíz de un radical

Practiquemos cómo elevar un radical a una potencia y cómo calcular su raíz. Ejemplos:

1. Elevemos al cubo $\sqrt[5]{4x^2}$.

   Multiplicamos la potencia por el exponente de la cantidad subradical, descomponemos ésta en un producto de factores primos y simplificamos:
   $$\left(\sqrt[5]{4x^2}\right)^3 = \sqrt[5]{\left(4x^2\right)^3} = \sqrt[5]{64x^6} = \sqrt[5]{2\times 2^5\times x\times x^5}$$

   Por tanto, al simplificar tenemos que $\left(\sqrt[5]{4x^2}\right)^3 = 2x\sqrt[5]{2x}$ **R.**

2. Elevemos al cuadrado $\sqrt{5} - 3\sqrt{2}$.

   Primero, desarrollamos el cuadrado del binomio: $\left(\sqrt{5} - 3\sqrt{2}\right)^2 = \left(\sqrt{5}\right)^2 - 2\left(\sqrt{5}\right)\left(3\sqrt{2}\right) + \left(3\sqrt{2}\right)^2$

   Después, simplificamos los coeficientes y la cantidad subradical: $5 - 6\sqrt{10} + 18 = 23 - 6\sqrt{10}$ **R.**

3. Calculemos la raíz cuadrada de $\sqrt[3]{4a^2}$.

   Multiplicamos los índices de los radicales, descomponemos en factores la cantidad subradical y simplificamos los exponentes:
   $$\sqrt{\sqrt[3]{4a^2}} = \sqrt[6]{4a^2} = \sqrt[6]{2^2\times a^2}$$

   Por tanto, tenemos que $\sqrt{\sqrt[3]{4a^2}} = \sqrt[3]{2a}$ **R.**

SABER HACER ⊗→TU CUENTA

Desarrolla las potencias.

1. $\left(4\sqrt{2}\right)^2 =$		**3.** $\left(5\sqrt{7}\right)^2 =$		**5.** $\left(3\sqrt[3]{2a^2b}\right)^4 =$		**7.** $\left(\sqrt[5]{81ab^3}\right)^3 =$	
2. $\left(2\sqrt{3}\right)^2 =$		**4.** $\left(2\sqrt[3]{4}\right)^2 =$		**6.** $\left(\sqrt[4]{8x^3}\right)^2 =$		**8.** $\left(\sqrt[6]{18}\right)^3 =$	

Eleva al cuadrado.

1. $\sqrt{2} - \sqrt{3} =$		**3.** $\sqrt{5} - \sqrt{7} =$		**5.** $\sqrt{x} + \sqrt{x-1} =$	
2. $4\sqrt{2} + \sqrt{3} =$		**4.** $5\sqrt{7} - 6 =$		**6.** $\sqrt{x+1} - 4\sqrt{x} =$	

Simplifica los radicales.

1. $\sqrt{\sqrt[3]{a^2}} =$		**3.** $\sqrt[4]{\sqrt{81}} =$		**5.** $\sqrt{\sqrt[3]{4a^2}} =$		**7.** $\sqrt{\sqrt[4]{25a^2}} =$	
2. $\sqrt[3]{\sqrt{8}} =$		**4.** $\sqrt{\sqrt{3a}} =$		**6.** $\sqrt[3]{2\sqrt{2}} =$		**8.** $\sqrt[3]{\sqrt[4]{27a^3}} =$	

SABER >>> › Racionalización

La racionalización es un procedimiento por el que una fracción cuyo denominador tiene una raíz se convierte en otra fracción equivalente cuyo denominador ya no tiene raíz; esto es una fracción irracional se convierte en una fracción racional.

Racionalización de una fracción cuyo denominador es un monomio

Para racionalizar una fracción cuyo denominador es un radical con un monomio, primero se multiplican el numerador y el denominador por un radical que tenga el mismo índice que el denominador y luego se simplifican los términos. Con ello, se pretende que este producto dé como resultado una cantidad racional.

Racionalización de una fracción cuyo denominador es un binomio

Para racionalizar una fracción cuyo denominador es un radical con un binomio, primero, se multiplica la fracción dada por la expresión conjugada del denominador y luego se simplifican los términos. La expresión conjugada es una fracción cuyo numerador y denominador es igual al denominador dado; por ejemplo, para $\dfrac{7}{3+\sqrt{5x}}$, la conjugada es $\dfrac{3+\sqrt{5x}}{3+\sqrt{5x}}$; como se puede ver, esta expresión equivale a 1, por lo que al multiplicarla por cualquier cantidad, no altera su valor.

HACER › Racionalizar una fracción cuyo denominador es un monomio

Transformemos algunas fracciones irracionales en fracciones racionales con un monomio en el denominador.

Ejemplos

1. Racionalicemos $\dfrac{3}{\sqrt{2x}}$. Para hacerlo, multiplicamos el numerador y el denominador por $\sqrt{2x}$ y simplificamos. Así, tenemos:

$$\frac{3}{\sqrt{2x}}=\frac{3\sqrt{2x}}{\sqrt{2x}\cdot\sqrt{2x}}=\frac{3\sqrt{2x}}{\sqrt{2^2\cdot x^2}}=\frac{3\sqrt{2x}}{2x}=\frac{3}{2x}\sqrt{2x}\qquad\textbf{R.}$$

2. Racionalicemos $\dfrac{2}{\sqrt[3]{9a}}$. Para conocer el factor por el que debemos multiplicar la fracción, primero descomponemos el denominador así: $\sqrt[3]{9a}=\sqrt[3]{3^2\cdot a}$. Luego de esto, podemos darnos cuenta de que necesitamos este producto: $\left(\sqrt[3]{3^2\times a}\right)\left(\sqrt[3]{3a^2}\right)=\sqrt[3]{3^3\times a^3}$.

Entonces, para no alterar la fracción, la multiplicamos por $\dfrac{\sqrt[3]{3a^2}}{\sqrt[3]{3a^2}}$ y simplificamos:

$$\frac{2}{\sqrt[3]{9a}}=\frac{2\sqrt[3]{3a^2}}{\sqrt[3]{3^2a}\cdot\sqrt[3]{3a^2}}=\frac{2\sqrt[3]{3a^2}}{\sqrt[3]{3^3\cdot a^3}}=\frac{2\sqrt[3]{3a^2}}{3a}=\frac{2}{3a}\sqrt[3]{3a^2}\qquad\textbf{R.}$$

Racionalización del denominador

Racionalizar una fracción cuyo denominador es un binomio

Transformemos algunas fracciones irracionales en fracciones racionales con un binomio en el denominador.

Ejemplos

1. Racionalicemos $\dfrac{4-\sqrt{2}}{2+5\sqrt{2}}$. Para hacerlo, primero multiplicamos la fracción por la expresión conjugada del denominador y luego simplificamos:

$$\frac{4-\sqrt{2}}{2+5\sqrt{2}}=\frac{\left(4-\sqrt{2}\right)\left(2-5\sqrt{2}\right)}{\left(2+5\sqrt{2}\right)\left(2-5\sqrt{2}\right)}=\frac{8-22\sqrt{2}+10}{2^2-\left(5\sqrt{2}\right)^2}=\frac{18-22\sqrt{2}}{4-50}=\frac{18-22\sqrt{2}}{-46}=\frac{9-11\sqrt{2}}{-23}$$

Así, tenemos que: $\dfrac{4-\sqrt{2}}{2+5\sqrt{2}}=\dfrac{11\sqrt{2}-9}{23}\qquad\textbf{R.}$

2. Racionalicemos $\dfrac{\sqrt{5}+2\sqrt{7}}{4\sqrt{5}-3\sqrt{7}}$. Para hacerlo, multiplicamos la fracción por la expresión conjugada del denominador y simplificamos; esto es:

$$\frac{\sqrt{5}+2\sqrt{7}}{4\sqrt{5}-3\sqrt{7}}=\frac{\left(\sqrt{5}+2\sqrt{7}\right)\left(4\sqrt{5}+3\sqrt{7}\right)}{\left(4\sqrt{5}-3\sqrt{7}\right)\left(4\sqrt{5}+3\sqrt{7}\right)}=\frac{20+11\sqrt{35}+42}{\left(4\sqrt{5}\right)^2-\left(3\sqrt{7}\right)^2}=\frac{62+11\sqrt{35}}{80-63}$$

De este modo, tenemos que: $\dfrac{\sqrt{5}+2\sqrt{7}}{4\sqrt{5}-3\sqrt{7}}=\dfrac{62+11\sqrt{35}}{17}\qquad\textbf{R.}$

SABER HACER ⊗→TU CUENTA

Racionaliza las fracciones.

1. $\dfrac{1}{\sqrt{3}} =$		**9.** $\dfrac{3-\sqrt{2}}{1+\sqrt{2}} =$	
2. $\dfrac{5}{\sqrt{2}} =$		**10.** $\dfrac{5+2\sqrt{3}}{4-\sqrt{3}} =$	
3. $\dfrac{3}{4\sqrt{5}} =$		**11.** $\dfrac{\sqrt{2}-\sqrt{5}}{\sqrt{2}+\sqrt{5}} =$	
4. $\dfrac{2a}{\sqrt{2ax}} =$		**12.** $\dfrac{\sqrt{7}+2\sqrt{5}}{\sqrt{7}-\sqrt{5}} =$	
5. $\dfrac{5}{\sqrt[3]{4a^2}} =$		**13.** $\dfrac{\sqrt{2}-3\sqrt{5}}{2\sqrt{2}+\sqrt{5}} =$	
6. $\dfrac{1}{\sqrt[3]{9x}} =$		**14.** $\dfrac{19}{5\sqrt{2}-4\sqrt{3}} =$	
7. $\dfrac{3}{\sqrt[4]{9a}} =$		**15.** $\dfrac{3\sqrt{2}}{7\sqrt{2}-6\sqrt{3}} =$	
8. $\dfrac{6}{5\sqrt[3]{3x}} =$		**16.** $\dfrac{4\sqrt{3}-3\sqrt{7}}{2\sqrt{3}+3\sqrt{7}} =$	

CONEXIONES   › Torres de Hanói

Las Torres de Hanói es un juego inventado en 1883 por el matemático francés Éduard Lucas, que consiste en llevar los discos de la barra 1 a la 3 con el menor número de movimientos posible.

Existen varias presentaciones de este juego; algunas con discos redondos o bien con discos cuadrados; otras, con entre dos y diez discos, incluso más.

Reglas del juego

Como en todos los juegos, existen algunas reglas que deben cumplirse:

1. No se permite desplazar más de un disco en cada movimiento.
2. Un disco sólo puede descansar sobre otro de diámetro superior.
3. Sólo se puede desplazar el disco que se encuentre en la parte superior de cada barra.

Sugerencias para jugar

Antes de iniciar el juego, toma en cuenta las siguientes sugerencias:

1. Anota los movimientos que hagas.
2. Procura encontrar una regularidad o patrón.
3. Juega primero con dos discos, después con tres, con cuatro, etcétera.
4. Intenta generalizar el problema; esto es, identifica una regla que permita calcular el menor número de movimientos necesarios para desplazar cualquier cantidad de discos. Cuando lo logres, responde la siguiente pregunta: ¿cuántos movimientos son necesarios para desplazar n cantidad de discos?

Ejemplo para desplazar dos discos

Analiza las posibilidades que presentamos para mover dos discos en las barras.

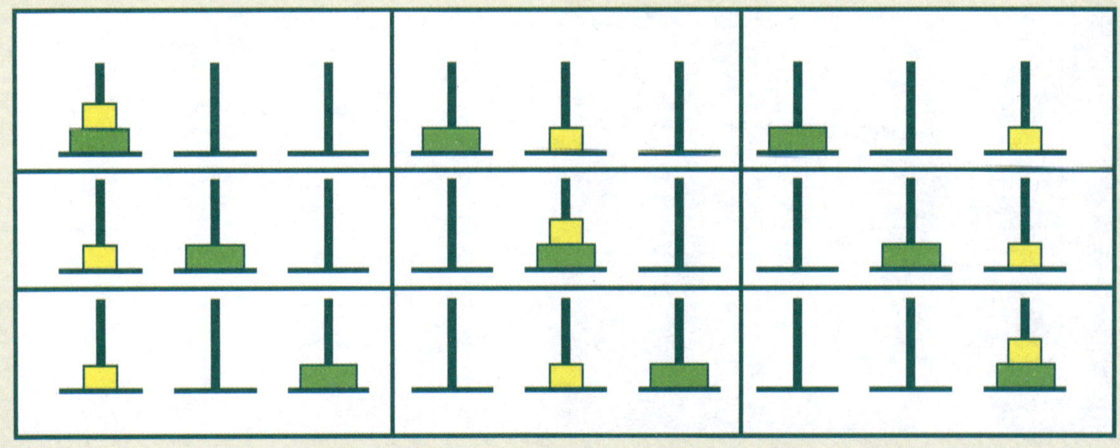

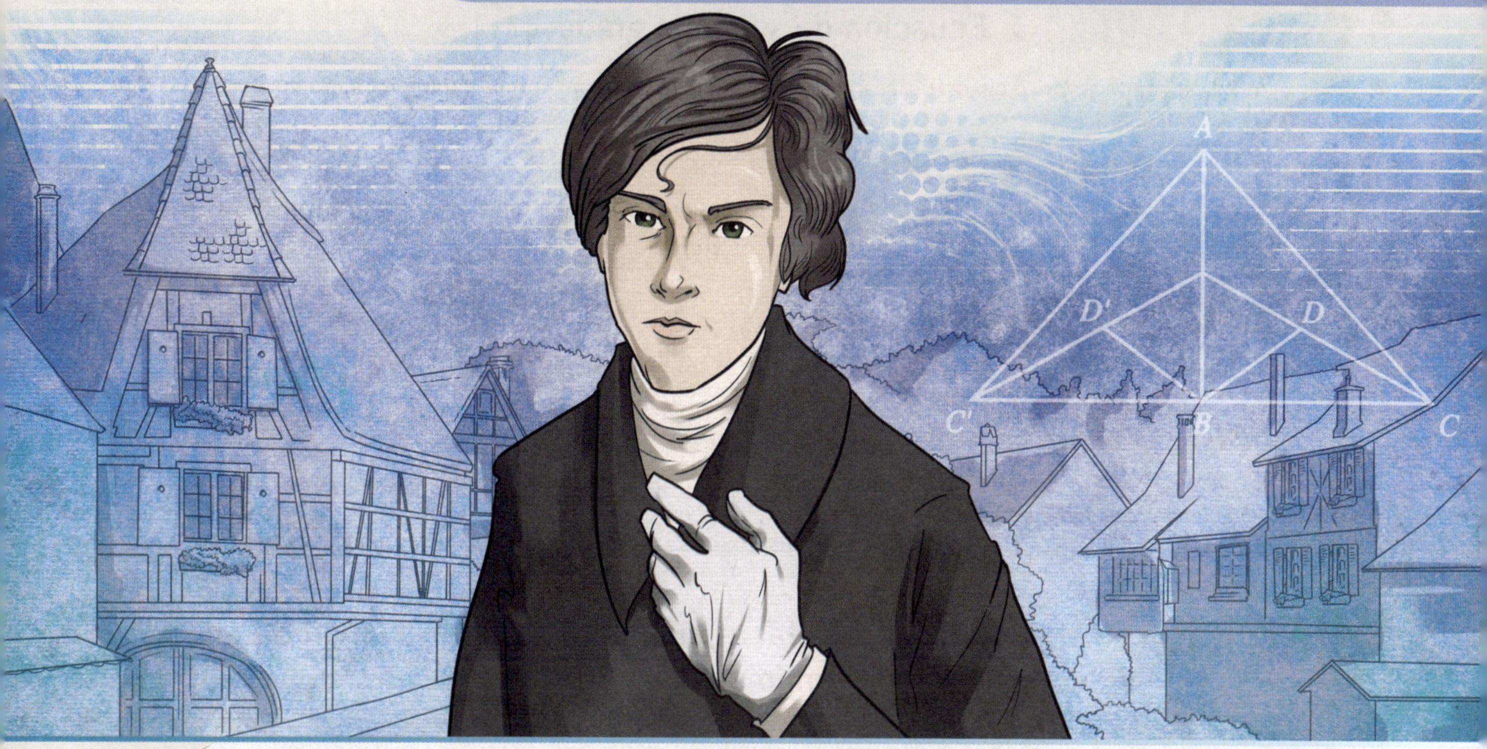

Évariste Galois (1811-1832). Matemático francés. Durante su adolescencia, Galois estudió uno de los problemas fundamentales del álgebra: la resolución de ecuaciones por radicales. Sus investigaciones lo llevaron a determinar la condición necesaria y suficiente para que un polinomio sea resuelto por radicales. También fue el primero en utilizar el término *grupo* en las matemáticas. Su trabajo contribuyó más tarde al desarrollo de la modulación CDMA, utilizada hoy en telecomunicaciones y en los sistemas de navegación, como GPS.

En la vida diaria, hay una gran cantidad de situaciones cotidianas que pueden ser modeladas con ecuaciones de la siguiente forma $ax^2 + bx + c = 0$, conocidas como ecuaciones de segundo grado. Por ejemplo:

Si la longitud de la base de un terreno triangular es 15 m menor que la longitud de su altura, ¿cómo calculamos la longitud de la base, considerando que el área del terreno triangular es de 1500 m²?

Primero, podemos traducir los datos del problema de la siguiente manera:

$$\frac{x(x+15)}{2} = 1500$$

$$x^2 + 15x - 3000 = 0$$

Como podemos ver, la expresión resultante es una ecuación de segundo grado. Y en este capítulo se estudian varios métodos para resolver este tipo de ecuaciones.

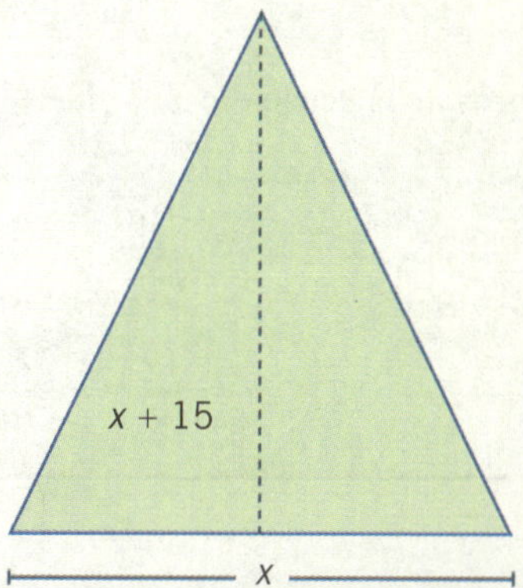

Ecuaciones cuadráticas

SABER >>> > Ecuación de segundo grado

Una ecuación de segundo grado, o cuadrática, es aquella en la que el grado mayor del exponente de la incógnita es 2. Por ejemplo: $4x^2 + 7x + 6 = 0$.

Ecuaciones completas de segundo grado

Son aquellas que tienen la forma $ax^2 + bx + c = 0$. Se les llama así porque tienen todos los elementos que las caracterizan, esto es, un término en x^2, uno en x y uno independiente de x. Ejemplos: $2x^2 + 7x - 15 = 0$, $x^2 - 8x = -15$ o $x^2 - 8x + 15 = 0$.

Ecuaciones incompletas de segundo grado

Son aquellas que tienen la forma $ax^2 + c = 0$ o $ax^2 + bx = 0$. Se les llama así porque carecen de algún elemento, ya sea el término en x o el independiente. Ejemplos: $x^2 - 16 = 0$ y $3x^2 + 5x = 0$.

Raíces de una ecuación de segundo grado

Las raíces de una ecuación de segundo grado son los valores de la incógnita que satisfacen la ecuación; por tanto, resolverlas significa calcular sus raíces. Por ejemplo, para $x^2 - 2x - 3 = 0$, los valores $x_1 = 3$ y $x_2 = -3$ hacen que se cumpla la igualdad.

HACER > Método de completar el cuadrado en la resolución de una ecuación de segundo grado

El método de completar el cuadrado, que se estudia en el capítulo 5, constituye una herramienta para resolver una ecuación de segundo grado. Recordemos que este procedimiento permite convertir un polinomio en un trinomio cuadrado perfecto, para así poder expresarlo como el cuadrado de un binomio.

Ejemplo

Resolvamos la ecuación $4x^2 + 3x - 22 = 0$.

Primero, trasponemos el término independiente: $4x^2 + 3x = 22$

Dividimos entre el coeficiente del primer término: $x^2 + \dfrac{3}{4}x = \dfrac{22}{4}$

De este modo, el trinomio cuadrado perfecto a completar es éste: $\left(x + \dfrac{3}{8}\right)^2$

Entonces, sumamos el cuadrado del segundo término del binomio:

$$x^2 + \frac{3}{4}x + \left(\frac{3}{8}\right)^2 = \frac{22}{4} + \left(\frac{3}{8}\right)^2$$

Factorizamos el trinomio que acabamos de completar: $\left(x + \dfrac{3}{8}\right)^2 = \dfrac{22}{4} + \dfrac{9}{64}$

Extraemos la raíz cuadrada en ambos miembros de la ecuación: $\sqrt{\left(x + \dfrac{3}{8}\right)^2} = \pm\sqrt{\dfrac{22}{4} + \dfrac{9}{64}}$

Resolvemos las raíces: $x + \dfrac{3}{8} = \pm\sqrt{\dfrac{361}{64}}$ $x = -\dfrac{3}{8} \pm \sqrt{\dfrac{361}{64}}$ $x_1 = -\dfrac{3}{8} \pm \dfrac{19}{8}$

$x_1 = -\dfrac{3}{8} + \dfrac{19}{8} = \dfrac{16}{8} = 2$ $x_2 = -\dfrac{3}{8} - \dfrac{19}{8} = -\dfrac{22}{8} = -2\dfrac{3}{4}$ $x_2 = -2\dfrac{3}{4}$ **R.**

SABER HACER ⊗→TU CUENTA

Resuelve las ecuaciones completando cuadrados.

1. $3x^2 - 5x + 2 = 0$	**2.** $4x^2 + 3x - 22 = 0$	**3.** $x^2 + 11x = -24$	**4.** $x^2 = 16x - 63$

SABER >>> > Fórmula general para resolver ecuaciones de segundo grado

Hay una fórmula general para obtener las raíces de una ecuación de segundo grado. Aunque ya es una fórmula establecida, es importante observar y saber cómo se deduce.

Consideremos una ecuación de la forma: $ax^2 + bx + c = 0$

Multiplicamos toda la ecuación por $4a$: $4a^2x^2 + 4abx + 4ac = 0$

Sumamos b^2 en ambos miembros de la ecuación: $4a^2x^2 + 4abx + 4ac + b^2 = b^2$

Pasamos $4ac$ al lado derecho de la igualdad: $4a^2x^2 + 4abx + b^2 = b^2 - 4ac$

Factorizamos el primer miembro de la ecuación, que es un trinomio cuadrado perfecto: $(2ax + b)^2 = b^2 - 4ac$

Extraemos la raíz cuadrada en ambos lados de la ecuación: $2ax + b = \pm\sqrt{b^2 - 4ac}$

Trasponemos b:
$$2ax = -b \pm \sqrt{b^2 - 4ac}$$

Despejamos x: $x = \dfrac{-b \pm \sqrt{b^2 - 4ac}}{2a}$

Finalmente, obtenemos las raíces: $x_1 = \dfrac{-b + \sqrt{b^2 - 4ac}}{2a}$ $\qquad$ $x_2 = \dfrac{-b - \sqrt{b^2 - 4ac}}{2a}$

Para conocer las magnitudes de las raíces, tomamos a, b y c de la ecuación dada y sustituimos en la fórmula general que acabamos de obtener.

HACER > Resolución de ecuaciones de segundo grado con la fórmula general

Apliquemos la fórmula general para encontrar las raíces de ecuaciones de segundo grado.

Ejemplos

1. Resolvamos la ecuación $3x^2 - 7x + 2 = 0$.

   Sustituimos $a = 3$, $b = -7$ y $c = 2$ en la fórmula general:

$$x = \frac{-(-7) \pm \sqrt{(-7)^2 - 4(3)(2)}}{2(3)} = \frac{7 \pm \sqrt{49 - 24}}{6} = \frac{7 \pm \sqrt{25}}{6} = \frac{7 \pm 5}{6}$$

   Después, obtenemos los valores de las raíces:

$$x_1 = \frac{7+5}{6} = \frac{12}{6} = 2$$

$$x_2 = \frac{7-5}{6} = \frac{2}{6} = \frac{1}{3}$$

$$\begin{cases} x_1 = 2 \\ x_2 = \dfrac{1}{3} \end{cases} \quad \textbf{R.}$$

Para comprobar los valores obtenidos, sustituimos x_1 y x_2 en la ecuación dada $3x^2 - 7x + 2 = 0$:

Cuando $x_1 = 2$ $3(2^2) - 7(2) + 2 = 12 - 14 + 2 = 0$

Cuando $x_2 = -3\left(\dfrac{1}{3}\right)^2 - 7\left(\dfrac{1}{3}\right) + 2 = 3\left(\dfrac{1}{9}\right) - \dfrac{7}{3} + 2 = \dfrac{1}{3} - \dfrac{7}{3} + 2 = 0$

2. Resolvamos la ecuación $6x - x^2 - 9 = 0$.

Primero, reordenamos los términos y cambiamos sus signos; esto no altera la ecuación: $x^2 - 6x + 9 = 0$

Sustituimos $a = 1$, $b = -6$ y $c = 9$ en la fórmula general:

$$x = \frac{-(-6) \pm \sqrt{(-6) - 4(1)(9)}}{2(1)} = \frac{6 \pm \sqrt{(16) - (36)}}{2} = \frac{6 \pm \sqrt{0}}{2} = \frac{6}{2} = 3$$

De este modo, las dos raíces tienen el mismo valor: $x_1 = x_2 = 3$ **R.**

3. Resolvamos la ecuación $(x + 4)^2 = 2x(5x - 1) - 7(x - 2)$.

Primero, convertimos la ecuación a la forma $ax^2 + bx + c = 0$. Para ello, eliminamos los paréntesis desarrollando los productos y reducimos términos semejantes:

$$x^2 + 8x + 16 = 10x^2 - 2x - 7x + 14$$
$$x^2 + 8x + 16 - 10x^2 + 2x + 7x - 14 = 0$$
$$-9x^2 + 17x + 2 = 0$$

Cambiamos los signos de los términos, sin alterar la ecuación, para que el coeficiente de x^2 sea positivo:

$$9x^2 - 17x - 2 = 0$$

Como la ecuación ya tiene la forma deseada, sustituimos $a = 9$, $b = -17$ y $c = -2$ en la fórmula general:

$$x = \frac{-(-17) \pm \sqrt{(-17)^2 - 4(9)(-2)}}{2(9)} = \frac{17 \pm \sqrt{289 + 72}}{18} = \frac{17 \pm \sqrt{361}}{18} = \frac{17 \pm 19}{18}$$

Así, obtenemos los valores de las raíces:

$$x_1 = \frac{17+19}{18} = \frac{36}{18} = 2$$

$$x_2 = \frac{17-19}{18} = -\frac{2}{18} = -\frac{1}{9}$$

$$\begin{cases} x_1 = 2 \\ x_2 = -\dfrac{1}{9} \end{cases} \quad \textbf{R.}$$

SABER HACER ⊗→TU CUENTA

Resuelve las ecuaciones con la fórmula general.

1. $5x^2 - 7x - 90 = 0$	**2.** $6x^2 = -x + 222$	**3.** $x + 11 = 10x^2$

4. $x(x + 3) = 5x + 3$	**5.** $3(3x - 2) = (x + 4)(4 - x)$	**6.** $9x + 1 = 3(x^2 - 5) - (x - 3)(x + 2)$

$\mathbb{S}\,A\,B\,E\,R$ ⟩⟩⟩ ⟩ Fórmula particular para resolver ecuaciones de la forma $x^2 + bx + c = 0$

Las ecuaciones de la forma $x^2 + bx + c = 0$ se caracterizan porque el coeficiente del término en x^2 es 1. Éstas pueden resolverse con la fórmula general, aunque hay una fórmula particular para resolverlas; veamos cómo se deduce.

Consideremos una ecuación de la forma: $\qquad x^2 + bx + c = 0$

Primero, pasamos c al lado derecho de la igualdad: $\qquad x^2 + bx = -c$

Sumamos $\dfrac{b^2}{4}$ en ambos miembros de la ecuación para completar el cuadrado: $\qquad x^2 + bx + \dfrac{b^2}{4} = \dfrac{b}{4} - c$

Factorizamos el trinomio cuadrado perfecto: $\qquad \left(x + \dfrac{b}{2}\right)^2 = \dfrac{b^2}{4} - c$

Extraemos la raíz cuadrada en ambos miembros de la ecuación: $\qquad x + \dfrac{b}{2} = \pm\sqrt{\dfrac{b^2}{4} - c}$

Trasponemos $\dfrac{b}{2}$ para despejar x: $\qquad x = -\dfrac{b}{2} \pm \sqrt{\dfrac{b^2}{4} - c}$

Finalmente, obtenemos las raíces: $\quad x_1 = -\dfrac{b}{2} + \sqrt{\dfrac{b^2}{4} - c} \qquad\qquad x_2 = -\dfrac{b}{2} - \sqrt{\dfrac{b^2}{4} - c}$

Para obtener las magnitudes de las raíces, entonces se toman b y c de la ecuación dada y se sustituyen en la fórmula particular.

$\mathbb{H}ACER$ ⟩ Resolución de ecuaciones de la forma $x^2 + bx + c = 0$ con la fórmula particular

Apliquemos la fórmula particular para resolver algunas ecuaciones de segundo grado.

Resolvamos la ecuación $3x^2 - 2x(x - 4) = x - 12$.

Primero, llevamos la ecuación a la forma $x^2 + bx + c = 0$. Para ello, eliminamos paréntesis y reducimos términos semejantes:

$$3x^2 - 2x^2 + 8x = x - 12 \Rightarrow x^2 + 7x + 12 = 0$$

Como la ecuación ya tiene la forma deseada, sustituimos $b = 7$ y $c = 12$ en la fórmula particular:

$$x = -\frac{(7)}{2} \pm \sqrt{\frac{(7)^2}{4} - 12} = -\frac{7}{2} \pm \sqrt{\frac{49}{4} - 12} = -\frac{7}{2} \pm \sqrt{\frac{1}{4}} = -\frac{7}{2} \pm \frac{1}{2}$$

Al final, obtenemos los valores de las raíces:

$$x_1 = -\frac{7}{2} + \frac{1}{2} = -\frac{6}{2} = -3$$

$$x_2 = -\frac{7}{2} - \frac{1}{2} = -\frac{8}{2} = -4$$

$$\begin{cases} x_1 = -3 \\ x_2 = -4 \end{cases} \quad \textbf{R.}$$

SABER HACER → TU CUENTA

Resuelve las ecuaciones con la fórmula particular.

1. $x^2 - 3x + 2 = 0$	**2.** $x^2 = 19x - 88$	**3.** $x^2 + 4x = 285$	**4.** $5x(x - 1) - 2(2x^2 - 7x) = -8$

SABER >>> › Método de factorización para resolver ecuaciones de segundo grado

Ya estudiamos que la factorización nos permite descomponer una ecuación de segundo grado en un producto de binomios. Ahora, aquí usamos ese método para resolver ecuaciones de la forma $x^2 + bx + c = 0$ o $ax^2 + bx + c = 0$ expresándolas como un producto del tipo $(x + \;)(x + \;)$. Para hacerlo, aplicamos el siguiente procedimiento.

1. Simplificamos la ecuación para llevarla a la forma $x^2 + bx + c = 0$ o $ax^2 + bx + c = 0$.

2. Factorizamos el trinomio del primer miembro de la ecuación.

3. Igualamos a cero cada uno de los factores y resolvemos las ecuaciones resultantes.

HACER › Resolución de ecuaciones de segundo grado por el método de factorización

Apliquemos el método de factorización para resolver una ecuación de segundo grado.

Ejemplo

Resolvamos la siguiente ecuación: $x^2 + 5x - 24 = 0$.

Factorizamos el trinomio que se encuentra en el lado izquierdo de la ecuación: $(x + 8)(x - 3) = 0$

Para que $(x + 8)(x - 3) = 0$, es necesario que alguno de los dos factores sea igual a cero; como puede ser cualquiera, igualamos los dos a cero y obtenemos los valores de x con los que se cumple el trinomio factorizado:

$$\begin{aligned} x + 8 &= 0 & x &= -8 \\ x - 3 &= 0 & x &= 3 \end{aligned}$$

De este modo, las raíces de la ecuación $x^2 + 5x - 24 = 0$ son: $x_1 = -8$

$$x_2 = 3 \quad \textbf{R.}$$

Solución
de ecuaciones
cuadráticas por
descomposición
en factores

SABER HACER ⊗→TU CUENTA

Resuelve las ecuaciones con el método de factorización.

1. $x^2 + 7x = 18$	**3.** $2x^2 + 7x - 4 = 0$	**5.** $\dfrac{x+2}{x} + x + \dfrac{74}{x}$
2. $8x - 65 = -x^2$	**4.** $20x^2 - 27x = 14$	**6.** $\dfrac{x}{x-2} + x = \dfrac{3x+15}{4}$

S A B E R ⟩⟩⟩ ⟩ Ecuaciones incompletas de la forma $ax^2 + c = 0$

Al inicio de este capítulo vimos que las ecuaciones que tienen la forma $ax^2 + c = 0$ se llaman incompletas porque carecen del término en x. Aunque se pueden resolver con la fórmula general, también es posible hacerlo con una fórmula más simple, misma que deduciremos a continuación.

Consideremos una ecuación de la forma: $\qquad\qquad ax^2 + c = 0$

Primero, pasamos c al lado derecho de la igualdad: $\qquad ax^2 = -c$

Enseguida, dividimos toda la ecuación entre a: $\qquad x^2 = -\dfrac{c}{a}$

Y extraemos la raíz cuadrada en ambos miembros de la igualdad: $\qquad x = \pm\sqrt{-\dfrac{c}{a}}$

Cuando a y c tienen signo distinto, las raíces pertenecen al conjunto de los números reales; por el contrario, si tienen signos iguales, se dice que las raíces son imaginarias; se les llama así porque la cantidad dentro del radical es negativa, y ningún número real multiplicado por sí mismo da como resultado un número negativo.

Números complejos

El conjunto de los números complejos comprende al conjunto de los números reales y al de los números imaginarios; estos últimos son números cuyos cuadrados son negativos. Así, un número complejo o complejo conjugado está formado por un número real y uno imaginario; por ejemplo, $3 + i$, $2 + i$, donde i representa la parte imaginaria. De este modo, un número imaginario es un número complejo cuya parte real es igual a cero y la unidad imaginaria i está multiplicada por un real; por ejemplo, $4i$, $-5i$, $\sqrt{3}\,i$, $2i$, i, entre otros.

HACER ⟩ Resolución de ecuaciones incompletas de la forma $ax^2 + c = 0$

Apliquemos la fórmula que acabamos de deducir para resolver algunas ecuaciones de la forma $ax^2 + c = 0$.

Ejemplos

1. Resolvamos la ecuación $x^2 + 1 = \dfrac{7x^2}{9} + 3$.

Llevamos la ecuación a la forma $ax^2 + c = 0$: $\quad 9x^2 + 9 = 7x^2 + 27$

$$2x^2 - 18 = 0$$

Sustituimos $a = 2$ y $c = -18$ en la fórmula deducida y simplificamos para obtener la solución de la ecuación:

$$x = \pm\sqrt{-\frac{c}{a}} = \pm\sqrt{-\frac{(-18)}{2}} = \pm\sqrt{\frac{18}{2}} = \pm\sqrt{9} = \pm 3 \qquad \begin{aligned} x_1 &= 3 \\ x_2 &= -3 \end{aligned} \qquad \textbf{R.}$$

Las raíces obtenidas pertenecen al conjunto de los números reales y al de los racionales.

2. Resolvamos la ecuación $x^2 + 5 = 7$.

Llevamos la ecuación a la forma $ax^2 + c = 0$: $\quad x^2 - 2 = 0$

Sustituimos $a = 1$ y $c = -2$ y simplificamos; así, obtenemos la solución de la ecuación:

$$x = \pm\sqrt{-\frac{c}{a}} = \pm\sqrt{-\frac{(-2)}{1}} = \pm\sqrt{\frac{2}{1}} = \pm\sqrt{2} \qquad \begin{aligned} x_1 &= +\sqrt{2} \\ x_2 &= -\sqrt{2} \end{aligned}$$

Las raíces obtenidas pertenecen al conjunto de los números reales y al de los irracionales.

3. Resolvamos la ecuación $5x^2 + 12 = 3x^2 - 20$.

Llevamos la ecuación a la forma $ax^2 + c = 0$: $\quad 5x^2 - 3x^2 = -20 - 12$

$$2x^2 + 32 = 0$$

Sustituimos $a = 2$ y $c = 32$ y simplificamos para obtener la solución de la ecuación:

$$x = \pm\sqrt{-\frac{c}{a}} = \pm\sqrt{-\frac{(32)}{2}} = \pm\sqrt{-16} = \pm 4i \qquad \begin{aligned} x_1 &= +4 \\ x_2 &= -4 \end{aligned} \qquad \textbf{R.}$$

Las raíces obtenidas son imaginarias y pertenecen al conjunto de los números complejos.

SABER HACER ⊗→TU CUENTA

Resuelve las ecuaciones.

1. $3x^2 = 48$		**2.** $5x^2 - 9 = 46$	
3. $7x^2 + 14 = 0$		**4.** $9x^2 - a^2 = 0$	

▶ S A B E R 〉〉〉 › Ecuaciones incompletas de la forma $ax^2 + bx = 0$

Como sabemos, las ecuaciones de la forma $ax^2 + bx = 0$ se llaman incompletas porque carecen de término independiente. A continuación, deducimos una fórmula simple que nos permite resolver ecuaciones de este tipo; aunque también pueden resolverse con la fórmula general.

Consideremos una ecuación de la forma: $ax^2 + bx = 0$.

Descomponemos la ecuación en factores: $x(ax + b) = 0$

Igualamos los factores a cero: $\qquad\qquad x = 0$

$$ax + b = 0$$

Al analizar las expresiones, vemos que una raíz siempre será igual a cero; en tanto, en la otra, nos queda el cociente negativo entre los coeficientes de la ecuación original:

$$x = -\frac{b}{a}$$

HACER › Resolución de ecuaciones incompletas de la forma $ax^2 + bx = 0$

Apliquemos la fórmula deducida y el método de factorización para resolver algunas ecuaciones de la forma $ax^2 + bx = 0$.

Ejemplos

1. Resolvamos la ecuación $5x^2 = -3x$ aplicando el método de factorización.

   Llevamos la ecuación a la forma $ax^2 + bx = 0$: $\qquad 5x^2 + 3x = 0$

   Factorizamos el lado izquierdo de la ecuación: $\qquad x(5x + 3) = 0$

   Igualamos a cero ambos factores: $\qquad x = 0$
   $$5x + 3 = 0$$

   Despejamos la incógnita: $\qquad x = -\dfrac{3}{5}$

   De este modo, tenemos que las raíces son: $\qquad x_1 = 0$
   $$x_2 = -\dfrac{3}{5} \qquad \textbf{R.}$$

2. Resolvamos la ecuación $3x - 1 = \dfrac{5x + 2}{x - 2}$ con la fórmula que dedujimos.

   Para llevar la ecuación a la forma $ax^2 + bx = 0$, suprimimos el denominador y reducimos términos semejantes:
   $$(3x - 1)(x - 2) = 5x + 2$$
   $$3x^2 - 7x + 2 = 5x + 2$$
   $$3x^2 - 12x = 0$$

Como la ecuación ya tiene la forma deseada y sabemos que una raíz debe ser igual a cero, sustituimos $a = 3$ y $b = -12$ en la fórmula deducida para conocer la otra raíz:
$$x = -\dfrac{b}{a} = -\dfrac{(-12)}{3} = 4$$

De este modo, tenemos que las raíces de la ecuación dada son:
$$x_1 = 0$$
$$x_2 = 4 \qquad \textbf{R.}$$

SABER HACER ⊗→TU CUENTA

Resuelve las ecuaciones.

1. $x^2 = 5x$	
2. $4x^2 = -32x$	
3. $5x^2 + 4 = 2(x + 2)$	
4. $(x - 3)^2 - (2x + 5)^2 = -16$	

SABER >>> › Gráfica de una ecuación de segundo grado

La gráfica de cualquier ecuación de segundo grado es una parábola cuyo eje es paralelo al eje de las ordenadas.

HACER > Resolución gráfica de una ecuación de segundo grado

Una manera de conocer la solución de una ecuación de segundo grado es trazando su gráfica. Analicemos el procedimiento para trazar este tipo de gráficas.

Ejemplos

1. Resolvamos gráficamente la ecuación $x^2 - 5x + 4 = 0$.

Como el primer miembro de la ecuación es una función de segundo grado en términos de x, podemos expresarlo como $f(x)$ o igualarlo a y:

$$y = x^2 - 5x + 4$$

Asignamos valores a x y los sustituimos en y. Con los datos obtenidos, llenamos una tabla:

Cada par de valores (x, y) representa las coordenadas de un punto en el plano; por tanto, localizamos todos los puntos y después los unimos con una curva suave. Esta curva es la parábola ABC, que es la representación gráfica de la ecuación dada.

El punto inferior de la curva corresponde a las coordenadas $\left(2\frac{1}{2}, 2\frac{1}{4}\right)$. Para conocer la abscisa de este punto podemos usar la expresión: $x = -x\dfrac{b}{2a}$, donde a y b son coeficientes de la ecuación $ax^2 + bx + c = 0$; en este ejemplo, tenemos que $a = 1$ y $b = -5$, así que al sustituir estos valores, vemos que $x = -\dfrac{(-5)}{2(1)} = \dfrac{5}{2} = 2\frac{1}{2}$.

x	y
0	4
1	0
2	-2
$2\frac{1}{2}$	$-2\frac{1}{4}$
3	-2
4	0
5	4
6	10
-1	10

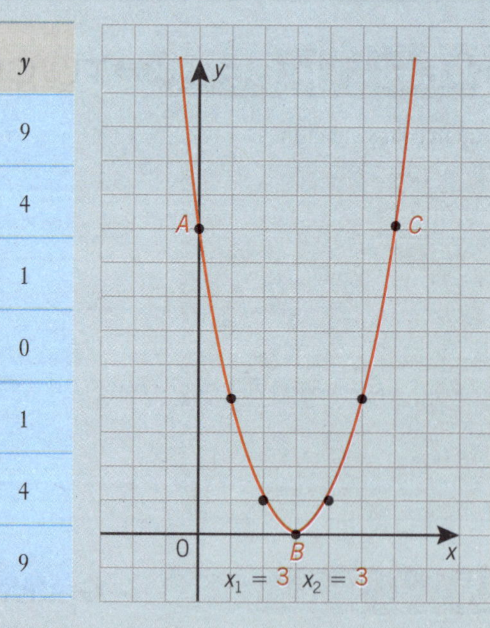

Las raíces de la ecuación son las coordenadas x de los puntos en que la curva corta al eje de las abscisas; es decir, cuando $y = 0$. En este caso, esas coordenadas son 1 y 4; por tanto, las raíces de la ecuación $x^2 - 5x + 4 = 0$ son: $x_1 = 1$ y $x_2 = 4$.   **R.**

Como conclusión, podemos decir que para resolver gráficamente una ecuación de segundo grado, basta con hallar los puntos en los que la curva corta al eje de las x, y si la corta en puntos distintos las raíces son reales y diferentes.

2. Resolvamos gráficamente la ecuación $x^2 - 6x + 9 = 0$.

Expresamos la ecuación como una función en términos de x:

$$y = x^2 - 6x + 9$$

Llenamos una tabla con los valores para x y y.

Al representar los puntos en el plano, obtenemos la parábola ABC, que en este caso es tangente al eje de las abscisas.

En este caso, podemos observar que la parábola toca al eje de las abscisas sólo en el punto B, es decir, cuando $x = 3$; por tanto, las raíces de la ecuación $x^2 - 6x + 9 = 0$ son $x_1 = x_2 = 3$.   **R.**

Nota

Recordemos que si al aplicar la fórmula general para resolver una ecuación de segundo grado, la cantidad subradical de $\sqrt{b^2 - 4ac}$ resulta negativa, las raíces son complejas conjugadas y, por tanto, la parábola no corta al eje de las abscisas.

x	y
0	9
1	4
2	1
3	0
4	1
5	4
6	9

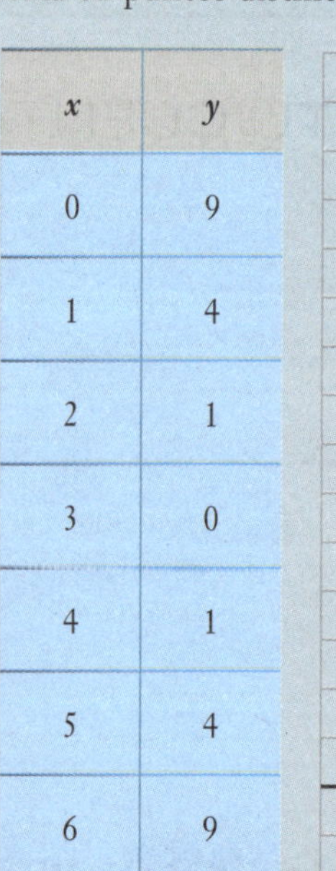

SABER HACER ⊗→TU CUENTA

Resuelve gráficamente las ecuaciones.

1. $y = x^2 + 3x - 4$	**2.** $y = x^2 + 3x + 2$
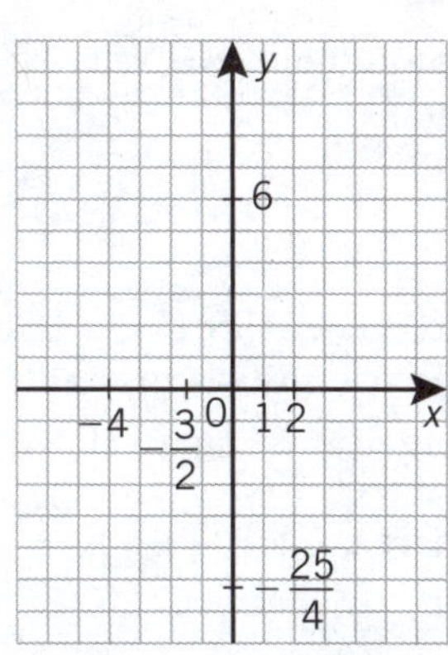	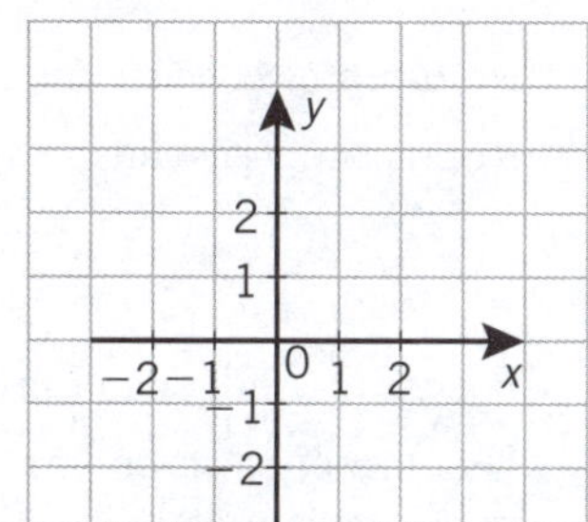

SABER ⟫⟫⟫ › Problemas que pueden resolverse con ecuaciones de segundo grado

Existe una gran variedad de problemas cotidianos que pueden resolverse planteando una ecuación de segundo grado. Como la solución de este tipo de ecuaciones arroja dos valores para la incógnita, casi siempre es válido sólo uno; por lo general, el que cumple las condiciones de verosimilitud del problema.

HACER › Resolución de problemas con ecuaciones de segundo grado

Apliquemos ecuaciones de segundo grado para resolver algunos problemas.

Ejemplos

1. Andrés es dos años mayor que Bernardo. Si la suma de los cuadrados de sus edades es 130 años, ¿qué edad tiene cada uno?

   Planteamos los datos para la variable:

   $$x:\ \text{edad de Andrés}$$
   $$x - 2:\ \text{edad de Bernardo}$$

   Expresamos las condiciones del problema mediante una ecuación:

   $$x^2 + (x - 2)^2 = 130$$

   Llevamos la ecuación a la forma $ax^2 + bx + c = 0$:

   $$x^2 - 2x - 63 = 0$$

   Resolvemos la ecuación; así, obtenemos las raíces:

   $$(x - 9)(x + 7) = 0$$
   $$x - 9 = 0 \therefore x1 = 9$$
   $$x + 7 = 0 \therefore x_2 = -7$$

   Como una edad no puede ser negativa, se rechaza la solución $x_2 = 27$ y se acepta $x_1 = 9$. Por tanto, Andrés tiene 9 años y Bernardo, $9 - 2 = 7$ años.   **R.**

2. Andrea compró cierto número de latas de frijoles por $240. Si hubiera comprado tres latas más por el mismo dinero, cada lata le habría costado $4 menos. ¿Cuántas latas compró y a qué precio?

   Consideremos que x es el número de latas que compró. Entonces, cada una costó $\dfrac{240}{x}$ pesos.

Si hubiera comprado tres latas más por el mismo precio, cada una costaría $\dfrac{240}{x+3}$ pesos, equivalente a \$4 menos que cada una de las que compró. Con todo esto, ya podemos plantear la siguiente ecuación:

$$\frac{240}{x} - 4 = \frac{240}{x+3}$$

Resolvemos la ecuación, así tenemos que $x_1 = 12$ y $x_2 = 215$.

Rechazamos la solución $x_2 = -15$ y aceptamos $x_1 = 12$. Sustituimos este valor en el precio de cada lata, así:

$$\frac{240}{x} = \frac{240}{(12)} = 20$$

Por tanto, Andrea compró 12 latas y cada una costó \$20.   **R.**

3. Una persona vendió una pelota en \$24, perdiendo un porcentaje sobre lo que le costó, El porcentaje que perdió es igual a la cantidad de dinero que pagó por la pelota. ¿Cuánto le costó la pelota?

Asignamos x a la cantidad de dinero que costó la pelota; entonces, x es igual al porcentaje de ganancia sobre el costo.

Para calcular un porcentaje, por ejemplo 6% de \$6, lo hacemos así: $\dfrac{6 \times 6}{100} = \dfrac{36}{100}$. Como la pérdida obtenida es el porcentaje x del costo x, calculamos de esta manera: $\dfrac{x \times x}{100} = \dfrac{x^2}{100}$

Entonces, como la pérdida $\dfrac{x^2}{100}$ es la diferencia entre el costo x y el precio de venta \$24, podemos plantear la ecuación siguiente:

$$\frac{x^2}{100} = x - 24$$

Resolvemos la ecuación, así obtenemos que: $x_1 = 40$ y $x_2 = 60$.

Como las dos soluciones satisfacen las condiciones del problema, podemos decir que la pelota costó \$40 o \$60.   **R.**

SABER HACER →TU CUENTA

Resuelve los problemas. Usa ecuaciones de segundo grado.

1. Si dos números suman 9 y la suma de sus cuadrados es $\dfrac{3}{5}$, ¿de qué números se trata?	
2. Un número positivo es 35 partes de otro y su producto es 2 160. ¿Cuáles son esos números?	
3. Alma tiene tres años más que Blanca. Si el cuadrado de la edad de Alma aumentado en el cuadrado de la edad de Blanca equivale a 317 años, ¿cuáles son sus edades?	
4. Un número es el triple de otro y la diferencia de sus cuadrados es 1 800. ¿De qué números se trata?	
5. El cuadrado de un número disminuido en 9 equivale a ocho veces el exceso sobre 2 del mismo número. ¿Cuál es ese número?	
6. ¿Cuáles son los dos números consecutivos tales que el cuadrado del mayor excede en 57 al triple del menor?	
7. La longitud de una sala excede a su ancho en 4 m. Si cada dimensión se aumenta en 4 m, el área será doble. ¿Qué dimensiones tiene la sala?	
8. La diferencia de dos números es 7 y su suma multiplicada por el número menor equivale a 184. ¿De qué números se trata?	
9. La suma de las edades de A y B es 23 años, y su producto, 102. Calcula ambas edades.	
10. Una persona compró cierto número de libros por \$1 800. Si comprara seis libros menos por el mismo dinero, cada uno le costaría \$10 más. ¿Cuántos libros compró y cuánto le costó cada uno?	
11. Entre cierto número de personas compraron una bicicleta de \$1 200. El dinero que pagó cada persona excede en 194 el número de personas. ¿Entre cuántas personas compraron la bicicleta?	
12. Compré cierta cantidad de escobas por \$192. Si el precio de cada escoba es $\dfrac{3}{4}$ del número de escobas, ¿cuántas escobas compré y cuánto pagué por cada una?	

SABER >>> > Carácter de las raíces de una ecuación de segundo grado

La ecuación general de segundo grado $ax^2 + bx + c = 0$ tiene dos raíces y sólo dos, cuyos valores son:

$$x_1 = \frac{-b + \sqrt{b^2 - 4ac}}{2a} \quad \text{y} \quad x_2 = \frac{-b - \sqrt{b^2 - 4ac}}{2a}$$

El carácter de estas raíces depende del valor del binomio $b^2 - 4ac$ que está dentro del signo radical; éste es llamado discriminante de la ecuación general de segundo grado.

Consideraremos cuatro casos:

1. Cuando $b^2 - 4ac$ es una cantidad positiva, las raíces son reales y diferentes.

2. Si $b^2 - 4ac$ es un cuadrado perfecto, las raíces son racionales; si no es cuadrado perfecto, las raíces son irracionales.

3. Cuando $b^2 - 4ac$ es igual a cero, las raíces son reales e iguales, y su valor es $-\dfrac{b}{2a}$.

4. Si $b^2 - 4ac$ es una cantidad negativa, las raíces son complejas conjugadas.

HACER > Determinar el carácter de las raíces de una ecuación de segundo grado

Apliquemos los criterios anteriores para determinar cómo son las raíces de las siguientes ecuaciones.

Ejemplos

1. Determinemos el carácter de las raíces de $3x^2 - 7x + 2 = 0$.

   Sustituimos $a = 3$, $b = 27$ y $c = 2$ en $b2 - 4ac$ y simplificamos:
   $$b^2 - 4ac = (-7)^2 - 4(3)(2) = 49 - -4 = 25 \qquad \textbf{R.}$$

   Como el discriminante es positivo, las raíces son reales y diferentes; y como 25 es cuadrado perfecto, ambas son racionales.

2. Determinemos el carácter de las raíces de $3x^2 + 2x - 6 = 0$.

   Sustituimos $a = 3$, $b = 2$, $c = -6$ en $b^2 - 4ac$ y simplificamos:
   $$b^2 - 4ac = (2)^2 - 4(3)(-6) = 4 + 72 = 76 \qquad \textbf{R.}$$

   Como el discriminante es positivo, las raíces son reales y diferentes; como 76 no es cuadrado perfecto, las raíces son irracionales.

SABER HACER ⊗→TU CUENTA

Determina el carácter de las raíces de las ecuaciones sin resolverlas.

1. $3x^2 + 5x - 2 = 0$	
2. $2x^2 - 4x + 1 = 0$	
3. $4x^2 - 4x + 1 = 0$	
4. $x^2 - 10x + 25 = 0$	
5. $4x^2 - 5x + 3 = 0$	

SABER >>> > Propiedades de las raíces de una ecuación de segundo grado

A continuación estudiamos dos propiedades de las raíces de una ecuación de segundo grado. Para esto, primero recordemos que la ecuación general de segundo grado es $ax^2 + bx + c = 0$ y sus raíces son:

$$x_1 = \frac{-b + \sqrt{b^2 - 4ac}}{2a} \quad \text{y} \quad x_2 = \frac{-b - \sqrt{b^2 - 4ac}}{2a}$$

1. **Suma.** Para sumar las raíces de una ecuación de segundo grado, efectuamos el siguiente procedimiento:

$$x_1 - x_2 = \frac{-b + \sqrt{b^2 - 4ac}}{2a} - \frac{-b - \sqrt{b^2 - 4ac}}{2a} = \frac{-b + \sqrt{b^2 - 4ac} - b - \sqrt{b^2 - 4ac}}{2a} = \frac{-2b}{2a} = -\frac{b}{a}$$

Por tanto, se tiene que $x_1 + x_2 = -\dfrac{b}{a}$.

Así, podemos concluir que la suma de las raíces de una ecuación de este tipo es igual al cociente negativo entre el coeficiente del término x y el coeficiente del término x^2.

2. **Producto.** Para multiplicar las raíces de una ecuación de segundo grado, apliquemos el siguiente procedimiento:

$$x_1 x_2 = \frac{-b + \sqrt{b^2 - 4ac}}{2a} \times \frac{-b - \sqrt{b^2 - 4ac}}{2a}$$

$$= \frac{\left(-b + \sqrt{b^2 - 4ac}\right)\left(-b - \sqrt{b^2 - 4ac}\right)}{4a^2}$$

$$= \frac{(-b)^2 - \left(\sqrt{b^2 - 4ac^2}\right)}{4a^2} = \frac{b^2 - (b^2 - 4ac)}{4a^2} = \frac{b^2 - b^2 + 4ac}{4a^2} = \frac{c}{a}$$

Por tanto, se tiene que $x_1 x_2 = x_1 x_2 = \dfrac{c}{a}$.

Así, podemos concluir que el producto de las raíces de una ecuación de segundo grado es igual al cociente entre el término independiente y el coeficiente del término x^2.

Solución de ecuaciones cuadráticas aplicando la fórmula general

HACER > Determinar las raíces de una ecuación de segundo grado mediante sus propiedades

Determinemos las raíces de una ecuación de segundo grado aplicando sus propiedades.

Ejemplos

1. Comprobemos que 2 y 25 son las raíces de la ecuación $x^2 + 3x - 10 = 0$.

   Primero, identificamos los coeficientes de la ecuación dada. Así, tenemos que $a = 1$, $b = 3$ y $c = -10$.

   Para comprobar la propiedad de la suma de las raíces, sustituimos los valores conocidos en la fórmula:

$$x_1 + x_2 = -\frac{b}{a}$$

$$(2) + (25) = -\frac{(3)}{(1)}$$

$$-3 = 23$$

   Para comprobar la propiedad del producto de las raíces, sustituimos los valores conocidos en la fórmula:

$$x_1 x_2 = -\frac{c}{a}$$

$$(2)(-5) = \frac{(-10)}{(1)}$$

$$-10 = -10$$

Como se observa, se cumplen las dos propiedades. Por tanto, 2 y -5 sí son las raíces de la ecuación $x2 + 3x - 10 = 0$.

2. Determinemos la ecuación de la forma $x^2 + bx + c = 0$ cuyas raíces son 3 y -5.

Primero, calculamos la suma y el producto de las raíces:

$$(3) + (-5) = 3 - 5 = -2$$
$$(3)(-5) = -15$$

Como en este caso $a = 1$, podemos apreciar que $x_1 + x_2 = 2b$ y $x_1 x_2 = c$; así que igualamos la suma y el producto de las raíces con los coeficientes respectivos:

$$x1 + x2 = 2b \quad x1x2 = c$$
$$22 = 2b \quad -15 = c$$
$$b = 2 \quad c = -15$$

De este modo, la ecuación que buscamos es $x^2 + 2x - 15 = 0$.   **R.**

3. Encontremos los dos números que suman 4 y su producto es -396.

Por las propiedades de las raíces de una ecuación de segundo grado, si la suma de los dos números es 4 y su producto, 2396, éstas son las raíces de una ecuación de la forma $x^2 + bx 1 c = 0$. Entonces, igualamos la suma y el producto de las raíces con los coeficientes respectivos:

$$x_1 + x_2 = -b \qquad\qquad x_1 x_2 = c$$
$$4 = -b \qquad\qquad -396 = c$$
$$b = -4 \qquad\qquad c = -396$$

De este modo, podemos deducir que los números buscados son las raíces de la ecuación $x^2 - 4x - 396 = 0$, así que la resolvemos:

$$x^2 - 4x - 396 = 0$$
$$(x - 22)(x + 18) = 0$$
$$x - 22 = 0 \qquad\qquad x + 18 = 0$$
$$x_1 = 22 \qquad\qquad x_2 = -18$$

Por tanto, los números buscados son 22 y -18.   **R.**

SABER HACER ⊗→TU CUENTA

En cada caso, comprueba si se cumplen las afirmaciones dadas.

1. Los números 2 y -3 son las raíces de la ecuación $x^2 + x - 6 = 0$.	
2. Los números 1 y 25 son las raíces de la ecuación $x^2 - 4x - 5 = 0$.	

En cada caso, determina la ecuación cuyas raíces son los números dados.

1. 3 y 4	
2. -1 y 3	
3. -5 y -7	

En cada caso, encuentra dos números que cumplan con las condiciones dadas.

1. Suman 11 y su producto es 30.	
2. Suman -33 y su producto es 260.	

SABER >>> › Descomposición en factores del trinomio $ax^2 + bx + c$

Un trinomio de segundo grado de la forma $ax^2 + bx + c$ puede expresarse como el producto de dos o más factores. Apliquemos el siguiente procedimiento para demostrarlo.

1. Expresamos el trinomio dado de la siguiente manera:

$$ax^2 + bx + c = a\left(x^2 + \frac{b}{a}x + \frac{c}{a}\right) \tag{1}$$

2. Igualamos a cero el trinomio del segundo miembro de la ecuación (1) y obtenemos la ecuación general de segundo grado:

$$x^2 + \frac{b}{a}x + \frac{c}{a} = 0 = 0 \; ax^2 + bx + c = 0$$

3. Sabemos que las raíces x_1 y x_2 de esta ecuación tienen las dos propiedades siguientes:

$$x_1 + x_2 = -\frac{b}{a} \therefore \frac{b}{a} = -(x_1 + x_2)$$

$$x_1 x_2 = \frac{c}{a}$$

4. En el trinomio $x^2 + \frac{b}{a}x + \frac{c}{a}$, sustituimos $\frac{b}{a}$ por $-(x_1 + x_2)$ y $\frac{c}{a}$ por $x_1 x_2$, así:

$$x_2 + \frac{b}{a}x + \frac{c}{a} = x^2 - (x_1 + x_2)x + x_1 x_2 = x^2 - x_1 x - x_2 x + x_1 x_2 = x(x - x_1) - x_2(x - x_1) = (x - x_1)(x - x_2)$$

5. De este modo, obtenemos una nueva igualdad: $x^2 + \frac{b}{a}x + \frac{c}{a} = (x - x_1)(x - x_2)$

6. Sustituimos el valor de este trinomio en la ecuación (1), así: $ax^2 + bx + c = a(x - x_1)(x - x_2)$

Si analizamos la expresión que acabamos de obtener, podemos ver de que el trinomio $ax^2 + bx + c$ puede descomponerse en tres factores:

1. a, que es el coeficiente de x^2.

2. $(x - x_1)$, donde x_1 es una de las raíces de la ecuación, y se obtiene igualando el trinomio a cero.

3. $(x - x_2)$, donde x_2 es otra de las raíces de la ecuación.

Con base en la demostración anterior, podemos sintetizar en el siguiente algoritmo los pasos para descomponer en factores un trinomio de segundo grado calculando las raíces de la ecuación dada.

1. Se iguala a cero el trinomio y se hallan las dos raíces de la ecuación.

2. Se descompone el trinomio en tres factores: el coeficiente de x^2, x menos una de las raíces y x menos la otra raíz.

HACER › Descomposición en factores de un trinomio de segundo grado

Usemos el método para descomponer en factores algunos trinomios de segundo grado.

Ejemplos

1. Descompongamos en factores el trinomio de segundo grado $\quad 24x^2 + 26x + 5.$

Primero, igualamos a cero el trinomio: $\qquad 24x^2 + 26x + 5 = 0$

Después, resolvemos la ecuación para conocer sus raíces:

$$x = \frac{-(26) \pm \sqrt{(26)^2 - 4(24)(5)}}{2(24)} = \frac{-26 \pm \sqrt{676 - 480}}{48} =$$

$$\frac{-26 \pm \sqrt{196}}{48} = \frac{-26 \pm 14}{48}$$

$$x_1 = \frac{-26 + 14}{48} = \frac{-12}{48} = -\frac{1}{4}$$

$$x_2 = \frac{-26 - 14}{48} = \frac{-40}{48} = -\frac{5}{6}$$

Sustituimos las raíces y simplificamos. Así, obtenemos la descomposición en factores del trinomio $24x^2 + 26x + 5$:

$$24x^2 + 26x + 5 = 24\left[x - \left(-\frac{1}{4}\right)\right]\left[x - \left(-\frac{5}{6}\right)\right] = 24\left(x + \frac{1}{4}\right)\left(x + \frac{5}{6}\right)$$

$$\frac{24(4x + 1)(6x + 5)}{24} = (4x + 1)(6x + 5) \qquad \textbf{R.}$$

2. Descompongamos en factores el trinomio $4 + 7x - 15x^2$.

Reordenamos los términos e igualamos a cero; en este caso, se cambian los signos, sin que esto altere la igualdad:

$$-15x^2 + 7x + 4 = 0$$
$$15x^2 - 7x - 4 = 0$$

Resolvemos la ecuación para conocer sus raíces:

$$x = \frac{-(-7) \pm \sqrt{(-7)^2 - 4(15)(-4)}}{2(15)} = \frac{7 \pm \sqrt{49 + 240}}{30} = \frac{7 \pm \sqrt{289}}{30} = \frac{7 \pm 17}{30}$$

$$x_1 = \frac{7 + 17}{30} = \frac{24}{30} = \frac{4}{5}$$

$$x_2 = \frac{7 - 17}{30} = \frac{-10}{30} = -\frac{1}{3}$$

Sustituimos las raíces y simplificamos; de este modo, obtenemos la descomposición en factores del trinomio dado:

$$4 + 7x - 15x^2 = -15\left(x - \frac{4}{5}\right)\left(x + \frac{1}{3}\right) = \frac{-15(5x - 4)(3x + 1)}{15}$$

$$= -(5x - 4)(3x + 1) = (4 - 5x)(1 + 3x) \qquad \textbf{R.}$$

SABER HACER ⊗→TU CUENTA

Efectúa la descomposición en factores de los trinomios calculando las raíces.

1. $x^2 - 16x + 63$	
2. $2x^2 + x - 6$	
3. $12x^2 + 5x - 2$	

CONEXIONES › **Aplicaciones geométricas**

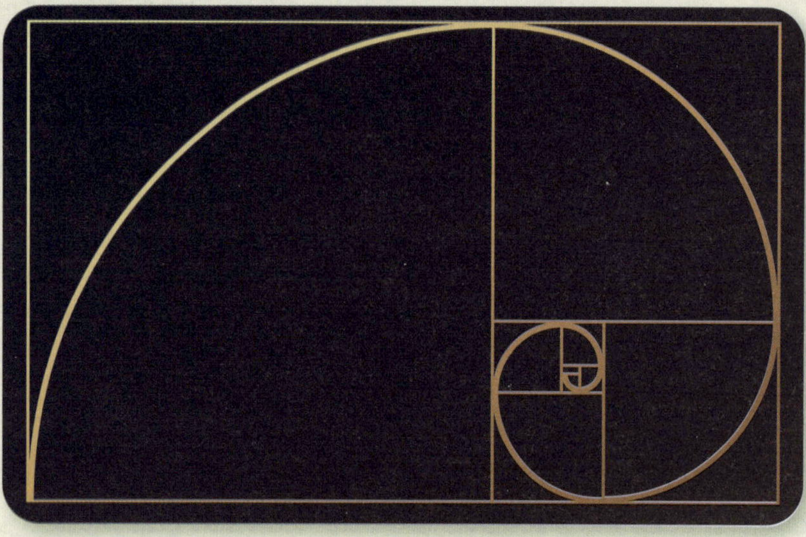

1. Investiga en internet cómo trazar una espiral áurea, según la sucesión de Fibonacci.

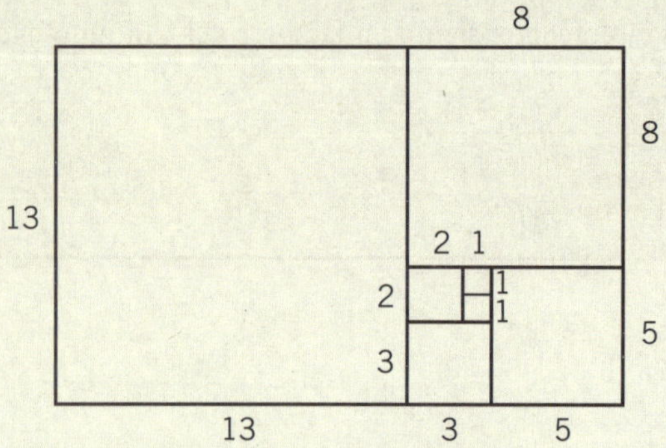

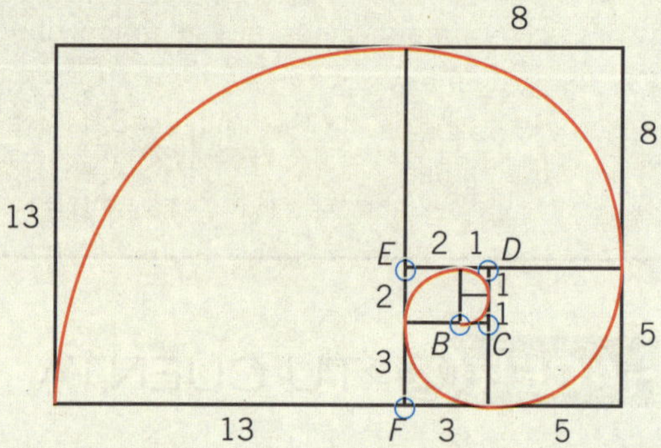

2. Una de las principales propiedades de un rectángulo áureo es que, cuando se añade un cuadrado a su lado más largo, se forma un nuevo rectángulo semejante al original, cuyos lados cumplen con la razón áurea.

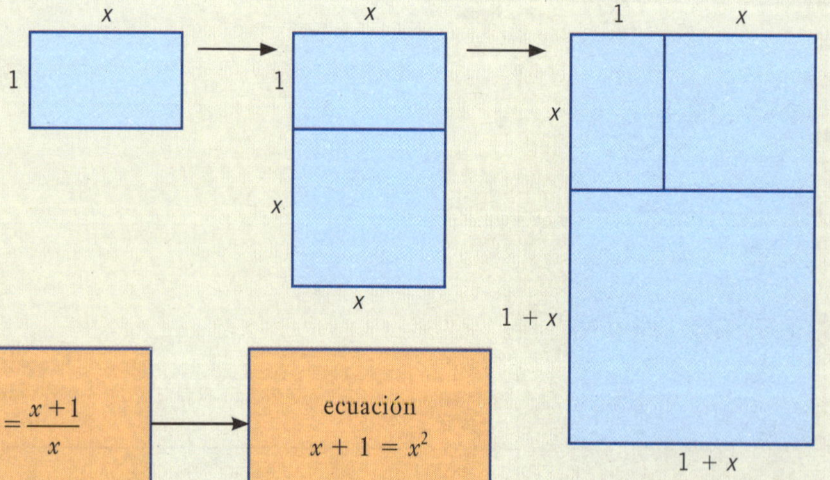

¡Demuéstralo!

$$\frac{\text{lado largo}}{\text{lado corto}} \longrightarrow \frac{x}{1} = \frac{x+1}{x} \longrightarrow \text{ecuación} \quad x+1 = x^2$$

Encuentra la solución de la ecuación de segundo grado; usa tres cifras decimales para expresar tu resultado.

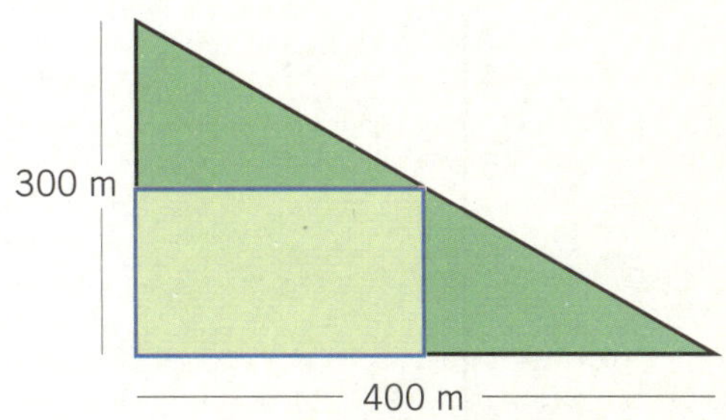

Niels Henrik Abel (1802-1829). De nacionalidad noruega, fue uno de los grandes matemáticos del siglo XIX. En 1823 publicó una serie de artículos en los que expuso la primera solución de una ecuación integral. Y al año siguiente, demostró la imposibilidad de hallar la solución de ecuaciones de quinto grado por medio de radicales. No obstante, su contribución más notable a las matemáticas fue su teoría sobre las funciones elípticas, que más tarde serviría para el desarrollo de la mecánica en física.

Las funciones cuadráticas describen, además de contextos intramatemáticos, fenómenos de otras disciplinas, como la física o la economía. Su aplicación en otras ramas del conocimiento es útil para representar: movimientos con aceleración constante, trayectoria de proyectiles, ganancias y costos empresariales, etcétera.

Se tiene un terreno en forma de triángulo rectángulo, con catetos de 300 m y 400 m, respectivamente, como el de la figura anexa. En éste se quiere edificar una bodega rectangular que sea lo más grande posible de construir, de manera que dos lados del rectángulo coincidan con los lados que forman el ángulo recto del terreno, como se muestra. ¿Cuáles serán las medidas del terreno rectangular que tenga la mayor área posible?

SABER >>> > Función cuadrática

Una función cuadrática es una función polinómica de segundo grado de la forma $f(x) = ax^2 + bx + c$, donde a, b y c son números reales y $a \neq 0$.

Las funciones $f(x) = x^2 + 6x$, $g(x) = x^2 + 16$ y $h(x) = -100x^2 + 2\,500x + 15\,000$ son ejemplos de funciones cuadráticas.

La función cuadrática más sencilla es $f(x) = x^2$, cuya gráfica es:

x	-3	-2	-1	-0.5	0	0.5	1	2	3
$f(x) = x^2$	9	4	1	0.25	0	0.25	1	4	9

Esta curva simétrica se llama parábola.

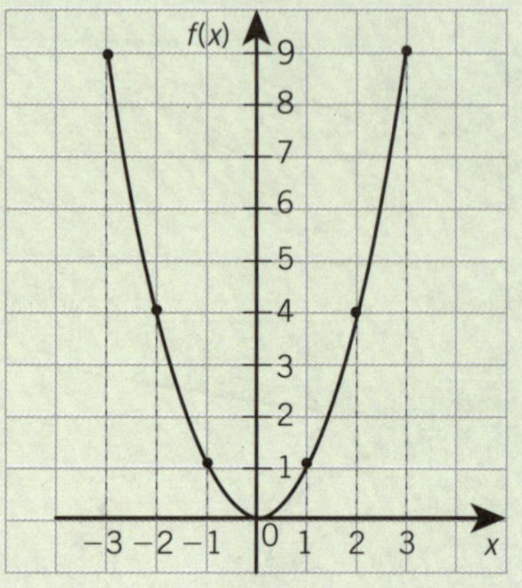

SABER HACER (x)→TU CUENTA

Traza la gráfica de las funciones cuadráticas.

Gráfica de una función cuadrática

| 1. $f(x) = x^2 - 2x - 3$ | 2. $g(x) = -x^2 + 2x - 3$ |

x	-1	0	1	2	3	4
$f(x)$						

x	-1	0	1	2	3	4
$f(x)$						

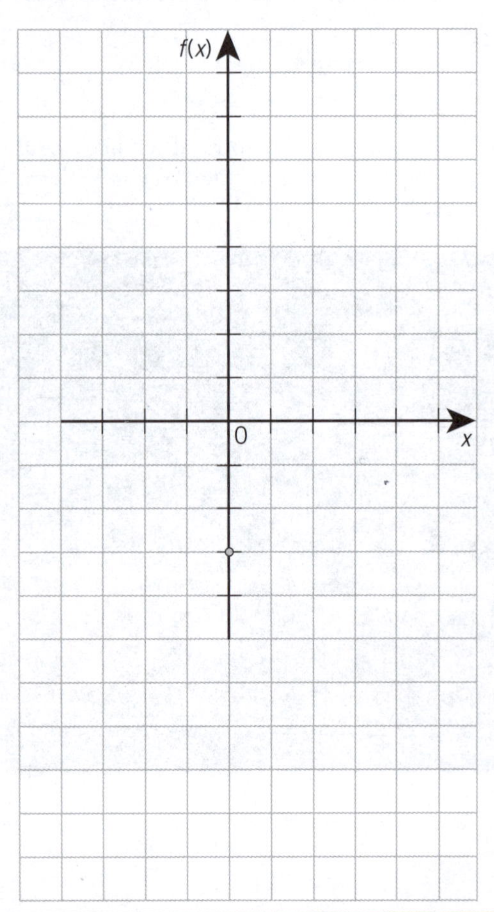

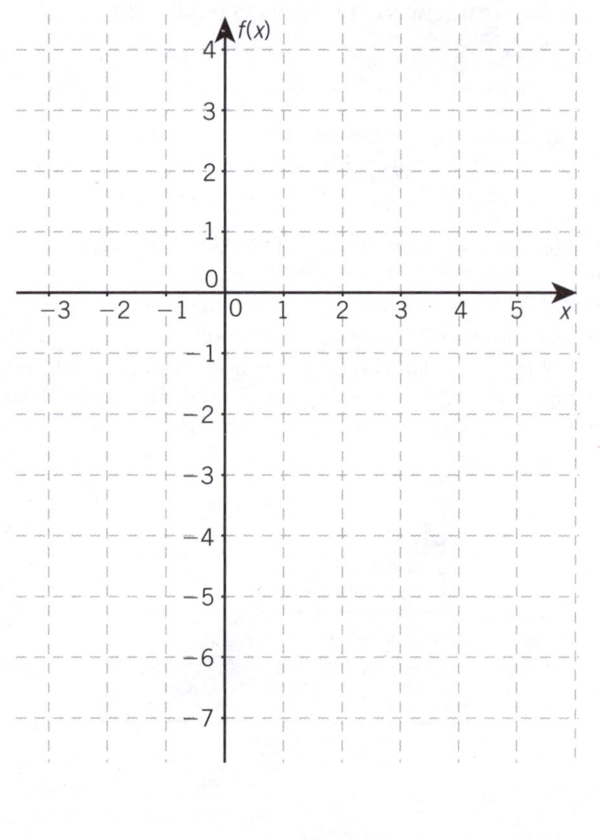

HACER › Cálculo de coordenadas dada una función cuadrática

Dada la función cuadrática $y = x^2 - 4x + 3$, determinemos las coordenadas de los puntos de la parábola y de los que no pertenecen a ella.

Ejemplos

1. Del punto A sabemos que $x = 3.5$. Como A es un punto de la parábola, sus coordenadas cumplen con la ecuación cuadrática asociada; por tanto, sustituimos el valor de x en la función y realizamos las operaciones:

$$y = (3.5)^2 - 4(3.5) + 3 = 1.25$$

Entonces, las coordenadas del punto A son: $(3.5, 1.25)$.

2. Del punto B conocemos que $x = 7$. Como B no pertenece a la parábola, no disponemos de ninguna relación que permita deducir y en función de x; por tanto, no es posible conocer las coordenadas de B.

3. El punto C está situado sobre el eje de las ordenadas; por tanto, $x = 0$. Como también es un punto de la parábola, verificamos que $y = 0^2 - 4(0) + 3 = 3$. Entonces, las coordenadas del punto C son: $(0, 3)$.

4. El punto D pertenece a la parábola. Sustituyendo el valor de $y = 5$ en la ecuación de la parábola. Así, tenemos:

$$5 = x^2 - 4x + 3 \Rightarrow x^2 - 4x - 2 = 0$$

$$x = \frac{4 \pm \sqrt{16 + 8}}{2} = \frac{4 \pm \sqrt{24}}{2}$$

cuyas soluciones aproximadas son: $x_1 = -0.45$ y $x_2 = 4.45$.

Al inspeccionar la gráfica se infiere que el valor correcto es $x_2 = 4.45$, porque se ubica en los valores positivos de x. Por consiguiente, las coordenadas del punto D son: $(4.45, 5)$.

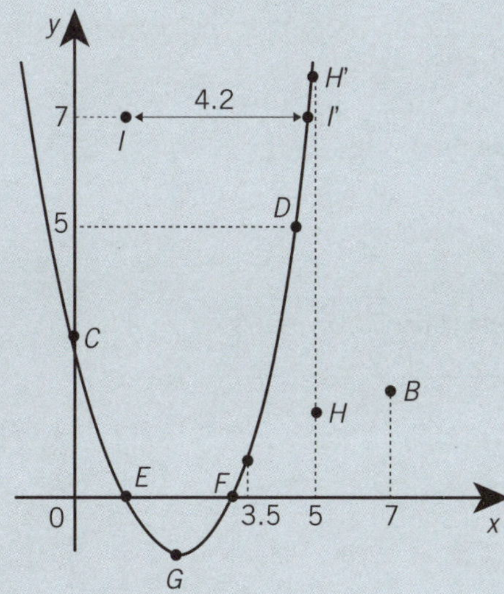

5. Como los puntos E y F están sobre el eje de las abscisas, sus coordenadas son de la forma $(x, 0)$. Dado que las coordenadas pertenecen a la parábola, verificamos la ecuación de segundo grado $x^2 - 4x + 3 = 0$, cuyas soluciones son $x_1 = 1$ y $x_2 = 3$. Por tanto, las coordenadas de los puntos E y F son $(1, 0)$ y $(3, 0)$, respectivamente, lo que equivale a encontrar las raíces de la ecuación $x^2 - 4x + 3 = 0$.

6. Vértice G. Por la forma simétrica de la parábola, la abscisa de G es el punto medio del segmento $\overline{EF}$; es decir,

$$x = \frac{1 + 3}{2} = 2.$$

Sustituimos este valor de x en la ecuación de la parábola, así obtenemos su segunda coordenada:

$$y = 2^2 - 4(2) + 3 = 4 - 8 + 3 = -1$$

De este modo, las coordenadas del punto G son: $(2, -1)$.

7. Calculemos las coordenadas para el punto H' de la parábola. Como $x = 5$, entonces $y = 5^2 - 4(5) + 3 = 25 - 20 + 3 = 8$; es decir, las coordenadas de H' son: $(5, 8)$. De este modo, sabemos que H tiene abscisa igual a 5 y su ordenada es 6 unidades menos que H'; por tanto, las coordenadas de H son: $(5, 2)$.

8. Del punto I' tiene coordenadas $(x, 7)$. Como éste pertenece a la parábola, $7 = x^2 - 4x + 3 \Rightarrow x^2 - 4x - 4 = 0 \Rightarrow x = \dfrac{4 \pm \sqrt{16 + 16}}{2} = \dfrac{4 \pm \sqrt{32}}{2}$, cuyas soluciones aproximadas son $x_1 = -0.88$ y $x_2 = 4.83$; las coordenadas de I tienen la misma ordenada 7 y su abscisa es 4.2 unidades menos que la abscisa de I'; es decir, las coordenadas de I son: $(0.63, 7)$.

SABER HACER  TU CUENTA

Dadas las funciones cuadráticas, determina las coordenadas de los puntos que se piden.

1. Los puntos A, B, el vértice V y el punto C de la parábola $y = x^2 - x + 1$.

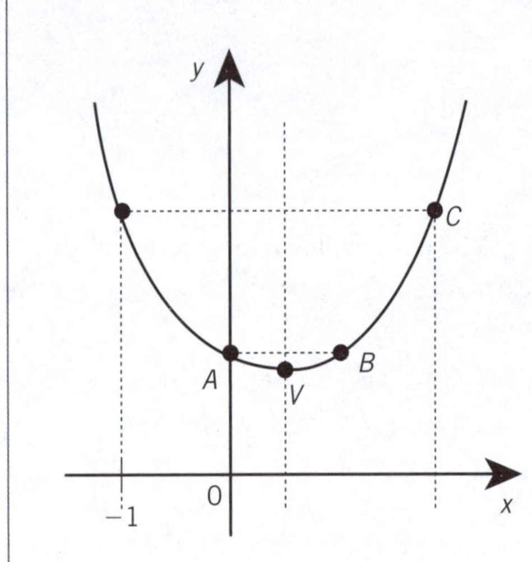

2. Los puntos A, B, C, D, E, F, G y H, dada la parábola $y = -x^2 + 2x + 3$.

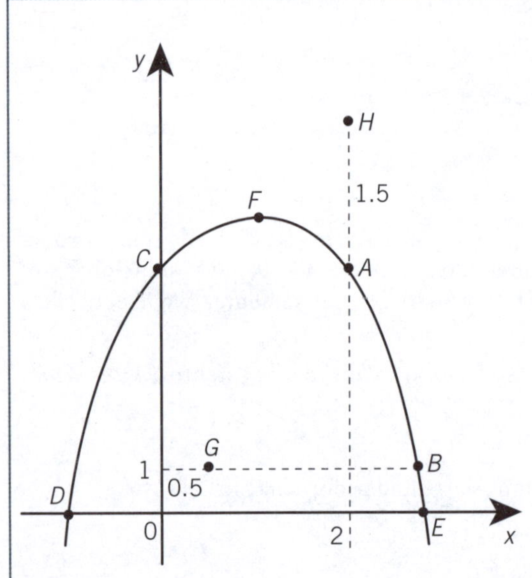

HACER > Determinación de valores con base en la función cuadrática

Analicemos cómo se puede modelar la situación que enfrenta el administrador de un teatro con una función cuadrática.

La administración de un teatro, con capacidad para 300 personas, estima que si cobra $30 por entrada podría tener una asistencia de 100 espectadores y que por cada $1 que reduzca al precio de entrada acudirían 10 espectadores más. Calculemos los ingresos en función de la reducción de los precios en $1, $2, $3,... $x.

Observemos la tabla.

Descuento ($)	0	1	2	x
Precio ($)	30	$30 - 1$	$30 - 2$	$30 - x$
Número de espectadores	100	$100 + 10(1)$	$100 + 10(2)$	$100 + 10x$
Ingresos ($)	30(100)	$(30 - 1)(100 + 10)$	$(30 - 2)(100 + 20)$	$(30 - x)(100 + 10x) = -10x^2 + 3\,000 + 200x$

Gráfica de la función cuadrática $f(x) = -10x^2 + 200x + 3\,000$.

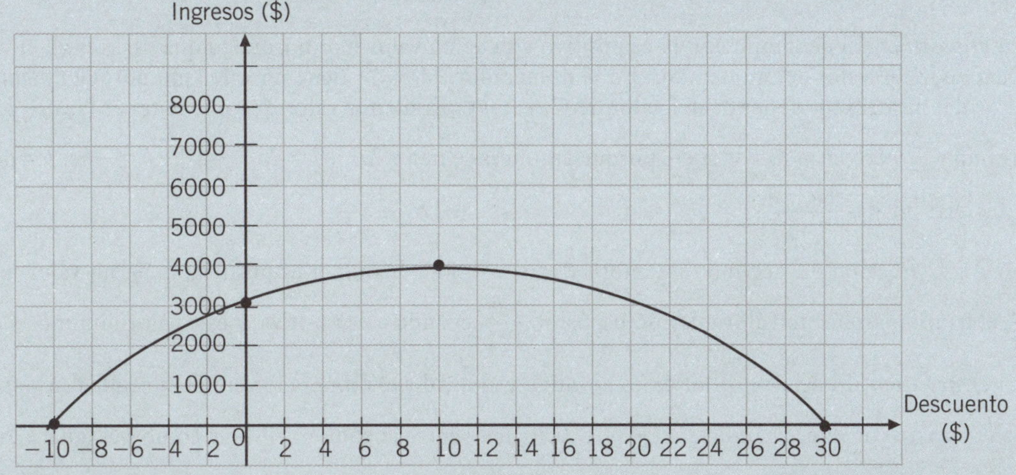

SABER HACER ⊗→TU CUENTA

Escribe una función cuadrática que modele el problema y encuentra el área máxima.

1. Se tienen 500 m de valla para cercar un terreno rectangular que es contiguo a un muro.

   ¿Qué área máxima se puede cercar de esta manera?

SABER >>> > Variaciones del trinomio de segundo grado

El trinomio de segundo grado $ax^2 + bx + c$ es una función de segundo grado respecto a x. Si se designa como y el valor de la función, se tiene:

$$y = ax^2 + bx + c$$

A cada valor de x corresponde un valor de la función o del trinomio. Consideremos el trinomio $y = x^2 + 2x - 3$.

Ejemplo

Para:

$x = 0$	$y = -3$
$x = 1$	$y = 0$
$x = 2$	$y = 5$
....	
$x = -1$	$y = -4$
$x = -2$	$y = -3$, etcétera.

Valor máximo o mínimo del trinomio

Para calcular el valor máximo o mínimo de un trinomio, usemos la expresión:

$$y = \frac{(2ax + b)^2 + 4ac - b^2}{4a}$$

1. ***Cuando a es positiva.*** El denominador $4a$ es positivo y tiene un valor fijo (porque lo que varía es x); el valor de esta fracción depende del valor del numerador. En el numerador, $4ac - b^2$ tiene un valor fijo porque no contiene x, así que el valor del numerador depende del valor de $(2ax + b)^2$. El menor valor que puede tener $(2ax + b)^2$ es cero, y esta expresión vale cero cuando $x = -\dfrac{b}{2a}$, porque entonces se tiene $2ax + b = 2a\left(-\dfrac{b}{2a}\right) + b = -b + b = 0$ y la expresión se convierte en $y = \dfrac{4ac - b^2}{4a}$.

   Si y es igual a la fracción del segundo miembro y esta fracción, cuando a es positiva, tiene un valor mínimo para $x = -\dfrac{b}{2a}$, el trinomio tiene un valor mínimo para $x = -\dfrac{b}{2a}$, cuando a es positiva, y este valor mínimo es $\dfrac{4ac - b^2}{4a}$.

2. ***Cuando a es negativa.*** El denominador $4a$ es negativo y al dividir el numerador entre $4a$ cambia su signo; luego, la fracción tiene su mayor valor cuando $(2ax + b)^2 = 0$, lo que ocurre cuando $x = -\dfrac{b}{2a}$ y como y es igual a esta fracción, y, o sea el trinomio, tendrá un valor máximo para $x = -\dfrac{b}{2a}$ cuando a es negativa, cuyo máximo vale $\dfrac{4ac - b^2}{4a}$.

   En resumen, si a es positiva, el trinomio tiene un valor mínimo; en cambio, si a es negativa, el trinomio tiene un valor máximo.

   El máximo o el mínimo corresponden al valor de $x = -\dfrac{b}{2a}$, y este máximo o mínimo vale $\dfrac{4ac - b^2}{4a}$.

HACER > Determinación y graficación de las variaciones de un trinomio

Analicemos un trinomio para determinar y graficar sus variaciones.

1. Sea el trinomio $y = x^2 - 2x + 3$.

   Como $a = 1$, positiva, el trinomio tiene un valor mínimo para $x = -\dfrac{b}{2a} = -\dfrac{-2}{2} = 1$, y este mínimo vale $\dfrac{4ac - b^2}{4a} = \dfrac{4 \times 3 - 4}{4} = 2$.

   Así, para:

$x = -2,$	$y = 11$
$x = -1,$	$y = 6$
$x = 0,$	$y = 3$
$x = 1,$	$y = 2$
$x = 2,$	$y = 3$
$x = 3,$	$y = 6$

2. Representemos gráficamente las variaciones de $y = x^2 - 2x + 3$.

Como $b^2 - 4ac = 4 - 12 = -8$ es negativa, las raíces no son reales.

Así, tenemos que para:

$x = -2,$	$y = 11$
$x = -1,$	$y = 6$
$x = 0,$	$y = 3$
$x = 1,$	$y = 2$ (mínimo)
$x = 2,$	$y = 3$
$x = 3,$	$y = 6$
$x = 4,$	$y = 11$

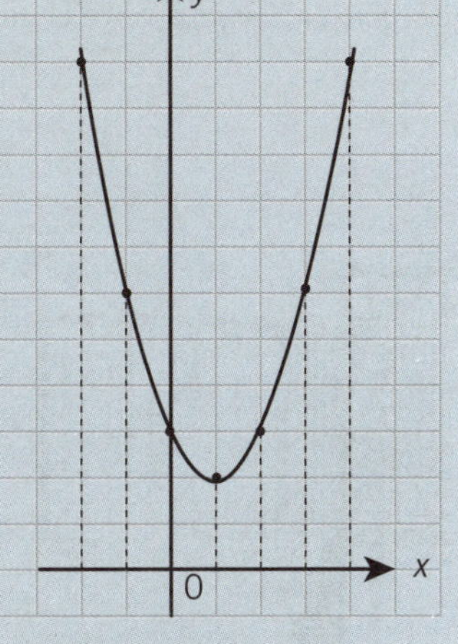

Al ubicar y unir los puntos obtenemos la gráfica de una parábola, en la que observamos lo siguiente:

1. La curva no toca el eje de las x, porque las raíces no son reales.

2. El trinomio es positivo para cualquier valor de x, porque sabemos que cuando las raíces no son reales, el trinomio tiene el mismo signo que a, coeficiente de x^2, para todo valor de x, y aquí $a = +1$.

3. El valor mínimo del trinomio es $y = 2$, que es el valor de $\dfrac{4ac - b^2}{4a}$, y este mínimo corresponde al valor de $x = 1$, que es el valor de $x = -\dfrac{b}{2a}$.

4. Para todos los valores de x equidistantes de $x = 1$, como $x = 0$ y $x = 2$, $x = -1$ y $x = 3$ el trinomio tiene valores iguales.

SABER HACER ⊗→TU CUENTA

Determina las variaciones de los trinomios.

1. $x^2 - 3x + 2$ 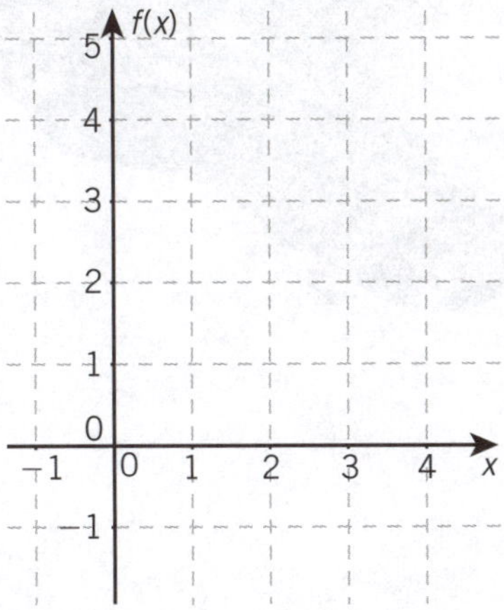	2 $x^2 + 3x + 2$ 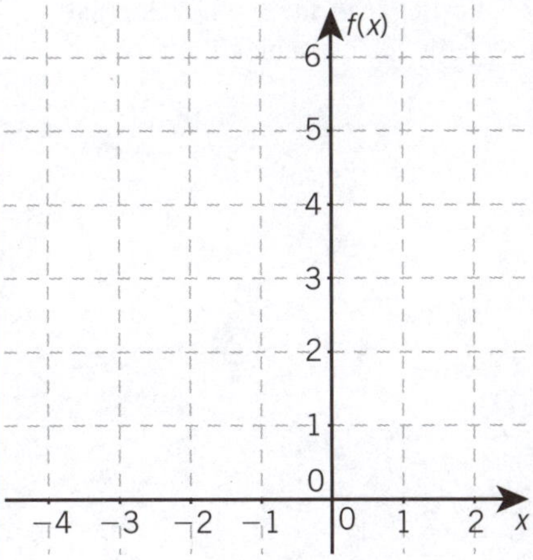	3. $x^2 + 3x - 10$ 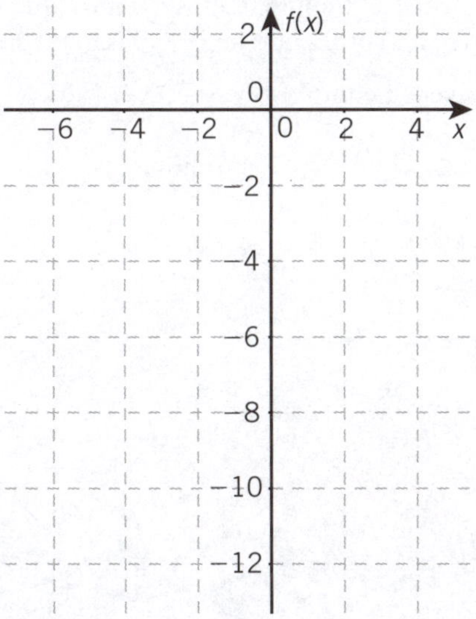

CONEXIONES  > Parábolas

Encuentra el punto mínimo de intersección de la rampa que tiene forma de parábola y cuya ecuación es $y = (x - 2)^2$; dicho punto se encuentra sobre el eje de las x. Asimismo, halla también el punto de intersección de la parábola con el eje de las y.

Un cuerpo se deja caer desde la intersección de la parábola con el eje de las y.

Calcular el tiempo, t, en segundos, que tarda en llegar al suelo y la velocidad final, v_f, con la que llega. Considerar despreciable la resistencia del aire y la gravedad como $g = 9.8\,\dfrac{\text{m}}{\text{s}^2}$.

Datos: Fórmula:

$t = ?$ $h = v_0 t + \dfrac{gt^2}{2}$

$h =$

$v_0 = 0$

$g = 9.8\,\dfrac{\text{m}}{\text{s}^2}$

$v_f = v_0 + gt$

Karl Gustav Jacobi (1804-1851). Matemático alemán muy prolífico del siglo xix. Junto con Henrik Abel, estableció la teoría de las funciones elípticas, además de que introdujo la función theta de Jacobi, nombrada así en su honor. También se destacó en el campo de las ecuaciones diferenciales y determinantes, en el que desarrolló los determinantes funcionales, que más tarde fueron llamados determinantes jacobinos. Como profesor universitario, fue reconocido por su labor pedagógica en la enseñanza de las matemáticas; sobresale el hecho de haber introducido un método de seminario para enseñar los avances matemáticos de su tiempo.

Como es bien sabido, las matemáticas son proveedoras de una amplia gama de herramientas de aplicación para la resolución de problemas cotidianos de todo tipo. Las desigualdades no son la excepción; por ejemplo, con el planteamiento de una desigualdad es posible comparar los costos de elaboración de un producto con respecto a su precio de venta. Precisamente, en este campo hay diversos conceptos que comúnmente se les relaciona, como *costo total*, *costo fijo*, *costo variable por unidad*, *ingreso total*, entre otros.

Para resolver un problema matemático, siempre es necesario considerar algunos datos y plantear algunas preguntas que faciliten la obtención de resultados. Por ejemplo:

◇ ¿Cómo obtener mayores utilidades?

◇ ¿Qué hacer para conseguir que la utilidad sea mayor que $20 000?

◇ ¿Cómo se puede conseguir un ingreso mayor al doble de los costos totales?

La resolución de cada una de estas situaciones se apoya, entre otras cosas, en el planteamiento de una desigualdad.

SABER ⟫⟫⟫ › Desigualdades

En matemáticas, una desigualdad es una expresión aritmética o algebraica que permite hacer comparaciones entre dos o más cantidades. Estas comparaciones son mayor que, menor que, mayor o igual que y menor o igual que, y se denotan con los símbolos $>$, $<$, $\geq$ y $\leq$, respectivamente. Por ejemplo, $5 > 3$ se lee: 5 es mayor que 3; $-4 < -2$ se lee: -4 es menor que -2; $8 \geq 2x$, se lee: 8 es mayor o igual que $2x$; $x \leq 6$, se lee: x es menor o igual que 6.

Propiedades de las desigualdades

Analicemos algunas de las propiedades que caracterizan a las desigualdades.

1. Si se suma o se resta la misma cantidad a los dos miembros de una desigualdad, el signo de ésta no varía. Ejemplo: dada la desigualdad $a > b$, podemos sumar o restar la cantidad c, así:

$$(a) + c > (b) + c \qquad (a) - c > (b) - c$$
$$a + c > b + c \qquad a - c > b - c$$

Consecuencia: cualquier término de una desigualdad se puede pasar de un miembro a otro, sólo cambiándole el signo.

2. Si los dos miembros de una desigualdad se multiplican o se dividen por la misma cantidad positiva, el signo de ésta no cambia. Ejemplo: dada la desigualdad $a > b$, podemos multiplicar o dividir la cantidad positiva c, así:

$$(a)(c) > (b)(c) \qquad \frac{(a)}{c} > \frac{(b)}{c}$$

$$ac > bc \qquad \frac{a}{c} > \frac{b}{c}$$

Consecuencia: se pueden eliminar los denominadores de una desigualdad sin que cambie el signo de ésta; para hacerlo, es necesario multiplicar todos los términos de la desigualdad por el m. c. m. de los denominadores.

3. Si los dos miembros de una desigualdad se multiplican o se dividen por la misma cantidad negativa, el signo de ésta sí cambia. Ejemplo: dada la desigualdad $a > b$, podemos multiplicar o dividir la cantidad $-c$, así:

$$(a)(-c) > (b)(-c) \qquad \frac{(a)}{(-c)} > \frac{(b)}{(-c)} \; o \; (a)\left(-\frac{1}{c}\right) > (a)\left(-\frac{1}{c}\right)$$

$$-ac < -bc \qquad -\frac{a}{c} < -\frac{b}{c}$$

Consecuencia: se puede cambiar el signo de todos los términos de una desigualdad al cambiar el signo de la desigualdad; para hacerlo, es necesario multiplicarla por -1. Ejemplo: dada la desigualdad $a - b > -c$, al multiplicar por -1, cambia el signo de todos los términos y de la desigualdad, así:

$$(a-b)(-1) > (-c)(-1)$$
$$b - a < c$$

4. Si se cambia el orden de los miembros de una desigualdad, ésta cambia de signo. Ejemplo: dada la desigualdad $a > b$, al cambiar el orden de los términos, obtenemos $b < a$.

5. Dada una desigualdad $a > b$, si se comparan los inversos de sus miembros, es decir, $\frac{1}{a}$ y $\frac{1}{b}$, ésta cambia de signo. Ejemplo: si invertimos ambos miembros de $a > b$, obtenemos:

$$\frac{1}{a} < \frac{1}{b}$$

6. Si los miembros de una desigualdad son positivos y se elevan a la misma potencia, siendo ésta positiva, el signo de la desigualdad no cambia. Ejemplo: dada la desigualdad $5 > 3$, al elevar al cuadrado ambos miembros, obtenemos:

$$5 > 3 \qquad\qquad (5)^2 > (3)^2 \qquad\qquad 25 > 9$$

7. Si uno o los dos miembros de una desigualdad son negativos y se elevan a la misma potencia impar positiva, el signo de la desigualdad no cambia. Ejemplos: dadas las desigualdades $-3 > -5$ y $2 > -2$, elevamos al cubo, en cada caso; así:

$$-3 > -5 \qquad\qquad 2 > -2$$
$$(-3)^3 > (-5)^3 \qquad\qquad (2)^3 > (-2)^3$$
$$-27 > -125 \qquad\qquad 8 > -8$$

8. Cuando los dos miembros de una desigualdad son negativos y se elevan a una misma potencia par positiva, el signo de la desigualdad cambia. Ejemplo: dada la desigualdad $-3 > -5$, elevamos al cuadrado y comparamos:

$$-3 > -5$$
$$(-3)^2 = 9 \quad (-5)^2 = 25$$
$$9 < 25$$

9. Si los miembros de una desigualdad tienen signos distintos y se elevan a la misma potencia par positiva, el signo de la desigualdad puede cambiar. Ejemplos: dadas las desigualdades $3 > -5$ y $8 > -2$, si las elevamos al cuadrado, el signo de la primera sí cambia, pero el de la segunda no; veamos:

$$3 > -5 \qquad\qquad 8 > -2$$
$$(3)^2 = 9 \quad (-5)^2 = 25 \qquad (8)^2 = 64 \quad (-2)^2 = 4$$
$$9 < 25 \qquad\qquad 64 > 4$$

10. Si los dos miembros de una desigualdad son positivos y se les extrae la misma raíz positiva, el signo de la desigualdad no cambia. Ejemplo: dada la desigualdad $a > b$, al extraer la raíz n positiva, tenemos que $\sqrt[n]{a} > \sqrt[n]{b}$.

11. Si dos o más desigualdades del mismo signo se suman o se multiplican miembro a miembro, resulta una desigualdad del mismo signo. Ejemplo: dadas las desigualdades $a > b$ y $c > d$, podemos sumar o multiplicar miembro a miembro, así:

$$a + c > b + d \qquad\qquad ac > bd$$

12. Si dos desigualdades tienen signos iguales y se restan o se dividen miembro a miembro, el resultado puede ser una igualdad o una desigualdad con signo igual o diferente. Ejemplos: dadas las desigualdades $10 > 8$ y $5 > 2$, al restarlas miembro a miembro, el signo cambia; en tanto, al dividirlas resulta una igualdad:

$$10 > 8 \qquad 5 > 2 \qquad\qquad 10 > 8 \qquad 5 > 2$$
$$10 - 5 = 5 \qquad 8 - 2 = 6 \qquad\qquad \frac{10}{5} = 2 \qquad \frac{8}{2} = 4$$
$$5 < 6 \qquad\qquad\qquad 2 < 4$$

Inecuaciones

Una inecuación es una desigualdad entre dos expresiones algebraicas que sólo es válida para determinados valores de sus incógnitas. A las inecuaciones también se les llama desigualdades de condición.

Por ejemplo, la desigualdad $2x - 3 > x + 5$ es una inecuación porque tiene la incógnita x y sólo se verifica o es válida para cualquier valor de x mayor que 8; para $x = 8$ se convertiría en igualdad y para $x < 8$ sería una desigualdad de signo contrario.

Resolver una inecuación consiste en hallar los valores de las incógnitas que la hacen válida.

HACER > Resolución de inecuaciones

Encontremos los valores válidos para la siguiente inecuación.

Resolvamos $2x - 3 > x + 5$.

Primero, agrupamos los términos semejantes; para ello, pasamos todos los términos en x al lado izquierdo de la inecuación, y los términos numéricos al lado derecho. Enseguida, simplificamos:

$$2x - x > 5 + 3$$
$$x > 8 \qquad \textbf{R.}$$

Como la desigualdad $2x - 3 > x + 5$ sólo se verifica para los valores de x mayores que 8, se dice que 8 es el límite inferior de x.

Inecuaciones o desigualdades

SABER HACER ⊗→TU CUENTA

Resuelve las inecuaciones.

1. $x - 5 < 2x - 6$	
2. $5x - 12 > 3x - 4$	
3. $x - 6 > 21 - 8x$	
4. $3x - 14 < 7x - 2$	

5. $2x - \dfrac{5}{3} > \dfrac{x}{3} + 10$	
6. $3x - 4 + \dfrac{x}{4} < \dfrac{5x}{2} + 2$	
7. $(x-1)^2 - 7 > (x-2)^2$	

SABER ⟩⟩⟩ ⟩ Inecuaciones simultáneas

Las inecuaciones simultáneas son aquellas que tienen soluciones comunes, es decir, que se verifican con los mismos valores en sus incógnitas. En ocasiones, sólo un intervalo de valores de las incógnitas satisface a las dos inecuaciones; en estos casos se les llama límite inferior y límite superior al de menor y mayor valor, respectivamente.

HACER ⟩ Resolución de inecuaciones simultáneas

Hallemos soluciones comunes para algunos pares de inecuaciones.

Ejemplos

1. Encontremos los límites en las soluciones comunes para las inecuaciones $3x + 4 < 16$ y $-6 - x > -8$.

Primero, resolvemos las desigualdades:

$$3x + 4 < 16 \qquad\qquad\qquad -6 - x > -8$$
$$3x < 16 - 4 \qquad\qquad\qquad -x > -8 + 6$$
$$3x < 12 \qquad\qquad\qquad\qquad -x > -2$$
$$x < 4 \quad \textbf{R.} \qquad\qquad\qquad x < 2 \quad \textbf{R.}$$

Como podemos observar, las dos inecuaciones son válidas cuando $x < 2$; por tanto, el límite superior de las soluciones comunes es 2.

2. Encontremos los límites de los valores de x que satisfacen las inecuaciones $5x - 10 > 3x - 2$ y $3x + 1 < 2x + 6$.

Primero, resolvemos las inecuaciones:

$$5x - 10 > 3x - 2 \qquad\qquad\qquad 3x + 1 < 2x + 6$$
$$5x - 3x > -2 + 10 \qquad\qquad\qquad 3x - 2x < 6 - 1$$
$$2x > 8 \qquad\qquad\qquad\qquad x < 5 \quad \textbf{R.}$$
$$x > 4 \quad \textbf{R.}$$

Como las desigualdades se cumplen cuando $x > 4$ y $x < 5$, los límites inferior y superior son 4 y 5, respectivamente. Por tanto, decimos que las inecuaciones dadas son simultáneas porque tienen soluciones comunes en el intervalo $4 < x < 5$.

SABER HACER ⓧ→TU CUENTA

Determina los límites en las soluciones comunes para las inecuaciones simultáneas.

1. $x - 3 > 5$ y $2x + 5 > 17$	
2. $5 - x > -6$ y $2x + 9 > 3x$	
3. $6x + 5 > 4x + 11$ y $4 - 2x > 10 - 5x$	
4. $\dfrac{x}{4} - 3 > \dfrac{x}{4} + 2$ y $2x + \dfrac{3}{5} < 6x - 23\dfrac{2}{5}$	
5. $\dfrac{x}{4} - 1 > \dfrac{x}{3} - 1\dfrac{1}{2}$ y $2x - 3\dfrac{3}{5} > x + \dfrac{2}{5}$	

> **Desigualdades**

Producción de café tipo arábica y robusta

En 2015 hubo una producción a nivel mundial de 89.555 millones de sacos de café del tipo arábica y 61.883 millones del tipo robusta.

A continuación, representamos la participación de México en la producción mundial de dichas especies de café para ese año, con la variable x en los siguientes pares de inecuaciones simultáneas. Los valores para esa incógnita corresponden a millones de sacos.

<table>
<tr><td align="center">Tipo arábiga</td><td align="center">Tipo robusta</td></tr>
<tr><td align="center">$9 < 5x + 3 \qquad y \qquad 2x + 3.2 < 6$</td><td align="center">$6x + 2 > 4x + 5.8 \qquad y \qquad x - 1.5 < \dfrac{2x - 2.4}{3}$</td></tr>
</table>

Calcula el intervalo en millones de sacos, para cada tipo de café producido en México. Compara tu resultado con algún compañero de clase.

Max Planck (1858-1947). Matemático y físico alemán. Comenzó sus investigaciones en la termodinámica, que posteriormente darían como resultado la formulación de la *constante universal de Planck*, base de la física cuántica moderna. Según la constante de Planck, la energía y la luz existen como paquetes discretos llamados "cuantos". Sus aportaciones fueron fundamentales para el desarrollo de la tecnología actual. Los láseres, el microondas y los microprocesadores son sólo algunos ejemplos de tecnologías creadas a partir de sus descubrimientos. Recibió el Premio Nobel de Física en 1918; además, se creó en su honor el Instituto de Física Max Planck, en Alemania, uno de los principales centros de investigación a nivel mundial.

El origen de los logaritmos se remonta hasta Arquímedes y su comparación de las sucesiones aritméticas con las geométricas. Se cree que este importante matemático y físico griego analizó sucesiones parecidas a las siguientes:

1	2	3	4	5	6	7	8	9
2	4	8	16	32	64	128	256	512

Si aplicamos un método parecido al de Arquímedes, podemos llamar logaritmos a los números de la primera sucesión, que es aritmética; y antilogaritmos, a los de la segunda, que es geométrica.

Se sabe que Arquímedes postuló la siguiente regla: "para multiplicar entre sí dos números cualesquiera de la sucesión de abajo, debemos sumar los dos números de la sucesión de arriba, situados encima de aquellos dos; después, hay que buscar en la sucesión de arriba dicha suma. El número de la sucesión inferior que le corresponda debajo, será el producto deseado".

Para comprobar la regla, nos valemos de un ejemplo.

Primero, multiplicamos $4 \times 16 = 64$, números tomados de la sucesión geométrica. Enseguida, localizamos, en la sucesión aritmética, los números que están sobre 4 y 16; éstos son: 2 y 4. Ahora bien, si sumamos estos números, obtenemos: $2 + 4 = 6$; entonces, buscamos este 6 en la misma sucesión. Al localizarlo, podemos ver al 64 debajo de él, que es el producto de los números que elegimos inicialmente. Se cumplió la regla de Arquímedes.

Los logaritmos son una rama de las matemáticas que estudian las relaciones entre las cantidades que intervienen en la potenciación. Recordemos que en el procedimiento para elevar un número a cierta potencia trabajamos con los términos base, exponente y potencia. Con base en esto, podemos afirmar que el logaritmo de un número es el exponente al que hay que elevar una base para obtener el número dado. O de una manera más simple, podemos decir que "los logaritmos son exponentes". Veamos cómo se relacionan las potencias y los logaritmos.

Potencia/exponente	Logaritmo	Notación exponencial	Notación logarítmica	Se lee...
			Ejemplos:	
$b^x = a$	$\log_b a = x$			
x: exponente	x: logaritmo de a en base b	$4^0 = 1$	$\log_4 1 = 0$	El logaritmo de 1 en base 4 es 0.
b: base de la potencia	b: base del logaritmo	$4^1 = 4$	$\log_4 4 = 1$	El logaritmo de 4 en base 4 es 1.
a: potencia	a: argumento del logaritmo o	$4^2 = 16$	$\log_4 16 = 2$	El logaritmo de 16 en base 4 es 2.
	antilogaritmo	$4^3 = 64$	$\log_4 64 = 3$	El logaritmo de 64 en base 4 es 3.

Sistemas de logaritmos

Un sistema logarítmico está definido por la base que lo caracteriza; y como se puede tomar como base cualquier número mayor que 1, el número de este tipo de sistemas es infinito. Sin embargo, sólo son dos los que más se usan: el sistema de logaritmos decimales (también conocidos como logaritmos comunes o de Briggs, en honor al matemático inglés Henry Briggs), cuya base es el número 10, y el sistema de logaritmos naturales o neperianos (nombrados así en reconocimiento al matemático escocés John Neper), cuya base es el número irracional e, cuyo valor es:

$$e = 2.71828182845...$$

Propiedades generales de los logaritmos

Los logaritmos están definidos por las siguientes propiedades generales.

1. La base de un sistema de logaritmos no puede ser negativa, ya que si lo fuera, sus potencias pares serían positivas y las impares negativas, de modo que tendríamos una serie de números alternativamente positivos y negativos; por tanto, habría números positivos que no tendrían logaritmo.

2. Los números negativos no tienen logaritmo, porque si la base es positiva, todas sus potencias, pares o impares, siempre son positivas. Ejemplos: $3^2 = 9$, $4^3 = 64$, $\log_4 16 = 2$, $\log_5 125 = 3$, son casos en los que todas las potencias y los argumentos son positivos.

3. En todo sistema de logaritmos, el logaritmo de la base es 1, porque cualquier base b elevada a la potencia 1, siempre resulta la misma base; si $\log_b b = 1$, porque $b^1 = b$. Ejemplos: $\log_4 4 = 1$, porque $4^1 = 4$, y $\log_6 6 = 1$, porque $6^1 = 6$.

4. En todo sistema, el logaritmo de 1 es cero, porque cualquier base b elevada a la potencia 0 siempre es 1; así: $\log 1 = 0$, porque $b^0 = 1$. Ejemplos: $\log_5 1 = 0$, porque $5^0 = 1$, y $\log_2 1 = 0$, porque $2^0 = 1$.

5. Los números mayores que 1 tienen logaritmo positivo, porque si $\log 1 = 0$, los logaritmos de los números mayores que 1 son mayores que cero. Ejemplos: $\log_2 2 = 1$, $\log_3 9 = 2$; donde todos los logaritmos y sus argumentos son positivos.

6. Los números menores que 1 tienen logaritmo negativo, porque si $\log 1 = 0$, los logaritmos de los números menores que 1 son menores que cero. Ejemplos: $\log_2 0.5 = -1$, porque $2^{-1} = 0.5$, y $\log_3 \frac{1}{9} = -2$, porque $3^{-2} = \frac{1}{3^2} = \frac{1}{9}$.

Propiedades particulares de los logaritmos decimales

Como los logaritmos decimales consideran la base 10, a menudo ésta no se expresa de modo que $\log_{10} a = x$ puede expresarse también como $\log a = x$.

Dicho esto, conozcamos algunas propiedades características de este tipo de logaritmos.

1. Sólo las potencias de 10 que provienen de exponentes enteros positivos tienen logaritmos enteros. Véanse los ejemplos que se presentan en la tabla.

Exponentes positivos	Logaritmos enteros	Exponentes negativos	Logaritmos que no son enteros
$10^0 = 1$	$\log 1 = 0$		
$10^1 = 10$	$\log 10 = 1$	$10^{-1} = \frac{1}{10} = 0.1$	$\log 0.1 = -1$
$10^2 = 100$	$\log 100 = 2$	$10^{-2} = \frac{1}{10^2} = 0.01$	$\log 0.01 = -2$
$10^3 = 1\,000$	$\log 1\,000 = 3$	$10^{-3} = \frac{1}{10^3} = 0.001$	$\log 0.001 = -3$

2. El logaritmo de todo número que no es una potencia de 10, no es entero, sino una fracción propia o una fracción mixta.

Como log 1 = 0 y log 10 = 1, los números comprendidos entre 1 y 10 tienen un logaritmo entre 0 y 1, que puede expresarse como una fracción propia. Ejemplo: log 2 = 0.301030.

Como log 10 = 1 y log 100 = 2, los números comprendidos entre 10 y 100 tienen un logaritmo entre 1 y 2, que puede expresarse como 1 más una fracción propia. Ejemplo: log 15 = 1 + 0.176091 = 1.176091.

Logaritmo de un producto

El logaritmo de un producto es igual a la suma de los logaritmos de sus factores; esto es: $\log_b AB = \log_b A + \log_b B$.

Demostración

Dados los factores A y B, podemos expresar sus logaritmos así: $\log_b A = x$ y $\log_b B = y$.

Analicemos la notación exponencial de las expresiones anteriores: $b^x = A$ y $b^y = B$.

Como podemos comprobar, x y y son los exponentes a los que hay que elevar la base b para obtener los términos A y B, así que al efectuar el producto, éstos se suman: $AB = (b^x)(b^y) = b^{x+y}$

Ahora, $(x + y)$ es el exponente al que hay que elevar la base b para obtener AB; por tanto, $(x + y)$ es el logaritmo de AB: $\log_b AB = x + y$.

Finalmente, sustituimos en la expresión anterior $x = \log_b A$ y $y = \log_b B$; así: $\log_b AB = \log_b A + \log_b B$.

HACER   > Resolución de un producto mediante el uso de logaritmos

Resolvamos un producto haciendo uso de los logaritmos. Es importante mencionar que para efectuar nuestros cálculos, debemos apoyarnos en el uso de una calculadora científica o en las tablas de logaritmos y antilogaritmos; estas últimas son tablas numéricas que relacionan los logaritmos de una gran cantidad de números con sus antilogaritmos (recordemos que en la notación $\log_b a = x$, a es el antilogaritmo de x).

Ejemplo

Calculemos el producto $1\,215 \times 0.84$ haciendo uso de los logaritmos.

Primero, expresamos el logaritmo del producto como la suma de los logaritmos de los factores; como son logaritmos decimales, no es necesario especificar la base:

$$\log(1\,215 \times 0.84) = \log 1\,215 + \log 0.84$$

Ahora, hacemos uso de la calculadora científica o de las tablas logarítmicas y obtenemos los siguientes valores::

$$\log 1\,215 + \log 0.84 = 3.084576 + (-0.075720) = 3.008855$$

De este modo, sabemos que $\log a = 3.008855$, donde $a = (1\,215 \times 0.84)$ es el antilogaritmo de 3.00855. Así que usamos la calculadora o una tabla para encontrar el antilogaritmo de 3.008855; que es el número $1\,020.598674$. Al redondear, tenemos que:

$$1\,215 \times 0.84 = 1\,020.6 \qquad \textbf{R.}$$

SABER HACER ⊗→TU CUENTA

Concepto de logaritmo

Calcula los productos usando logaritmos.

1. $532 \times 0.184 =$	
2. $191.7 \times 432 =$	
3. $0.7 \times 0.013 \times 0.9 =$	

El logaritmo de un cociente es igual al logaritmo del dividendo menos el logaritmo del divisor. Y se representa así:

$$\log_b = \frac{A}{B} = \log_b A - \log_b B$$

Demostración. Dado el cociente $\frac{A}{B}$, donde A es el dividendo y B el divisor, podemos expresar así sus logaritmos:

$$\log_b A = x \text{ y } \log_b B = y$$

Analicemos la notación exponencial de las expresiones anteriores: $b^x = A$ y $b^y = B$

Entonces, vemos que x y y son los exponentes a los que hay que elevar la base b para obtener los términos A y B. De este modo, al efectuar el cociente, éstos se restan así:

$$\frac{A}{B} = \frac{b^x}{b^y} = b^{x-y}$$

Ahora, tenemos que $(x - y)$ es el exponente al que hay que elevar la base b para obtener $\frac{A}{B}$; por tanto, $(x - y)$ es el logaritmo de $\frac{A}{B}$: $\log_b \frac{A}{B} = x - y$.

Por último, sustituimos en la expresión anterior $x = \log_b A$ y $y = \log_b B$, así: $\log_b \frac{A}{B} = \log_b A - \log_b B$

Logaritmo de una potencia

El logaritmo de una potencia es igual al exponente multiplicado por el logaritmo de la base.

$$\log_b A^n = n \log_b A$$

Demostración. Dada la potencia A^n, donde A es la base de la potencia y n el exponente, podemos expresar el logaritmo de A como: $\log_b A = x$

Analicemos la notación exponencial de la expresión anterior: $b^x = A$

Entonces, vemos que x es el exponente al que hay que elevar la base b para obtener el término A. De este modo, al elevar a la potencia n, los exponentes se multiplican así:

$$A^n = b^{xn}$$

Ahora, tenemos que (xn) es el exponente al que hay que elevar la base b para obtener A^n; por tanto, (xn) es el logaritmo de A^n: $\log_b A^n = xn$.

Por último, sustituimos en la expresión anterior $x = \log_b A$, así: $\log_b A^n = n \log_b A$

Logaritmo de una raíz

El logaritmo de una raíz es igual al logaritmo de la cantidad subradical dividido entre el índice de la raíz:

$$\log_b \sqrt[n]{A} = \frac{\log_b A}{n}$$

Demostración. Dada la raíz $\sqrt[n]{A}$, donde A es la cantidad subradical y n el índice de la raíz, podemos expresar el logaritmo de A como: $\log_b A = x$

Analicemos la notación exponencial de la expresión anterior: $b^x = A$

Así, vemos que x es el exponente al que hay que elevar la base b para obtener el término A; por tanto, al extraer la raíz con el índice n en forma fraccionaria, los exponentes se dividen así:

$$A^{\frac{1}{n}} = (b^x)^{\frac{1}{n}} = b^{\frac{x}{n}}$$

Ahora, tenemos que $\left(\frac{x}{n}\right)$ es el exponente al que hay que elevar la base b para obtener $\sqrt[n]{A}$; por tanto, $\left(\frac{x}{n}\right)$ es el logaritmo de $\sqrt[n]{A}$: $\log_b \sqrt[n]{A} = \frac{x}{n}$.

Por último, sustituimos en la expresión anterior $x = \log_b A$, así: $\log_b \sqrt[n]{A} = \frac{\log_b A}{n}$

Cologaritmos

El cologaritmo de un número se define como el logaritmo de su inverso o como el opuesto de su logaritmo. Por ejemplo:

$\text{colog } 2 = \log \frac{1}{2} = -\log 2$ y $\text{colog } 54 = \log \frac{1}{54} = -\log 54$.

Demostración. Tenemos que colog $x = \log\dfrac{1}{x}$. Entonces, como el logaritmo de un cociente es igual al logaritmo del dividendo menos el logaritmo del divisor, podemos expresarlo así:

$$\operatorname{colog} x = \log\frac{1}{x} = \log 1 - \log x = 0 - \log x = -\log x$$

De este modo, obtenemos lo siguiente: colog $x = \log\dfrac{1}{x} = -\log x$

Como conclusión, podemos decir que restar el logaritmo de un número equivale a sumar el cologaritmo de dicho número.

 HACER   › Uso de logaritmos en la resolución de operaciones

Practiquemos lo aprendido acerca de los logaritmos.

Ejemplos

1. Calculemos el valor de $\dfrac{0.765}{39.14}$ haciendo uso de los logaritmos.

   Sabemos que el logaritmo de un cociente es igual al logaritmo del dividendo menos el logaritmo del divisor, lo que se expresa así: $\quad \log\dfrac{0.765}{39.14} = \log 0.765 - \log 39.14$

   Ahora, expresamos la resta del logaritmo como la suma de su cologaritmo:

   $$\log 0.765 + \operatorname{colog} 39.14 = -0.116338 + 0.407379 = 0.291041$$

   Como el antilogaritmo de 0.291041 es 0.019545, tenemos que: $\dfrac{0.765}{39.14} = 0.019545$ **R.**

2. Calculemos el valor de 7.5^6.

   Expresamos el logaritmo de la potencia como el exponente multiplicado por el logaritmo de la base, sustituimos el logaritmo de 7.5 y simplificamos: $\log 7.5^6 = 6 \log 7.5 = 6(0.875061) = 5.250366$

   Como el antilogaritmo de 5.250366 es 177 978.551, tenemos que: $7.5^6 = 177\,978.551$ **R.**

3. Calculemos el valor de $\sqrt[5]{3}$.

   Expresamos el logaritmo de la raíz como el logaritmo de la cantidad subradical dividido entre el índice de la raíz, sustituimos el logaritmo de 3 y simplificamos: $\quad \log\sqrt[5]{3} = \dfrac{\log 3}{5} = \dfrac{0.477121}{5} = 0.095424$

   Como el antilogaritmo de 0.095424 es 1.24573, tenemos que: $\sqrt[5]{3} = 1.24573$ **R.**

SABER HACER ⊗→TU CUENTA

Resuelve las operaciones con el uso de logaritmos.

1. $\dfrac{95.13}{7.23} =$	
2. $\dfrac{0.72183}{0.0095} =$	
3. $2^{10} =$	
4. $1.15^3 =$	
5. $\sqrt[3]{2} =$	
6. $\sqrt[4]{5} =$	

SABER >>> › Ecuaciones exponenciales

Una ecuación exponencial es aquella cuya incógnita se encuentra en el exponente de un término constante. Para resolver este tipo de ecuaciones, primero se calcula el logaritmo de cada uno de sus miembros y enseguida se despeja la incógnita.

Las ecuaciones exponenciales tienen la forma:

$$u = ar^{x-1}$$

Resolución de una ecuación exponencial para calcular el número de términos de una progresión geométrica

Las ecuaciones exponenciales sirven, entre otras cosas, para calcular el número de términos que tiene una progresión geométrica; este número es el término x de la ecuación exponencial. A continuación, realizamos el siguiente algoritmo para resolver una ecuación exponencial y, al mismo tiempo, aprender cómo se calcula el número de términos de una progresión geométrica.

Procedimiento. Primero, cambiamos la variable x por n en la ecuación $u = ar^{n-1}$, sólo para representar que n es el número de términos de la progresión. Después, aplicamos los logaritmos a cada miembro de la igualdad y simplificamos para despejar n:

$$\log u = \log a + (n - 1)\log r$$

$$\log u - \log a = (n - 1)\log r$$

$$n - 1 = \frac{\log u\, 2 \log a}{\log r}$$

$$n - 1 = \frac{\log u - \log a}{\log r} + 1 = \frac{\log u + \text{colog } a}{\log r} + 1$$

Como se dijo antes, el valor obtenido de n nos permite conocer el número de términos que tiene una progresión dada; pero, además, también nos permite conocer la magnitud de la incógnita en cualquier ecuación exponencial.

HACER › Resolución de ecuaciones exponenciales

Apliquemos los logaritmos para resolver algunas ecuaciones exponenciales.

Ejemplos

1. Resolvamos la ecuación $3^x = 60$.

   Aplicamos logaritmos en ambos miembros de la ecuación y simplificamos; así:

   $$x\log 3 = \log 60$$

   $$x = \frac{\log 60}{\log 3} = \frac{1.778151}{0.477121} = 3.726 \quad \text{R.}$$

2. Resolvamos la ecuación $5^{2x-1} = 125$.

   Aplicamos logaritmos en ambos miembros de la ecuación y simplificamos; así:

   $$\log (5^{2x-1}) = \log 125$$

   $$2x - 1 = \frac{\log 125}{\log 5}$$

   $$2x = \frac{\log 125}{\log 5} + 1$$

   $$x = \frac{\dfrac{\log 125}{\log 5} + 1}{2}$$

   $$2x = \frac{\dfrac{2.096109}{0.698970} + 1}{2} = \frac{3 + 1}{2} = 2 \quad \text{R.}$$

3. Calculemos el número de términos que tiene la progresión 2, 6, 18, …, 1458.

Si consideramos la ecuación $u \times ar^{n-1}$, tenemos que $u = 1\,458$, $a = 2$ y $r = 3$. Ahora, sustituimos estos valores en la fórmula de la incógnita despejada, aplicamos los logaritmos y simplificamos; así:

$$n = \frac{\log 1458 + \text{colog } 2}{\log 3} + 1 = \frac{3.163758 - 0.30103}{0.477121} + 1 = \frac{2.862728}{0.477121} + 1 = 6 + 1 = 7 \qquad \textbf{R.}$$

Por tanto, la progresión 2, 6, 18, …, 1 458 tiene siete términos.

4. Calculemos la magnitud de log 108 considerando que log 2 = 0.301030 y log 3 = 0.477121.

Primero, relacionamos 108 con 2 y 3; para ello, planteamos lo siguiente:

$$108 = 2^2 \times 3^3$$

Ahora, aplicamos logaritmos a los dos miembros de la igualdad y simplificamos, así:

$$\log 108 = \log (2^2 \times 3^3) = \log 2^2 + \log 3^3 = 2\log 2 + 3\log 3 = 2(0.301030) + 3(0.477121) =$$
$$0.602060 + 1.431363 = 2.033423 \qquad \textbf{R.}$$

SABER HACER ⊗→ TU CUENTA

Resuelve las ecuaciones exponenciales.

1. $5^x = 3$	
2. $7^x = 512$	
3. $0.2^x = 0.0016$	
4. $3^{x+1} = 729$	

Calcula el número de términos que tiene cada progresión numérica.

1. $3, 6, …, 48$	
2. $2, 3, …, \dfrac{243}{16}$	

Calcula las magnitudes de los logaritmos. Considera que log 2 = 0.301030, log 3 = 0.477121, log 5 = 0.698970, log 7 = 0.845098.

1. $\log 36 =$	
2. $\log 75 =$	
3. $\log 30 =$	

› Aplicaciones actuales de los logaritmos

CONEXIONES

Escala para medir la intensidad de un terremoto

Una primera medición acerca de la intensidad de los terremotos es, sin duda, la cuantificación primaria de los daños que ocasiona, pero para lograr una caracterización más precisa, los expertos en la materia han desarrollado diversas escalas.

Parece lógico medir los sismos por la energía que liberan; sin embargo, ésta muchas veces se representa con números muy grandes. Por ejemplo, hay terremotos cien mil millones de veces más fuertes que otros, en tanto que hay algunos que no parecen ser muy intensos y, sin embargo, liberan tanta energía como una explosión.

Para evitar números tan grandes, igual que ocurre al medir los sonidos, las escalas usan logaritmos. La escala sismológica de Richter, también conocida como Escala de magnitud local (ML), es una escala logarítmica arbitraria que asigna un número para cuantificar el tamaño o intensidad de un terremoto. Fue nombrada así en honor de Charles Richter (1900-1985), sismólogo nacido en Hamilton, Ohio, Estados Unidos de América.

Richter desarrolló su escala en la década de 1930. De este modo, determinó que la magnitud de un terremoto o sismo puede ser medida mediante la fórmula $M = \log A + C$, donde A es la amplitud en milímetros de las ondas superficiales y $C = 3.3 + 1.66\log_{10} D - \log_{10} 7$ es una constante que depende del periodo T de las ondas registradas en el sismógrafo y de la distancia D desde éste hasta el epicentro, en grados angulares. Naturalmente la magnitud M es una medida logarítmica.

El logaritmo en la escala de Richter se usa para reflejar la energía que se desprende en un terremoto. Nuevamente, el logaritmo incorporado a la escala hace que los valores asignados a cada nivel aumenten en forma exponencial y no en forma lineal. Debido a que en esta escala, la magnitud M es logarítmica, una diferencia de 1 unidad en magnitud significa 10 veces más de amplitud en la onda sísmica registrada, lo cual puede ser catastrófico en sus efectos. Un terremoto de magnitud 1 o 2 es muy débil, en tanto que los de magnitud mayor que 7, suelen ser devastadores.

Analicemos algunos ejemplos concretos. El 19 de noviembre de 1973, a las 11:19 h, se produjo un terremoto de magnitud 5.40 en Argentina, causando daños en varias localidades del este de las provincias de Salta y Jujuy, especialmente en Santa Clara. Aproximadamente cuatro años después, el 23 de noviembre de 1977, a las 9:26 h, se produjo otro terremoto, pero de magnitud 7.40, que provocó daños importantes en casi toda la provincia de San Juan, especialmente en la ciudad de Caucete, donde murieron 65 personas. Asimismo, ocasionó leves daños en la zona norte del Gran Mendoza.

Aunque la diferencia entre los dos sismos no parece ser muy grande:

$$M_1 = 5.40 \text{ y } M_2 = 7.40$$

Al aplicar los logaritmos, tenemos, respectivamente:

$$\log A_1 + C = 5.40 \text{ y } \log A_2 + C = 7.40$$

Al restar miembro a miembro las igualdades, tenemos:

$$\log A_2 - \log A_1 = 2$$

Al aplicar las propiedades de los logaritmos, tenemos lo siguiente:

$$\log A_2 - \log A_1 = \log \frac{A_2}{A_1} = 2$$

$$\frac{A_2}{A_1} = 10^2 \qquad A_2 = 100A_1$$

Así, luego de hacer cálculos y operaciones, podemos comprobar que el terremoto de Caucete fue aproximadamente 100 veces más intenso que el acontecido en Santa Clara.

Adaptado de: Raquel Susana Abrate y Marcel David Pochulu.
Los logaritmos, un abordaje desde la Historia de la Matemática y las aplicaciones actuales.

http://unvm.galeon.com/Cap06.pdf

Capítulo 15. Progresiones

$$ab' - ba' = 1$$

Jules Henri Poincaré (1854-1912). Matemático, físico y filósofo francés. Estudió en la Escuela Politécnica de Francia y fue profesor de mecánica y física experimental en la Facultad de Ciencias en París. Su principal contribución a las matemáticas fue en el campo de la topología, donde introdujo los llamados grupos fundamentales de un espacio topológico. Además de las matemáticas, Poincaré se destacó en filosofía de la ciencia y física teórica y experimental. Gracias a sus aportaciones a las ciencias, fue invitado a ser uno de los integrantes del primer Congreso Solvay (1911), en el que compartió sus ideas con estudiosos de la época, como Albert Einstein, Max Planck y Marie Curie.

Las progresiones tienen un sinfín de aplicaciones en diversos campos de la vida cotidiana. A continuación, analizamos una de sus aplicaciones en el campo de las finanzas.

Consideremos a una persona que alquila un departamento durante un año. Cada mes recibe \$5000 por concepto de renta más 5% mensual por gastos de mantenimiento. ¿Qué cantidad recibirá al final del año?

$\diamond$ El primer mes recibe: $\$5000(1 + 0.05(1 - 1))$.

$\diamond$ El segundo mes recibe: $\$5000(1 + 0.05(2 - 1))$.

$\diamond$ El tercer mes recibe: $\$5000(1 + 0.05(3 - 1))$.

$\quad \vdots$

$\diamond$ El último mes recibe: $\$5000(1 + 0.05(12 - 1))$.

Progresión
aritmética
(interpolar)

SABER ⟩⟩⟩ ⟩ Progresiones

Una serie es una sucesión o progresión de términos ordenados de acuerdo con una regla de formación. La progresión 1, 3, 5, 7… tiene la siguiente regla de formación: "Cada término se obtiene sumando 2 al término anterior".

Por su parte, la regla de formación de la progresión 1, 2, 4, 8… es: "Cada término se obtiene multiplicando por 2 el término anterior".

Las progresiones se clasifican en aritméticas y geométricas.

Progresiones aritméticas

Son aquellas en las que cada uno de los términos, excepto el primero, se obtiene sumándole al término anterior una cantidad constante r, llamada diferencia o razón.

Notación

El signo usado para designar una progresión aritmética es $\div$; además, entre un término y el siguiente se escribe un punto (.), por ejemplo, la notación $\div 1 . 3 . 5 . 7…$ representa una progresión aritmética creciente cuya razón es 2, porque $1 + 2 = 3$; $3 + 2 = 5$; $5 + 2 = 7$, etc.; la notación $\div 8 . 4 . 0 . -4…$ representa una progresión aritmética decreciente cuya razón es -4, porque $8 + (-4) = 8 - 4 = 4$; $4 + (-4) = 0$; $0 + (-4) = -4$, etcétera.

En toda progresión aritmética, la razón se halla restando a un término cualquiera (excepto el primero) el término anterior. Así, en la progresión $\div \dfrac{1}{2} . \dfrac{3}{4} . 1…$, la razón es $r = r = \dfrac{3}{4} - \dfrac{1}{2} = \dfrac{1}{4}$.

Deducción de la fórmula del enésimo término

Sea $\div a . b . c . d . e… u$, en la que u es el enésimo término cuya razón es r. En toda progresión aritmética, cada término, salvo el primero, es igual al anterior más la razón; así:

$$b = a + r$$
$$c = b + r = (a + r) + r = a + 2r$$
$$d = c + r = (a + 2r) + r = a + 3r$$
$$e = d + r = (a + 3r) + r = a + 4r…$$

Cada término es igual al primer término de la progresión, a, más tantas veces la razón como términos lo preceden. Puesto que esta ley se cumple para todos los términos, u será igual al primer término, a, más tantas veces la razón como términos lo preceden, y como u es el enésimo término, lo preceden $n - 1$ términos, y se escribe así:

$$u = a + (n - 1)r$$

HACER ⟩ Deducción de las fórmulas del primer término, la razón y el número de términos

Partamos de la expresión:

$$u = a + (n - 1)r \qquad \textbf{(1)}$$

Despejemos a, r y n de la fórmula 1:

$$a = u - (n - 1)r$$

Para despejar r de **(1)**, trasponemos a y dividimos entre $(n - 1)$:

$$u - a = (n - 1)r \Rightarrow r = \frac{u - a}{n - 1}$$

Para despejar n de **(1)**, efectuamos el producto indicado y tenemos: $u = a + nr - r$

Trasponemos a y $-r$, y después dividimos entre $r \Rightarrow n = \dfrac{u - a + r}{r}$

Con base en las fórmulas deducidas a partir de la ecuación $u = a + (n - 1)r$, encontremos lo que se pide en cada progresión aritmética.

1. El 15° término de $\div 4 . 7 . 10…$

En esta progresión se tiene que: $a = 4$, $n = 15$ y $r = 7 - 4 = 3$. Sustituimos en la fórmula para hallar u:

$$u = a + (n - 1)r = 4 + (15 - 1)(3) = 4 + (14)(3) = 4 + 42 = 46 \qquad \textbf{R.}$$

2. El 38° término de $\div \dfrac{2}{3} \cdot \dfrac{3}{2} \cdot \dfrac{7}{3} \ldots$

En esta progresión se tiene que: $a = \dfrac{2}{3}$, $n = 38$ y $r = \dfrac{3}{2} - \dfrac{2}{3} = \dfrac{5}{6}$. Sustituimos en la fórmula para hallar u:

$$u = \dfrac{2}{3} + (37)\dfrac{5}{6} = -\dfrac{2}{3} + \dfrac{185}{6} = \dfrac{63}{2} = 31\dfrac{1}{2} \qquad \textbf{R.}$$

3. El primer término de la progresión aritmética sabiendo que el 11° término es 10 y $r = \dfrac{1}{2}$.

Sustituimos los datos en la fórmula que se dedujo:

$$a = u - (n-1)r = 10 - (11-1)\left(\dfrac{1}{2}\right) = 10 - (10)\left(\dfrac{1}{2}\right) = 10 - 5 = 5 \qquad \textbf{R.}$$

4. La razón r de una progresión aritmética cuyo primer término es $a = -\dfrac{3}{4}$ y el 8° término es $3\dfrac{1}{8}$.

Sustituimos los datos en la fórmula que se dedujo:

$$r = \dfrac{u-a}{n-1} = \dfrac{3\dfrac{1}{8} - \left(-\dfrac{3}{4}\right)}{8-1} = \dfrac{\dfrac{25}{8} + \dfrac{3}{4}}{7} = \dfrac{\dfrac{31}{8}}{7} = \dfrac{31}{56} \qquad \textbf{R.}$$

5. ¿Cuántos términos tiene la progresión $\div 2.1\dfrac{2}{3} \ldots -4\dfrac{1}{3}$?

Como $r = 1\dfrac{2}{3} - 2 = -\dfrac{1}{3}$, entonces:

$$n = \dfrac{u-a+r}{r} = \dfrac{-4\dfrac{1}{3} - 2 - \left(\dfrac{1}{3}\right)}{-\dfrac{1}{3}} = \dfrac{-\dfrac{13}{3} - 2 - \dfrac{1}{3}}{-\dfrac{1}{3}} = \dfrac{-\dfrac{20}{3}}{-\dfrac{1}{3}} = 20 \text{ términos.} \qquad \textbf{R.}$$

SABER HACER ⊗→TU CUENTA

Encuentra los valores que se piden en las progresiones aritméticas.

1. 9° término de $\div 7.10.13\ldots$	
2. 12° término de $\div 5.10.15\ldots$	
3. 48° término de $\div 9.12.15\ldots$	
4. El 32° término de una progresión aritmética es -18 y la razón 3. Halla el primer término.	
5. El 92° término de una progresión aritmética es $1\,050$ y el primer término -42. Halla la razón.	
6. ¿Cuántos términos tiene $\div 5.5\dfrac{1}{3}\ldots 18$?	
7. El 5° término de una progresión aritmética es 7 y el 7° término $8\dfrac{1}{3}$. Halla el primer término.	

8. El primer término de una progresión aritmética es 5 y el 18° término −80. Halla la razón.

9. ¿Cuántos términos tiene $\div$ 4.6... 30?

SABER $\rangle\rangle\rangle$ › Términos equidistantes de los extremos en una progresión aritmética

Sea $\div a... m... p... u$ una progresión aritmética cuya razón es r.

Supongamos que entre a y m hay n términos y que entre p y u también hay n términos; es decir, que m y p son términos equidistantes de los extremos a y u.

Vamos a demostrar que en toda progresión aritmética la suma de dos términos equidistantes de los extremos es igual a la suma de los extremos, esto es:

$$m + p = a + u$$

Como hay n términos entre a y m, al término m le preceden $n + 1$ términos (contando a a); podemos escribir que:

$$m = a + (n + 1)r \qquad \textbf{(1)}$$

Del mismo modo, como existen n términos entre p y u, escribimos:

$$u = p + (n + 1)r \qquad \textbf{(2)}$$

Si a la ecuación **(1)** le restamos la ecuación **(2)**, obtenemos:

$$\begin{array}{r} -m = a + (n + 1)r \\ u = p + (n + 1)r \\ \hline m - u = a - p \end{array}$$

Pasamos p al primer miembro de esta igualdad y u al segundo, así tenemos:

$$m + p = a + u$$

Que era lo que queríamos demostrar.

Observación

Cuando el número de términos de una progresión aritmética es impar, el término medio equidista de los extremos y, por tanto, según lo que acabamos de demostrar, el doble del término medio será igual a la suma de los extremos.

Deducción de la fórmula para hallar la suma de los términos de una progresión aritmética

Sea $\div a . b . c... l . m . u$ una progresión aritmética que consta de n términos.

Designamos con S la suma de todos los términos de esta progresión, que puede escribirse de ambas formas:

$$S = a + b + c +... l + m + u$$
$$S = u + m + l +... c + b + a$$

Sumamos las igualdades; así, tenemos:

$$2S = (a + u) + (b + m) + (c + l) +... (l + c) + (m + b) + (u + a)$$

Como podemos comprobar, los binomios son iguales a $(a + u)$. Por lo anterior, tenemos:

$$2S = (a + u)n \quad \Rightarrow \quad s = \frac{(a + u)n}{2}$$

Medios aritméticos

Son los términos de una progresión aritmética que se hallan entre el primero y el último término de la progresión. Por ejemplo, en $\div 3 . 5 . 7 . 9 . 11$, los términos 5, 7 y 9 son medios aritméticos.

Interpolación de medios aritméticos

La interpolación es cuando, entre dos números dados, se forma una progresión aritmética cuyos extremos son los dos números dados.

HACER > Determinación de la suma, los medios y la interpolación en una progresión

Con base en la fórmula para hallar la suma de los términos de una progresión aritmética, encontremos los números que faltan de las siguientes progresiones.

1. La suma de los 12 primeros términos de $\div 7 . 13 . 19\ldots$

En la fórmula de la suma aparece u y, en este caso, u es el 12° término, el cual no conocemos. Así, tenemos:

$$u = a + (n-1)r = 7 + (12-1)(6) = 7 + (11)(6) = 73$$

Utilizando la fórmula de suma resulta:

$$S = \frac{(a+u)n}{2} = \frac{(7+73)\times 12}{2} = \frac{80\times 12}{2} = 480 \qquad \textbf{R.}$$

2. La interpolación de cuatro medios aritméticos entre 1 y 3.

Como 1 y 3 son los extremos de la progresión, se tiene que: $\div 1\ldots 3$ **(1)**

Entonces, debemos encontrar los cuatro términos de la progresión que hay entre 1 y 3. De este modo, si hallamos la razón y la sumamos a 1, tendremos el 2° término de la progresión; ahora bien, si a este 2° término le sumamos la razón tendremos el 3° término; y si al 3° término le sumamos la razón, obtendremos el 4° término y así sucesivamente.

Para hallar la razón usamos la fórmula $r = \dfrac{u-a}{n-1}$, teniendo en cuenta que n es el número de término de la progresión, es decir, los medios que se van a interpolar más los dos extremos. En este caso, la razón es:

$$r = \frac{u-a}{n-1} = \frac{3-1}{6-1} = \frac{2}{5}$$

Al sumar esta razón a cada término, obtenemos:

$$2° \text{ término: } 1 + \frac{2}{5} = \frac{7}{5} \qquad\qquad 4° \text{ término: } \frac{9}{5} + \frac{2}{5} = \frac{11}{5}$$

$$3° \text{ término: } \frac{7}{5} + \frac{2}{5} = \frac{9}{5} \qquad\qquad 5° \text{ término: } \frac{11}{5} + \frac{2}{5} = \frac{13}{5}$$

Y al interpolar estos medios en **(1)**, tenemos la progresión aritmética:

$$\div 1 \cdot \frac{7}{5} \cdot \frac{9}{5} \cdot \frac{11}{5} \cdot \frac{13}{5} \cdot 3$$

Esto es:

$$1 \cdot 1\frac{2}{5} \cdot 1\frac{4}{5} \cdot 2\frac{1}{5} \cdot 2\frac{3}{5} \cdot 3 \qquad \textbf{R.}$$

SABER HACER ⊗→TU CUENTA

Encuentra las sumas e interpolaciones de las progresiones aritméticas.

1. La suma de los ocho primeros términos de $\div 15 . 19 . 23\ldots$	
2. La suma de los 19 primeros términos de $\div 31 . 38 . 45\ldots$	
3. La suma de los 24 primeros términos de $\div 42 . 32 . 22\ldots$	
4. Interpolar tres medios aritméticos entre 3 y 11.	
5. Interpolar cinco medios aritméticos entre -13 y -73.	
6. Interpolar cuatro medios aritméticos entre -42 y 53.	

Son aquellas en las que cada uno de los términos, excepto el primero, se obtiene multiplicando el anterior por una constante r llamada razón.

Notación

El signo utilizado para designar una progresión geométrica es $\div$ y entre un término y el siguiente se escriben dos puntos (:). Así, la notación $\div\ 5 : 10 : 20 : 40\ldots$ representa una progresión geométrica cuya razón es 2, porque $5 \times 2 = 10$; $10 \times 2 = 20$; $20 \times 2 = 40$, etcétera.

Una progresión geométrica es creciente cuando el valor absoluto de la razón es mayor que 1 y es decreciente cuando el valor absoluto de la razón es menor que 1, es decir, cuando la razón es una fracción propia. Por ejemplo:

$$\div\ 1 : 4 : 16 : 64\ldots$$

es una progresión geométrica creciente cuya razón es 4, mientras que:

$$\div\ 2 : 1 : \frac{1}{2} : \frac{1}{4}\ldots$$

es una progresión geométrica decreciente cuya razón es $\frac{1}{2}$.

Una progresión geométrica finita tiene un número limitado de términos. Ejemplo: $\div\ 2 : 4 : 8 : 16$ es una progresión finita porque consta de cuatro términos. Por otra parte, una progresión geométrica infinita tiene un número ilimitado de términos. Ejemplo: $\div\ 4 : 2 : 1 : \frac{1}{2}\ldots$ es una progresión infinita porque consta de un número no finito de términos.

En toda progresión geométrica, la razón r se determina dividiendo un término cualquiera, excepto el primero, entre el anterior.

Deducción de la fórmula del enésimo término

Sea $\div\ a : b : c : d : e\ldots : u$, en la que u es el enésimo término cuya razón es r. En toda progresión geométrica, cada término, salvo el primero, es igual al término anterior multiplicado por la razón; así:

$$b = ar$$
$$c = br = (ar)r = ar^2$$
$$d = cr = (ar^2)r = ar^3$$
$$e = dr = (ar^3)r = ar^4$$

Cualquier término de la progresión es igual al primer término, a, multiplicado por la razón elevada a una potencia equivalente al número de términos que lo preceden. Como u es el término n y lo preceden $n - 1$ términos, podemos escribir:

$$u = ar^{n-1}$$

Deducción de la fórmula del primer término y la razón

Partamos de la expresión:

$$u = ar^{n-1} \qquad (1)$$

Despejemos a de la fórmula (1):

$$a = \frac{u}{r^{n-1}}$$

Ésta es la fórmula para encontrar el primer término en una progresión geométrica.

Para despejar r de (1), primero dividimos entre a ambos miembros de la igualdad: $r^{n-1} = \dfrac{u}{a}$, y luego extraemos la raíz $n - 1 : r = \sqrt[n-1]{\dfrac{u}{a}}$, que es la fórmula para calcular la razón de una progresión geométrica.

HACER > Términos enésimo y primero, y la razón en las progresiones geométricas

Con base en las fórmulas deducidas a partir de la ecuación $u = ar^{n-1}$, determinemos lo que se pide en cada progresión geométrica.

1. El 5° término de $\div 2 : 6 : 18\ldots$

En esta progresión se tiene que: $a = 2$, $n = 5$ y $r = 6 \div 2 = 3$. Así, para hallar u, sustituimos los datos en la fórmula:

$$u = ar^{n-1} = 2 \times 3^{5-1} = 2 \times 3^4 = 162 \qquad \textbf{R.}$$

2. El 7° término de $\div \dfrac{2}{3} : -\dfrac{1}{2} : \dfrac{3}{8}\ldots$

La razón r de esta progresión es: $-\dfrac{1}{2} \div \dfrac{2}{3} = -\dfrac{1}{2} \times \dfrac{3}{2} = -\dfrac{3}{4}$. Al sustituir en la fórmula tenemos:

$$u = ar^{n-1} = \dfrac{2}{3} \times \left(-\dfrac{3}{4}\right)^6 = \dfrac{2}{3} \times \dfrac{729}{4069} = \dfrac{243}{2048} \qquad \textbf{R.}$$

Cuando el signo de los términos de la progresión se alterna, la razón r es negativa; de este modo, si $n - 1$ es par, el resultado tendrá signo positivo, y si es impar, tendrá signo negativo.

3. El 6° término de una progresión geométrica es $\dfrac{1}{16}$ y $r = \dfrac{1}{2}$. ¿Cuál es el primer término?

En esta progresión tenemos que: $u = \dfrac{1}{16}$, $r = \dfrac{1}{2}$ y $n = 6$. Sustituimos en la fórmula para hallar el valor de a:

$$a = \dfrac{u}{r^{n-1}} = \dfrac{\frac{1}{16}}{\left(\frac{1}{2}\right)^5} = \dfrac{\frac{1}{16}}{\frac{1}{32}} = 2 \qquad \textbf{R.}$$

4. El primer término de una progresión geométrica es 3 y el 6°, −729. ¿Cuánto vale r?

En esta progresión tenemos que: $a = 3$, $u = -729$, $n = 6$. Sustituimos en la fórmula para hallar el valor de r:

$$r = \sqrt[n-1]{\dfrac{u}{a}} = \sqrt[5]{\dfrac{-729}{3}} = \sqrt[5]{-243} = -3 \qquad \textbf{R.}$$

SABER HACER ⊗→TU CUENTA

Encuentra los valores que se piden en las progresiones geométricas.

1. El 7° término de $3 : 6 : 12\ldots$	
2. El 8° término de $44\,\dfrac{1}{3} : 1 : 3\ldots$	
3. El 9° término de $\div 8 : 4 : 2\ldots$	
4. El 6° término de $\div 1 : \dfrac{2}{5} : \dfrac{4}{25}$	
5. La razón de una progresión geométrica es $\dfrac{1}{2}$ y el 7° término $\dfrac{1}{64}$. Halla el primer término.	
6. El 9° término de una progresión geométrica es $\dfrac{64}{2187}$ y la razón es $\dfrac{2}{3}$. Halla el primer término.	

7. Halla la razón de $\div 2 : \dots : 64$ de seis términos.	
8. Halla la razón de $\div \dfrac{1}{3} \dots : 243$ de siete términos.	
9. Halla la razón de $\div -5 : \dots : 640$ de ocho términos.	

SABER >>> > Términos equidistantes de los extremos en una progresión geométrica

Sea $\div a :\dots m :\dots p :\dots : u\dots$ una progresión geométrica.

Supongamos que entre a y m hay n términos y que entre p y u también hay n términos, es decir, que m y p son términos equidistantes de los extremos a y u.

Vamos a demostrar que en toda progresión geométrica el producto de dos términos equidistantes de los extremos es igual al producto de los extremos, esto es:

$$mp = au$$

Sabemos que:

$$m = a \times r^{n+1}$$
$$u = p \times r^{n+1}$$

Si dividimos estas igualdades tenemos:

$$\frac{m}{u} = \frac{a}{p} = \Rightarrow mp = au$$

Esto es lo que se quería demostrar.

Observación

De acuerdo con la demostración anterior, si una progresión geométrica tiene un número impar de términos, el cuadrado del término medio equivale al producto de los extremos.

Así, en la $\div 3 : 6 : 12 : 24 : 48$, tenemos $12^2 = 144$ y $3 \times 48 = 144$.

Deducción de la fórmula para hallar la suma de los términos de una progresión geométrica

Sea $\div a : b : c : d :\dots u$ una progresión geométrica cuya razón es r.

Designamos con S la suma de todos los términos de esta progresión:

$$S = a + b + c + d\dots + u \qquad \textbf{(1)}$$

Multiplicamos por r los dos miembros de la igualdad; de este modo, tenemos:

$$Sr = ar + br + cr + dr\dots + ur \qquad \textbf{(2)}$$

Si a la ecuación (2) le restamos la (1), se obtiene:

$$Sr = ar + br + a + dr + \dots + ur$$
$$\underline{-S \quad a \quad b \quad c \quad d\dots \quad u}$$
$$Sr - S = ur - a$$

Factorizamos S en el primer miembro de la última igualdad; así, se tiene:

$$S(r - 1) = ur - a$$

Por último, despejamos S:

$$S = \frac{ur - a}{r - 1}$$

Cuando se interpolan los medios geométricos entre dos números se forma una progresión geométrica cuyos extremos son los números dados.

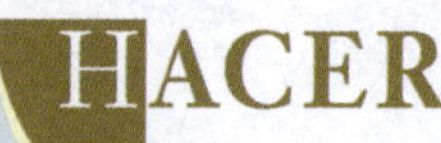HACER > Determinación de la suma y la interpolación de términos en progresiones geométricas

Analicemos cómo calcular la suma de términos de una progresión geométrica y cómo interpolar los medios geométricos entre dos números dados.

Ejemplos

1. La suma de los seis primeros términos de $\div\ 4 : 2 : 1\ldots$

   En la progresión, $r = \dfrac{1}{2}$. Así, para hallar el 6° término, sustituimos los datos en la fórmula $u = ar^{n-1}$:

   $$u = ar^{n-1} = 4 \times \left(\dfrac{1}{2}\right)^{5} = 4 \times \dfrac{1}{32} = \dfrac{1}{8}$$

   Ahora, usamos la fórmula de la suma. Así, tenemos: $S = \dfrac{ur - a}{r - 1} = \dfrac{\left(\dfrac{1}{8}\right)\left(\dfrac{1}{2}\right) - 4}{\dfrac{1}{2} - 1} = \dfrac{\dfrac{1}{16} - 4}{-\dfrac{1}{2}} = \dfrac{-\dfrac{63}{16}}{-\dfrac{1}{2}} = \dfrac{63}{8} = 7\dfrac{7}{8}$ **R.**

2. La interpolación de cuatro medios geométricos entre 96 y 3. Como 96 y 3 son los extremos de la progresión, se tiene que: $\div\ 96\ldots 3$ **(1)**

   Primero, encontramos r con la fórmula $r = \sqrt[n-1]{\dfrac{u}{a}}$. Enseguida, interpolamos cuatro medios geométricos; con ello, ya tenemos los dos extremos, $n = 6$, así que sustituimos los datos en la fórmula: $r = \sqrt[n-1]{\dfrac{u}{a}} = \sqrt[5]{\dfrac{3}{96}} = \sqrt[5]{\dfrac{1}{32}} = \dfrac{1}{2}$

   Como $r = \dfrac{1}{2}$, se multiplica 96 por $\dfrac{1}{2}$ para obtener el 2° término; luego, multiplicamos el 2° por $\dfrac{1}{2}$ para obtener el 3° término y así sucesivamente. Entonces, tenemos:

   $$96 \times \dfrac{1}{2} = 48 \qquad 48 \times \dfrac{1}{2} = 24 \qquad 24 \times \dfrac{1}{2} = 12 \qquad 12 \times \dfrac{1}{2} = 6$$

   Interpolando en (1), se tiene la progresión geométrica:

   $$\div\ 96 : 48 : 24 : 12 : 6 : 3\ldots \qquad \textbf{R.}$$

SABER HACER ⊗→TU CUENTA

Encuentra la suma de los términos.

1. Cinco primeros términos de $\div\ 6 : 3 : \dfrac{11}{2}\ldots$	
2. Seis primeros términos de $\div\ 4 : -8 : 16\ldots$	
3. Siete primeros términos de $\div\ 12 : 4 : 1\dfrac{1}{3}\ldots$	

Interpola los medios geométricos dados los extremos.

1. Tres medios geométricos entre 5 y 3125.	
2. Cuatro medios geométricos entre -7 y -224.	
3. Cinco medios geométricos entre 128 y 2.	

SABER >>> > Suma de una progresión geométrica decreciente infinita

Si en la fórmula $S = \dfrac{ur - a}{r - 1}$ sustituimos u por su valor $u = ar^{n-1}$, tendremos: $S = \dfrac{ur - a}{r - 1} = \dfrac{(ar^{n-1})r - a}{r - 1} = \dfrac{ar^n - a}{r - 1}$. Si

cambiamos los signos a los dos términos de esta última fracción, entonces se tiene que: $S = \dfrac{a - ar^n}{1 - r}$ **(1)**

En una progresión geométrica decreciente, la razón r es una fracción propia; y si una fracción propia se eleva a una potencia, cuanto mayor sea el exponente menor es la potencia de la fracción. Por tanto, cuanto mayor sea n, menor es r^n y menor será ar^n; siendo n suficientemente grande, ar^n será tan pequeña como queramos. Esto significa que, cuando n aumenta indefinidamente, ar^n tiende 0; es decir, S toma la forma: $\dfrac{a}{1 - r}$.

En síntesis, cuando n (el número de términos de la progresión) es infinito, el valor de la suma es: $S = \dfrac{a}{1 - r}$

HACER > Determinación del valor de una fracción decimal periódica

Un decimal periódico puede expresarse como la suma de una progresión geométrica decreciente infinita y su valor (o generatriz) puede hallarse con el procedimiento anterior.

Ejemplos

1. Hallemos la suma de la progresión $\div\ 4 : 2 : 1...$

   En la progresión se tiene que: $a = 4$ y $r = \dfrac{1}{2}$. Entonces, sustituimos en la fórmula S y así tenemos:
   $$S = \frac{a}{1 - r} = \frac{4}{1 - \frac{1}{2}} = \frac{4}{\frac{1}{2}} = 8 \quad \textbf{R.}$$

   La suma de la progresión geométrica decreciente tiende a 8; es decir, aunque la suma nunca llega a ser igual a 8, cuanto mayor sea el número de términos que se tomen, más se aproximará a este valor.

2. Hallemos el valor de $0.333... = \dfrac{3}{10} + \dfrac{3}{100} + \dfrac{3}{1000} + ...$

   El decimal periódico es la suma de una progresión geométrica decreciente infinita en la que $r = \dfrac{1}{10}$.

   Sustituimos en la fórmula de S, así tenemos: $S = \dfrac{a}{1 - r} = \dfrac{\frac{3}{10}}{1 - \frac{1}{10}} = \dfrac{\frac{3}{10}}{\frac{9}{10}} = \dfrac{3}{9} = \dfrac{1}{3}$ **R.**

   El valor de $0.333... = \dfrac{3}{10} + \dfrac{3}{100} + \dfrac{3}{1000} + ...$ es $\dfrac{1}{3}$.

SABER HACER ⊗→TU CUENTA

Halla la suma de las progresiones geométricas.

1. $\div\ 2 : \dfrac{1}{2} : \dfrac{1}{8} ... =$	
2. $\div\ \dfrac{1}{2} : \dfrac{1}{6} : \dfrac{1}{18} ... =$	
3. $\div\ -5 : -2 : -\dfrac{4}{5} ... =$	

Encuentra las fracciones equivalentes de los decimales periódicos.

1. $0.666... =$	2. $0.3232... =$	3. $0.18111... =$

CONEXIONES   > Algo más sobre progresiones

Cuando la diferencia entre cada uno de los términos es 3 y se parte de 1, se genera la siguiente progresión aritmética:

$$1, 4, 7, 10, 13, 16, 19, 22, 25,\ldots$$

Los números pentagonales se encuentran sumando, a cada término de la progresión anterior, los términos que le preceden. Esto es, $\{P_n\} = \{1, 5, 12, 22, 35, 51, 70, 92, 117,\ldots\}$:

$$P_n = 1 + 4 + 7 + \ldots + (3n - 2) = \frac{n(3n - 1)}{2}$$

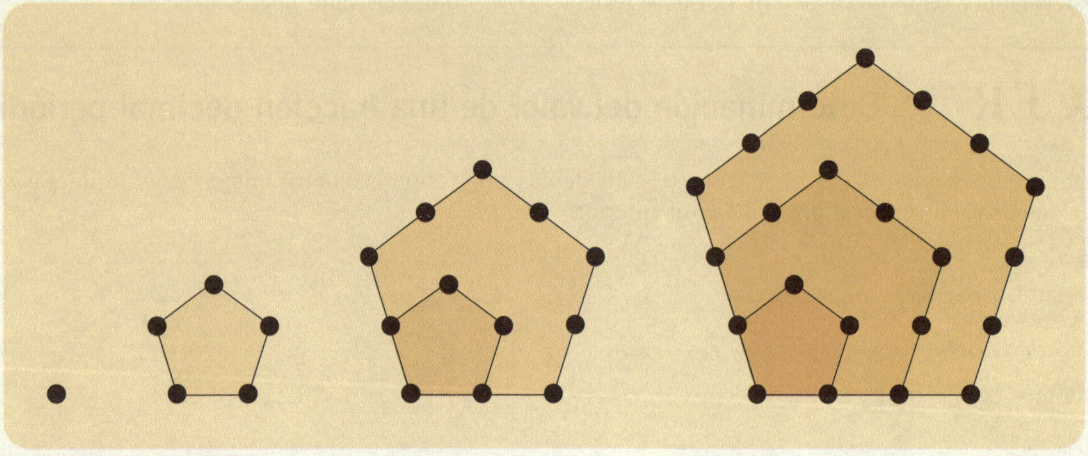

Sucesión de Fibonacci: $1, 1, 2, 3, 5, 8, 13, 21, 34, 55, 89, 144,\ldots$

Un ejemplo del uso de la sucesión descrita antes, se da en la *Sinfonía No. 5 en do menor, op. 67*, de Beethoven, quien la empleó no sólo en el tema sino también en la forma en que la incluía en el transcurso de la obra, separada por un número de compases que pertenecían a la sucesión.

Busca en Youtube (https://www.youtube.com/watch?v=UEUk18k-cB8) el video que te permite visualizar gráficamente esta sinfonía.